“十二五”职业教育国家规划教材
经全国职业教育教材审定委员会审定

高职高专通信类专业核心课程系列教材

3G 移动通信接入网运行维护

（WCDMA 接入网技术原理）

第 2 版

主　编　孙秀英
参　编　许鹏飞　于正永　徐　彤
　　　　韩金燕　丁胜高　史红彦
　　　　郭　诚

机械工业出版社

本书以 WCDMA 接入网运行维护原理为主线，详细介绍了 3G 移动通信接入网运行维护相关技术理论及实务，内容设计为技术篇、设备篇和操作维护篇，共 8 章。其中，技术篇包括第 1 章移动通信技术与发展、第 2 章 WCDMA 技术和第 3 章 WCDMA 网络结构与接口；设备篇包括第 4 章 RNC 设备、第 5 章NodeB 设备；操作维护篇包括第 6 章 WCDMA 接入网操作维护、第 7 章 RNC 数据配置和第 8 章 NodeB 数据配置。本书增加了附录通信相关缩略语中英文对照，方便教师授课使用和学习者学习。

使用建议：使用本教材授课学时为 90 学时。本教材包含大量 WCDMA 网络运行维护案例，采用了与现网一致的网络结构、设备插图和原理框图，通俗易懂。如果没有 WCDMA 设备，也可以使用本教材中的真实设备插图和原理框图进行授课；有设备，则可进行理实一体化授课。

本书可作为高职高专或本科通信技术、移动通信技术等专业的授课教材，也可作为电信机务员的岗前培训教材和 3G 基站建设工程技术人员的学习参考用书。

为方便教学，本书配有免费电子课件、习题答案、模拟试卷及答案等，凡选用本书作为授课教材的学校，均可来电（010-88379564）或邮件（cmpqu@163.com）索取，有任何技术问题也可通过以上方式联系。

图书在版编目（CIP）数据

3G 移动通信接入网运行维护：WCDMA 接入网技术原理/孙秀英主编．—2 版．—北京：机械工业出版社，2014.12

“十二五”职业教育国家规划教材　高职高专通信类专业核心课程系列教材

ISBN 978-7-111-48881-1

Ⅰ.①3…　Ⅱ.①孙…　Ⅲ.①码分多址移动通信－通信网－高等职业教育－教材　Ⅳ.①TN929.533

中国版本图书馆 CIP 数据核字（2014）第 304305 号

机械工业出版社（北京市百万庄大街 22 号　邮政编码 100037）
策划编辑：曲世海　责任编辑：曲世海　冯睿娟
版式设计：霍永明　责任校对：张晓蓉
封面设计：路恩中　责任印制：乔　宇
北京机工印刷厂印刷（三河市南杨庄国丰装订厂装订）
2015 年 1 月第 2 版第 1 次印刷
184mm×260mm · 11.75 印张 · 284 千字
0 001—2 000 册
标准书号：ISBN 978-7-111-48881-1
定价：28.00 元

凡购本书，如有缺页、倒页、脱页，由本社发行部调换

电话服务
服务咨询热线：(010)88379833
读者购书热线：(010)88379649
封面无防伪标均为盗版

网络服务
机工官网：www.cmpbook.com
机工官博：weibo.com/cmp1952
教育服务网：www.cmpedu.com
金书网：www.golden-book.com

前　　言

移动通信技术经历了第一代、第二代、第三代和LTE（Long Term Evolution，长期演进）技术的发展演进，随着移动基站建设规模的不断壮大，移动通信接入网运行维护工作越来越重要。本书全面介绍了3G移动通信接入网运行维护相关技术理论及实务。本书编写团队承担完成了中央财政支持的通信技术国家重点专业建设项目，新版教材内容在专业建设和课程建设过程中得到了完善。本书和后续将出版的《WCDMA无线网络规划与优化》、《GSM移动通信系统与维护》及《LTE组网与维护技术》组成了移动通信技术专业核心课程系列教材。

本书第1版是在3G牌照发展初期编写出版，包含了3G技术的三个标准，内容偏多，授课实施有一定难度。自从2010年出版以来，编者总结教材使用过程中发现的问题，完善了教材结构和内容。首先，在编写结构上做了优化设计，分为《3G移动通信接入网运行维护（WCDMA接入网技术原理）第2版》和《3G移动通信接入网运行维护（WCDMA基站数据配置）第2版》两册；其次，在内容选取方面，注重操作技能培养，将WCDMA现网运行维护案例融入教材。

本书以WCMDA技术为主线，从技术篇、设备篇和操作维护篇三部分设计WCDMA接入网运行维护理实一体化内容。本书编排结构清晰，在每章开始部分设计了学习导航和内容解读，每章结束部分设计了知识梳理与总结，并配有习题。本书采用了与现网一致的设备结构图和关键技术模型图，将抽象的原理形象化，将复杂技术简单化，内容通俗易懂。

本书由孙秀英教授主编，许鹏飞、于正永、徐彤、韩金燕、丁胜高、史红彦和郭诚参与编写。本书的编写得到了华为技术有限公司、南京嘉环科技有限公司、深圳市讯方通信技术有限公司以及江苏省通信管理局通信行业职业技能鉴定中心领导的大力支持，在此一并表示诚挚的谢意。书中如有疏漏之处，恳请广大读者批评指正。

编　者

目　录

第1篇　技　术　篇

第1章　移动通信技术与发展

学习导航

<table>
<tr><td rowspan="2">知识点拨</td><td>重点</td><td>1. 无线电频谱
2. 无线电波传播方式及应用
3. 陆地移动通信中的无线信号传播方式
4. 3G技术发展演进
5. 3G标准化组织和制式
6. WCDMA技术演进过程
7. 3G频谱划分
8. 中国联通WCDMA频率使用</td><td>学习建议：学习3G移动通信技术课程前先了解无线电频谱相关知识和移动通信技术发展过程。推荐阅读丁奇的《大话移动通信》</td></tr>
<tr><td>难点</td><td>1. 无线电波传播方式及应用
2. WCDMA技术演进过程
3. 中国联通WCDMA频率使用</td><td>学习建议：难点学习时要深刻理解相关技术术语，阅读相关技术资料，拓展知识视野，推荐阅读高鹏的《3G技术问答》</td></tr>
<tr><td>建议学时</td><td colspan="2">6课时</td><td>教学建议：教学前，学习者到移动基站和机房体验3G移动通信网络运行环境</td></tr>
</table>

内容解读

1.1　无线电波通信

1.1.1　无线电频谱

频谱这个词的英文为Spectrum，原含义只限于光。物理学家在17～19世纪首先认识到

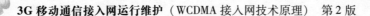

白色光实际上是由红色到紫色各种不同颜色的光组成的，因此，白色光包含不同颜色光的频谱。光像水池中的水波纹一样表现出波的特性，波峰之间的距离就称为波长。单位时间内通过某一点的波峰数就称为频率。因此光具有波长和频率，红色光的波长最长，频率最低；紫色光的波长最短，频率最高。

当电流流过导线时，其周围空间存在着电场和磁场，磁场的变化会产生电场，电场的变化也会产生磁场。交变的电磁场不仅存在于导体的周围，而且能够脱离产生其的波源向远方传播，这种以相同的频率向周围空间辐射传播的交变电磁场就称为电磁波。电磁波在空中以光速传播，即30万km/s。

为了更好地说明频谱的概念，引入频率、传输距离和波长三个概念。若用f表示频率，用v表示电磁波每秒钟传播的距离（m），用λ表示波长（m），则三者之间的关系为

$$f = v/\lambda$$

频率的单位是赫兹或周/s，还可用千赫（kHz）、兆赫（MHz）、吉赫（GHz）表示。

$$1\text{kHz} = 1000\text{Hz}$$

$$1\text{MHz} = 1000\text{kHz}$$

$$1\text{GHz} = 1000\text{MHz}$$

无线电波分布于3Hz～3000GHz之间，在这个频谱内划分了12个频段，在不同频段内的频率具有不同的传播特性。目前人类对3000GHz以上频段还不能有效地开发利用，所以在相对一定的条件下，无线电频谱资源又是有限的、稀缺的自然资源。

无线电频谱是指国际电信联盟规定的，可以用于无线电电子设备或者高频设备操作的无线电频率组合。无线电频谱可用来传送话音、数据、气象服务、雷达、导航以及卫星通信等信息。频率越低，传播损耗越小，覆盖距离越远；而且频率越低，绕射能力越强。但是，低频段频率资源紧张，系统容量有限，因此主要应用于广播、电视、寻呼等系统。高频段频率资源丰富，系统容量大；但是频率越高，传播损耗越大，覆盖距离越近；而且频率越高，绕射能力越弱。另外，频率越高，技术难度越大，系统的成本也相应提高。移动通信系统选择所用频段要综合考虑覆盖效果和容量。UHF频段与其他频段相比，在覆盖效果和容量之间折中得比较好，因此被广泛应用于移动通信领域。当然，随着人们对移动通信的需求越来越多，需要的容量越来越大，移动通信系统必然要向高频段发展。无线通信是利用电磁波信号可以在自由空间中传播的特性进行信息交换的一种通信方式。信息通信领域中发展最快、应用最广的就是无线通信技术。移动通信是在移动中实现的无线通信。移动通信系统由移动台、基站、移动交换局组成，采用的频段遍及低频、中频、高频、甚高频和特高频。

目前已开发使用的频段有：

极低频ELF（Extremely Low Frequency）：3～30Hz

超低频SLF（Super Low Frequency）：30～300Hz

特低频ULF（Ultra Low Frequency）：300～3000Hz

甚低频VLF（Very Low Frequency）：3～30kHz

低频LF（Low Frequency）：30～300kHz

中频MF（Medium Frequency）：0.3～3MHz

高频HF（High Frequency）：3～30MHz

甚高频 VHF（Very High Frequency）：30～300MHz

特高频 UHF（Ultra High Frequency）：300～3000MHz

超高频 SHF（Super High Frequency）：3～30GHz

极高频 EHF（Extremely High Frequency）：30～300GHz

无线电频带和波段的命名如图1-1所示。

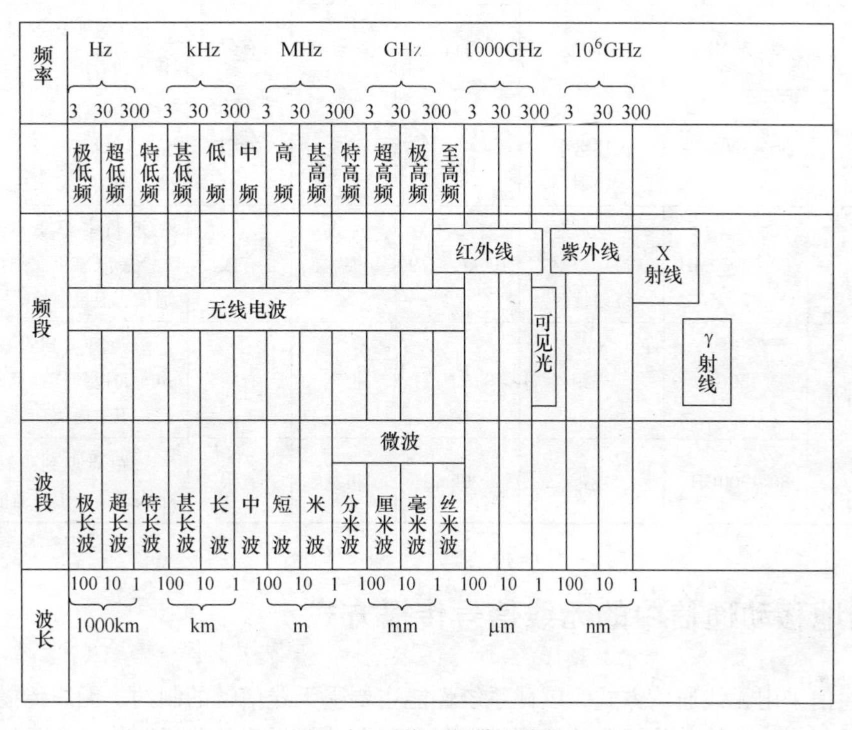

图1-1　无线电频带和波段

1.1.2　无线电波传播方式及应用

由于无线电波的传播存在着各种各样的影响，如反射、折射、散射和波导等，所以无线电传播模型通常是很复杂的。为保证用户的通信质量，需要详细地估算发射的覆盖范围和电波传播的可靠程度。军事领域的通信使用长波通信，频率是30～300kHz；移动通信使用特高频UHF分米波波段，频率为300～3000MHz；我国广播电视也使用UHF波段，频段使用范围为470～806MHz。无线电波传播特点与应用见表1-1。

表1-1　无线电波传播特点与应用

序号	频段名称	频段范围（含上限）	传播方式	传播距离	可用带宽	干扰量	应　用
1	甚低频（VLF）	3～30kHz	波导	数千千米	极有限	宽扩展	世界范围长距离无线电导航
2	低频（LF）	30～300kHz	地波 空间波	数千千米	很有限	宽扩展	长距离无线电导航战略通信

（续）

序号	频段名称	频段范围（含上限）	传播方式	传播距离	可用带宽	干扰量	应　用
3	中频（MF）	300～3000kHz	地波 空间波	几千千米	适中	宽扩展	中等距离点到点广播和水上移动
4	高频（HF）	3～30MHz	空间波	几千千米	宽	有限	长和短距离点到点全球广播和移动通信
5	甚高频（VHF）	30～300MHz	空间波对流层散射绕射	几百千米以内	很宽	有限	短和中距离点到点移动通信，LAN、声音、视频广播及个人通信
6	特高频（UHF）	300～3000MHz	空间波对流层散射绕射视距	100km 以内	很宽	有限	短和中距离点到点移动，LAN、声音和视频广播、个人通信、卫星通信
7	超高频（SHF）	3～30GHz	视距	30km 左右	很宽	有限	短距离点到点移动，LAN、声音和视频广播移动、个人通信、卫星通信
8	极高频（EHF）	30～300GHz	视距	20km	很宽	有限	短距离点到点移动，LAN、个人通信、卫星通信

1.2　陆地移动通信中的无线信号传播方式

移动通信采用无线通信方式，因此系统性能主要受无线信道的制约。无线传播环境中传播路径非常复杂，从简单的视距传播到遭遇各种复杂地物干扰的非视距传播，无线通信传播方式多种多样，主要分为直射、反射、绕射和散射几种形式。

1. 直射

直射指在视距覆盖范围内无遮拦的传播，它是超短波、微波的主要传播方式。经直射波传播的信号最强，直射主要用于卫星和外空间通信以及视距通信。

2. 反射

反射指从不同建筑物或其他反射物后到达接收点的传播信号，其信号强度次于直射。中波、短波等靠围绕地球的电离层与地面的反射而传播。当电磁波遇到比自身波长大得多的物体时，发生反射。反射发生在地球表面、建筑物和墙壁表面。

3. 绕射

当发射机和接收机之间的传播路由被尖锐的边缘阻挡时，电磁波发生绕射。如从较大的建筑物或山丘绕射后到达接收点的传播信号，其强度与反射波相当。当波长与障碍物的高度可比时，电磁波具有绕射的能力。只有长波、中波以及短波的部分波段能绕过地球表面大部分的障碍，到达几百公里内较远的地方。

4. 散射

当传播路径上存在小于波长的物体、并且单位体积内这种障碍物体的数目非常巨大时，电磁波发生散射，其信号强度最弱。散射发生在粗糙表面、小物体或其他不规则物体，如树叶、灯柱等。无线电移动通信环境中，载波波长远小于周围建筑物的尺寸，故电波以视距内的直射、反射和散射为主要传播方式，无线信号传播的大部分情况是多径传播，即从一个发射天线发射的无线电波，经过两个或更多的不同途径到达一个接收天线的传播现象。无线电波的多径传播如图 1-2 所示。

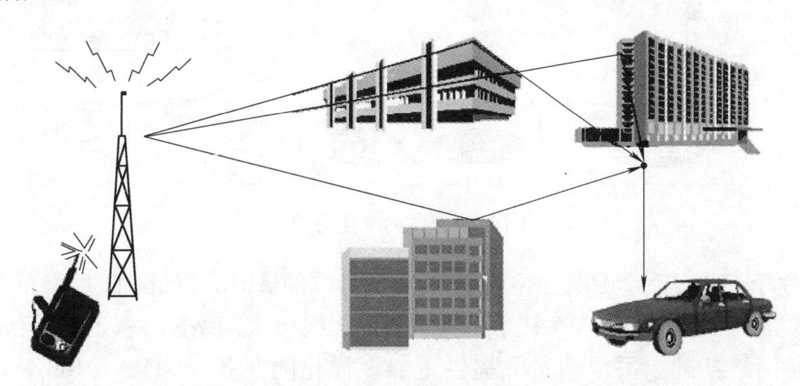

图 1-2　无线电波的多径传播

比较以上 4 种电波传播形式，直射波信号强度最强，反射波和绕射波次之，散射波最弱。在移动通信中，无线电波主要以直射、反射和绕射的形式传播，而绕射波随着频率的升高，其衰减增大，故传播距离有限，所以分析移动通信信道时，主要考虑直射波和反射波的影响。

1.3　3G 技术发展演进

3G 是第三代移动通信技术的简称（3rd-generation），特指能支持高速数据传输的一种蜂窝移动通信技术。第三代移动通信系统是历经第一代、第二代移动通信系统发展而来，最早由 ITU 于1985 年提出，称为未来公众陆地移动通信系统（Future Public Land Mobile Telecommunication System，FPLMTS），1996 年更名为 IMT-2000，意即该系统工作在 2000MHz 频段，最高业务速率可达 2000kbit/s，2000 年商用。3G 能够同时传送声音（通话）及数据信息（电子邮件、即时通信等），提供高速数据业务。

3G 标准化进程：

- 1985 年：FPLMTS，1996 更名为 IMT-2000。
- 1992 年：WRC92 大会分配频谱 230MHz。
- 1999 年 3 月：完成 IMT-2000 RTT 关键参数。
- 1999 年 11 月：完成 IMT-2000 RTT 技术规范。
- 2000 年：完成 IMT-2000 全部网络标准，标准化组织有 3GPP 和 3GPP2。

1.3.1　3G 标准化组织

3G 标准化组织有 3GPP 和 3GPP2，如图 1-3 所示。

3G 的标准化工作是由 3GPP（3th Generation Partner Project，第三代伙伴关系计划）和 3GPP2 两个标准化组织来推动和实施的。

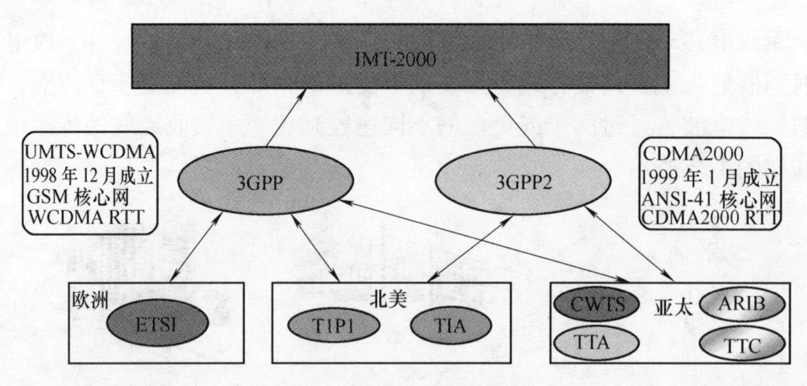

图 1-3 3G 标准化组织

3GPP 成立于 1998 年 12 月，由欧洲的 ETSI、日本的 ARIB、韩国的 TTA 和美国的 T1 等组成。采用欧洲和日本的 WCDMA 技术，构筑新的无线接入网络，在核心交换侧则在现有的 GSM 移动交换网络基础上平滑演进，提供更加多样化的业务。UTRA（Universal Terrestrial Radio Access）为空中接口的标准。

1999 年的 1 月，3GPP2 也正式成立，由美国的 TIA、日本的 ARIB、韩国的 TTA 等组成。无线接入技术采用 CDMA2000 和 UWC-136 为标准，CDMA2000 这一技术在很大程度上采用了高通公司的专利。核心网采用 ANSI/IS-41。

我国的无线通信标准研究组（CWTS）是这两个标准化组织的正式组织成员。

1.3.2 3G 技术制式

3GPP 和 3GPP2 组织定义了 3G 分为三种制式：欧洲的 WCDMA、北美的 CDMA2000 和中国的 TD-SCDMA。3G 诞生于 2000 年 5 月，它是由国际电信联盟（ITU）统一制定的结果，一是欧洲和日本流行的 WCDMA，二是美国流行的 CDMA2000，这两种制式分别由第二代制式 GSM 和 CDMAIS-95 发展而来，三是我国自主提出的一种新制式 TD-SCDMA。2009 年 1 月 7 日，工业和信息化部批准发放第三代移动通信牌照，此举标志着我国正式进入了 3G 时代。中国移动使用 TD-SCDMA 制式，中国联通使用 WCDMA 制式，中国电信使用 CDMA2000 制式。三种 3G 制式技术比较见表 1-2。

表 1-2 三种 3G 制式技术比较

制　　式	WCDMA	CDMA2000	TD-SCDMA
采用国家	欧洲、日本	美国、韩国	中国
继承基础	GSM	窄带 CDMA	GSM
同步方式	异步/同步	同步	同步
码片速率	3.84Mchip/s	N×1.2288Mchip/s	1.28Mchip/s
信号带宽	5MHz	N×1.25MHz	1.6MHz
空中接口	WCDMA	CDMA 2000 兼容 IS-95	TD-SCDMA
核心网	GSM MAP	ANSI-41	GSM MAP

1.4　WCDMA技术演进过程

WCDMA是宽带码分多址（Wideband Code Division Multiple Access）的简称，是一种第三代无线通信技术，是由3GPP具体制定的。3GPP关于WCDMA网络技术标准的演进主要分为R99、R4、R5、R6和R7等几个主要阶段。无线网络的演进是通过采用高阶调制方式和各种有效的纠错机制等技术来增强空中接口的数据吞吐能力的，核心网络演进是利用控制与承载、业务与应用相分离的思路，逐步从传统的TDM组网方式向全IP组网方式演进，最终使无线网络和核心网络全部走向IP化，在整个技术演进过程中保证了业务的连续性、完善的QoS机制和网络的安全性。

1. R99

WCDMA R99在新的工作频段上引入了基于每载频5MHz带宽的CDMA无线接入网络，无线接入网络主要由NodeB（负责基带处理、扩频处理）和RNC（负责接入系统控制与管理）组成，同时引入了适于分组数据传输的协议和机制，数据速率可支持144kbit/s、384kbit/s，理论上其数据传输速率可达2Mbit/s。

WCDMA R99核心网络在网络结构上与GSM保持一致，其电路域（CS）仍采用TDM技术，分组域（PS）则基于IP技术来组网。WCDMA R99的3GMSC/VLR与无线接入网络（RAN）的接口Iu-cs采用ATM技术承载信令和话音，分组域R99 SGSN与RAN通过ATM进行信令交互，媒体流使用AAL5承载IP分组包。另外，为满足RNC之间的软切换功能，RNC之间还定义了Iur接口。而GSM的A接口采用基于传统E1的七号信令协议，BSC/PCU与SGSN之间的Gb接口采用帧中继承载信令和业务。因此，R99与GSM/GPRS的主要差别体现在传输模式和软件协议的不同。

在用户的安全机制上，GSM由AuC提供鉴权三元组，采用A3/A8算法对用户进行鉴权及业务加密；R99由AuC提供鉴权五元组，定义了新的用户加密算法（UEA），并采用Authentication Token机制增强用户鉴权机制的安全性。

2. R4

WCDMA R4与R99相比，无线接入网的网络结构没有改变，其区别主要在于引入了TD-SCDMA技术，同时对一些接口协议的特性和功能进行了增强。

在电路域核心网中主要引入了基于软交换架构的分层架构，将呼叫控制与承载层相分离，通过MSC Server、MGW将语音和控制信令分组化，使电路交换域和分组交换域可以承载在一个公共的分组骨干网上。R4主要实现了语音、数据、信令承载统一，这样可以有效降低承载网络的运营和维护成本，而在核心网中采用压缩语音的分组传送方式，可以节省传输带宽，降低传输建设成本；另外，由于控制和承载分离，使得MGW和MSC Server可以灵活放置，提高了组网的灵活性，集中放置的MSC Server可以使业务的开展更快捷。当然，由于R4网络主要是基于软交换结构的网络，为向R5的顺利演变奠定了基础。

3. R5

WCDMA R5在无线网络中主要引入基于IP的RAN和HSDPA功能，尤其引人关注的是HSDPA支持高速下行分组数据接入，理论峰值数据速率可高达14.4Mbit/s。

在核心网，R5协议引入了IP多媒体子系统，简称IMS。IMS叠加在分组域网络之上，由 CSCF（呼叫状态控制功能）、MGCF（媒体网关控制功能）、MRF（媒体资源功能）和 HSS（归属签约用户服务器）等功能实体组成。IMS 的引入，为开展基于 IP 技术的多媒体业务创造了条件。目前，基于 SIP 协议的业务主要有：VoIP、PoC、即时消息、MMS、在线游戏以及多媒体邮件等。全球运营商正在进行基于 SIP 协议的系统和业务测试，尤其是不同运营商的互通测试成为一个业界关注的焦点，它代表了未来业务的发展方向。

4. R6

WCDMA R6 在无线网络中主要引入 HSUPA 的功能。

HSUPA 是上行链路方向（从移动终端到无线接入网络的方向）针对分组业务的优化和演进。利用 HSUPA 技术，上行用户的峰值传输速率可以提高 2 ~5 倍，达到 5.76Mbit/s。HSUPA 还可以使小区上行的吞吐量比 R99 的 WCDMA 多出 20% ~50%。

5. R7 之后的演进

从 WCDMA R7 开始，HSPA 技术进一步演进到 HSPA +，引入了更高阶的调制方式和 MIMO。同时，基于 OFDM 和 MIMO 的 LTE 技术也逐渐完成了标准化。在 R8 对应 LTE 的第一版本，上行只是支持单用户的 MIMO，理想状态支持 2 天线。R9 和 R10 对应 LTE-A 版本，LTE-A 是在 LTE 的基础上演进的，就是 LTE 版本的增强，在 LTE-A 中允许上行 4 天线，下行 8 天线。

LTE（Long Term Evolution，长期演进）项目是 3G 的演进，LTE 是 3G 与 4G 技术之间的一个过渡，它改进并增强了 3G 的空中接入技术，采用 OFDM 和 MIMO 技术。在 20MHz 频谱带宽下能够提供下行 100Mbit/s 与上行 50Mbit/s 的峰值速率。改善了小区边缘用户的性能，提高小区容量和降低系统延迟。

HSPA + 技术的宗旨是要保持和 UMTS 第 6 版本（R6）的后向兼容性，同时在 5MHz 带宽下要达到和 LTE 相仿的性能。这样，希望在近期内以较小的代价改进系统、提高系统性能的 HSPA 运营商就可以采用 HSPA + 技术进行演进。

HSPA + 系统的峰值速率可由原来的 14Mbit/s 提高到 25Mbit/s。另外，通过对 HSPA + 进一步改进，可以将系统峰值速率提高到 42Mbit/s 左右。

WCDMA 网络技术标准的演进主要阶段的技术特点和上行/下行速率见表 1-3。

表 1-3 WCDMA 网络技术标准的演进主要阶段

版本/特性	R99	R4	R5	R6	R7	R8
技术特点	UTRAN 引入关键技术	控制与承载分离、软交换技术	HSDPA 高速下行分组技术	HSUPA 高速上行分组技术及 MBMS	HSPA 增强技术	OFDM 引入、向 LTE 演进
上行/下行速率	384kbit/s、2Mbit/s	384kbit/s、2Mbit/s	384kbit/s、14.4Mbit/s	5.76Mbit/s、14.4Mbit/s	11Mbit/s、28Mbit/s	50Mbit/s、100Mbit/s

1.5 3G 频谱划分

国际电联对第三代移动通信系统 IMT-2000 划分了 230MHz 频率，即上行 1885 ~

2025MHz、下行 2110 ~ 2200MHz，共 230MHz。其中，1980 ~ 2010MHz（地对空）和 2170 ~ 2200MHz（空对地）用于移动卫星业务。上下行频带不对称，主要考虑使用双频 FDD 方式和单频 TDD 方式。此规划在 WRC 92 上得到通过，在 2000 年的 WRC2000 大会上，在 WRC 92 基础上又批准了新的附加频段：806 ~ 960MHz、1710 ~ 1885MHz、2500 ~ 2690MHz，如图 1-4 所示。

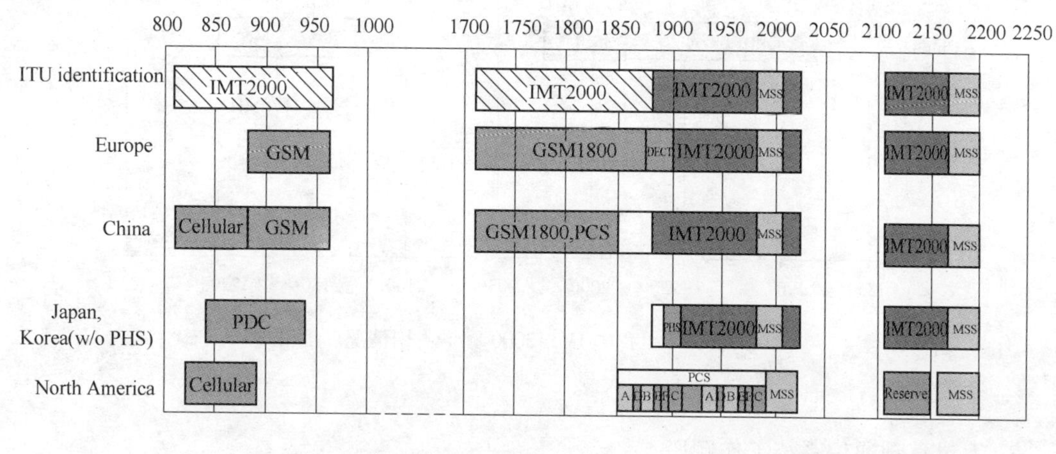

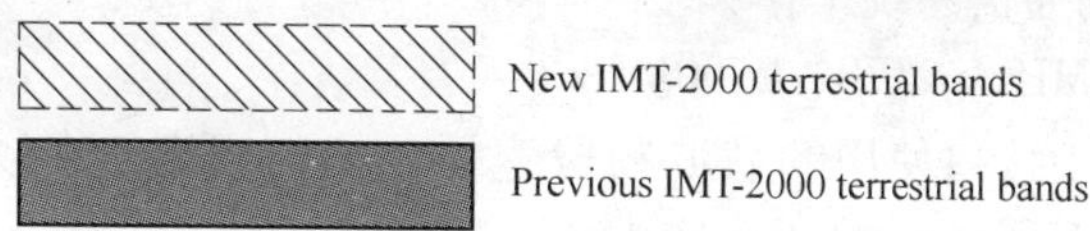

图 1-4　WRC 2000 的频谱分配

WCDMA FDD 模式使用频谱为（3GPP 并不排斥使用其他频段）：上行，1920 ~ 1980MHz；下行，2110 ~ 2170MHz。每个载频的带宽为 5MHz，双工间隔：190MHz。而美洲地区：上行，1850 ~ 1910MHz；下行，1930 ~ 1990MHz；双工间隔：80MHz。

目前我国无线电频率 1700 ~ 2300MHz 频段划分给移动业务、固定业务和空间业务，该频段已被大量的微波通信系统和一定数量的无线电定位设备使用。1996 年 12 月，原国家无线电管理委员会为了发展蜂窝移动通信和无线接入的需要，对 2GHz 的部分地面无线电业务频率进行了重新规划和调整。但还与第三代移动有冲突，即公众蜂窝移动通信 1.9MHz 的频段和无线接入的频段均占用了 IMT-2000 的频段中的一部分。我国的 IMT-2000 频谱占用情况如图 1-5 所示。

IMT-2000 在我国的频段分配如下：

1. 主要工作频段

频分双工（FDD）方式：1920 ~ 1980MHz、2110 ~ 2170MHz；

时分双工（TDD）方式：1880 ~ 1920MHz、2010 ~ 2025MHz。

2. 补充工作频率

频分双工（FDD）方式：1755 ~ 1785MHz、1850 ~ 1880MHz；

时分双工（TDD）方式：2300 ~ 2400MHz，此频段与无线电定位业务共用，均为主要业务，共用标准另行制定。

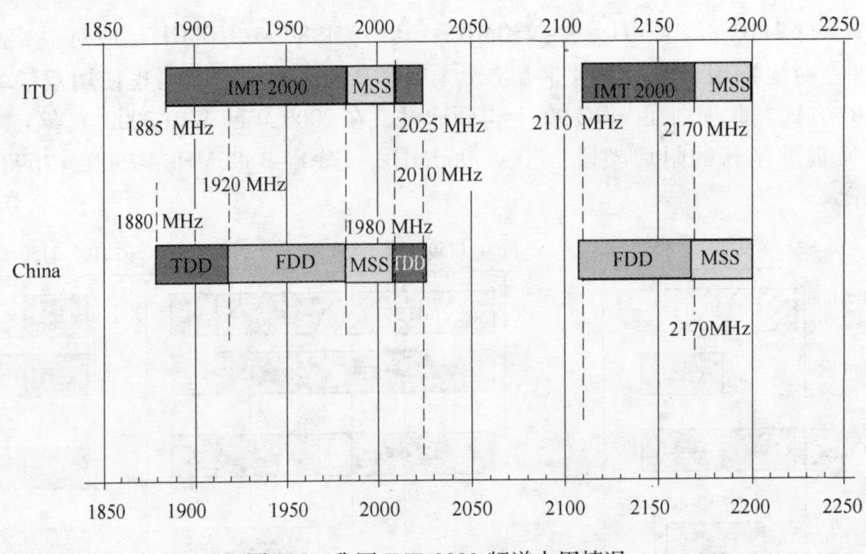

图 1-5 我国 IMT-2000 频谱占用情况

3. 卫星移动通信系统工作频段

1980～2010MHz、2170～2200MHz。

WCDMA 空中接口使用的载波频段遵循严格的规定。在规范 TS25.101 中规定 WCDMA 空中接口可以使用 6 个频段，见表 1-4。

表 1-4 WCDMA 空中接口频段表

频 段	地区/扩充	上行/MHz	下行/MHz	上下行频率差/MHz
Ⅰ	欧洲、亚洲	1920～1980	2110～2170	190
Ⅱ	美洲	1850～1910	1930～1990	80
Ⅲ	扩充	1710～1785	1805～1880	95
Ⅳ	扩充	1710～1755	2110～2155	400
Ⅴ	扩充	824～849	869～894	45
Ⅵ	扩充	830～840	875～885	45

其中，第Ⅰ、Ⅱ个频段是 WCDMA 空中接口早期使用的频段，第Ⅲ～Ⅵ个频段是后来根据运营商的要求追加的，主要是满足拥有这些频段的 2G 运营商顺利过渡到 3G 的运营。例如，考虑到拥有 GSM 系统的运营商的平滑过渡，3GPP 扩展了 WCDMA 空中接口使用频段，延伸到 900MHz 频段。目前世界各国还是以使用第一频段为主，而且各个国家也有各自的频率规划策略。

在一个频段内可以设置多个 WCDMA 载波，WCDMA 空中接口每个载波的宽度为 5MHz，称为一个频点。WCDMA 空中接口的频点称为绝对频点，第一频段的上行频点为 9612～9888，下行频点为 10562～10838，频点除以 5 就可以得到频点对应的中心频率值（以 MHz 为单位），注意频点是给固定频率的编号，没有单位。

下面以中国联通 WCDMA 频率使用为例计算频点和频率。

已知中国联通 WCDMA 频率范围：上行 1940～1955MHz，下行 2130～2145MHz；带宽为 15MHz；上下行间隔为 190MHz。因为 WCDMA 的总带宽为 15MHz，每个载波要求的带宽是 5MHz，因此可用载波为 3 个，分别称为载波 1、载波 2、载波 3。其相应的载波信道号（即频点）和相应频率计算如下。

（1）载波 1 的频点与频率

载波 1 上行频点与频率计算：

因为 WCDMA 上行频点的计算是从 1940MHz 开始，每个载波带宽是 5MHz，所以上行载波 1 对应中心频率为 1942.6MHz。根据 WCDMA 频点计算公式：频点 = 频率 ×5，得载波 1 上行频点为 1942.6 ×5 = 9713。

载波 1 下行频点与频率计算：

因为 WCDMA 频率上下行间隔为 190MHz，所以载波 1 下行频率为：1942.6MHz + 190MHz = 2132.6MHz，根据公式：频点 = 频率 ×5，得载波 1 下行频点为 2132.6 ×5 = 10663。

（2）载波 2 的频点与频率

上行对应中心频率为 1942.6MHz + 5MHz = 1947.6MHz，频点为 1947.6 ×5 = 9738。

下行对应中心频率为 2132.6MHz + 5MHz = 2137.6MHz，频点为 2137.6 ×5 = 10688。

（3）载波 3 同理类推

上行对应中心频率为 1947.6MHz + 5MHz = 1952.6MHz，频点为 1952.6 ×5 = 9763。

下行对应中心频率为 2137.6MHz + 5MHz = 2142.6MHz，频点为 2142.6 ×5 = 10713。

梳理与总结

1. 知识体系

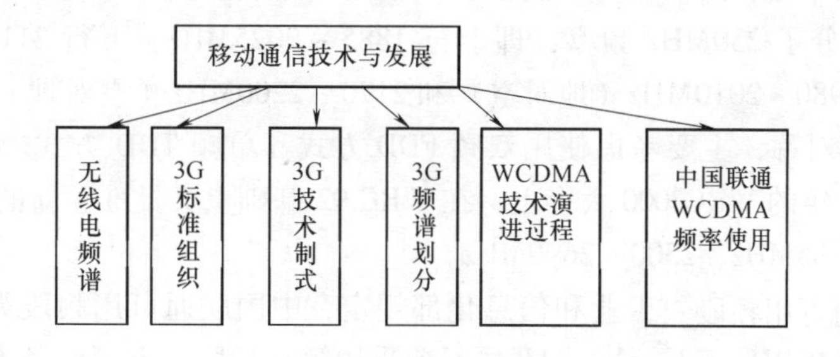

2. 知识要点

（1）无线电波　无线电波分布在 3Hz～3000GHz 之间，在这个频谱内划分为 12 个频段，在不同的频段内的频率具有不同的传播特性。移动通信系统选择频段要综合考虑覆盖效果和容量。UHF 频段与其他频段相比，在覆盖效果和容量之间折中得比较好，因此被广泛应用于移动通信领域。随着人们对移动通信的需求越来越多，需要的容量越来越大，移动通信系统必然要向高频段发展。

（2）无线通信　无线通信是利用电磁波信号可以在自由空间中传播的特性进行信息交换的一种通信方式，近些年信息通信领域中发展最快、应用最广的就是无线通信技术。移动通信是在移动中实现的无线通信。移动通信系统由移动台、基站、移动交换局组成。采用的

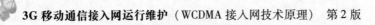

频段遍及低频、中频、高频、甚高频和特高频。

（3）无线通信传播方式　由于无线电波的传播存在着各种各样的影响，如反射、折射、散射和波导等，所以无线电传播模型通常是很复杂的。为保证用户的通信质量，需要详细地估算发射的覆盖范围和电波传播的可靠程度。无线传播环境十分复杂，无线通信传播方式多种多样，几乎包括了电波传播的所有过程，如直射、绕射、反射、散射。

（4）3G 定义　3G 是第三代移动通信技术的简称（3rd-generation），特指能支持高速数据传输的一种蜂窝移动通信技术。3G 能够同时传送声音（通话）及数据信息（电子邮件、即时通信等），提供高速数据业务。第三代移动通信系统最早由 ITU 于 1985 年提出，称为未来公众陆地移动通信系统（FPLMTS），1996 年更名为 IMT-2000。

（5）IMT-2000 含义　该系统工作在 2000MHz 频段，最高业务速率可达 2000kbit/s，2000 年商用。

（6）3G 三种制式　3GPP 和 3GPP2 组织定义 3G 分为三种制式：

1）WCDMA，应用在欧洲和日本，由 GSM 发展而来，中国联通使用 WCDMA 制式。

2）CDMA2000，应用在北美，由 CDMA IS-95 发展而来，中国电信使用 CDMA2000 制式。

3）中国 TD-SCDMA，我国自主提出的一种新制式，由 GSM 发展而来，中国移动使用 TD-SCDMA 制式。

（7）WCDMA 技术演进　3GPP 关于 WCDMA 网络技术标准的演进主要分为 R99、R4、R5、R6 和 R7 等几个主要阶段。无线网络的演进主要是通过采用高阶调制方式和各种有效的纠错机制等技术措施，来不断增强空中接口的数据吞吐能力的；而核心网络主要利用控制与承载、业务与应用相分离的思路，逐步从传统的 TDM 组网方式向全 IP 组网方式演进，最终使无线网络和核心网络全部走向 IP 化。

（8）频段　频率是载波最重要的属性，频率范围即频段。国际电联为第三代移动通信系统 IMT-2000 划分了 230MHz 频率，即上行 1885～2025MHz、下行 2110～2200MHz，共 230MHz。其中，1980～2010MHz（地对空）和 2170～2200MHz（空对地）用于移动卫星业务。上下行频带不对称，主要考虑使用双频 FDD 方式和单频 TDD 方式。此规划在 WRC92 上得到通过，2000 年的 WRC2000 大会上，在 WRC 92 基础上又批准了新的附加频段：806～960MHz、1710～1885MHz、2500～2690MHz。

（9）中国联通可用频段　工业和信息化部规定，中国联通可用频段为 1940～1955MHz（上行）、2130～2145MHz（下行），即我国目前采用第一频段，上下行各 15MHz，频点带宽为 5MHz，可用频点为 3 个。

习　题

1. 请说出你对频谱、电磁波、无线通信、移动通信概念的理解。
2. 无线电波的频谱范围是多少？划分为多少个频段？
3. 画图说明无线电频段和波段的命名。
4. 陆地移动通信中的无线信号传播方式有哪些？是如何定义的？
5. 3GPP 和 3GPP2 组织定义了 3G 的三种制式是什么？分别有什么特点？
6. IMT-2000 的含义是什么？

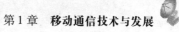

7. 用图表说明 WCDMA 网络技术标准的演进主要阶段的技术特点和上行/下行速率。

8. 国际电联对第三代移动通信系统 IMT-2000 频谱划分是什么？

9. IMT-2000 在我国分配的主要工作频段和补充工作频段各是什么？

10. 根据中国联通 WCDMA 的频率范围、带宽和上下行间隔，推算中国联通 WCDMA 使用的载波信道号（即频点）和相应频率。

第2章　WCDMA技术

学习导航

<table>
<tr><td rowspan="2">知识点拨</td><td>重点</td><td>1. 双工技术
2. 多址技术
3. 信源编码和信道编码
4. 扩频和加扰
5. 调制技术
6. 接收技术
7. 功率控制
8. 软切换</td><td>学习建议：学习WCDMA技术前先了解通信原理、信息论与编码等基础知识，推荐阅读樊昌信的《通信原理》和陈运的《信息论与编码》等专业书籍</td></tr>
<tr><td>难点</td><td>1. 交织技术
2. 扩频通信工作原理
3. 功率控制
4. 软切换</td><td>学习建议：难点学习时要深刻理解相关技术术语，阅读相关技术资料，拓展知识视野，推荐阅读高鹏的《3G技术问答》和丁奇的《大话移动通信》等科普读物</td></tr>
<tr><td>建议学时</td><td colspan="2">18课时</td><td>教学建议：学习者要在前期基础课程中打好基础，比如学习《GSM移动通信原理》</td></tr>
</table>

内容解读

通用移动通信系统（Universal Mobile Telecommunication System，UMTS）是采用WCDMA空中接口的第三代移动通信系统，WCDMA-FDD模式采用直接序列码分复用多址接入方案，把数据信息扩展到5MHz带宽，由此称为宽带CDMA（WCDMA）。通常也把UMTS称为WCDMA通信系统。

2.1　WCDMA通信原理

WCDMA的基本通信模型如图2-1所示，图中第一步是进行信源编码（语音编码），提高通信的有效性，WCDMA使用的是自适应多速率（Adaptive Multi-Rate，AMR）编码技术。第二步是进行信道编码和交织，提高通信的可靠性。第三步是进行扩频和加扰，把窄带通信转化成宽带通信。第四步是把信息调制到要求的频段上发射出去。信息经无线信道传输到达接收机，接收机再进行上述步骤的逆过程，最后将信息还原为模拟的语音信号。

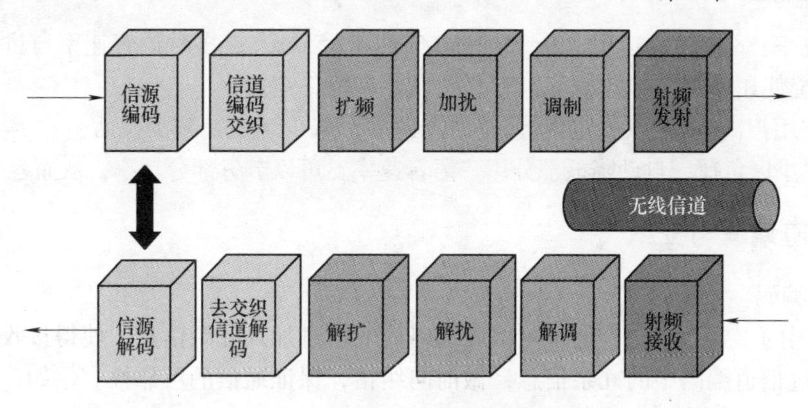

图 2-1　WCDMA 基本通信模型

WCDMA 通信模型中与数据处理相关的基本概念如下：

1）比特（Bit）：经过信源编码的含有信息的数据称为“比特”。

2）符号（Symbol）：经过信道编码和交织后的数据称为“符号”。

3）码片（Chip）：经过最终扩频得到的数据称为“码片”。

4）处理增益 = 扩频速率/比特速率：在 WCDMA 系统中，根据提供业务的不同，处理增益是可变的。低比特速率业务会比高比特速率业务得到更高的处理增益。处理增益赋予 WCDMA 系统抵抗自干扰的强大能力，但处理增益是以增加传输带宽为代价的。

2.1.1　信源编码

对于数字通信系统来说，信源编码的主要作用是：在保证通信质量的前提下，尽可能地通过对信源的压缩，来提高通信的有效性，即以更少的符号来表示原始信息，减少信源的剩余度。

最常用的信源编码是 PCM（Pulse Code Modulation，脉冲编码调制），它采用 A 律波形编码，分为取样、量化和编码三步，一路语音信号编码后的速率为 64kbit/s。移动通信中如果采用 PCM 编码技术，则传一路话音信号需要 64kHz 带宽，传 8 路话音需要 512kHz 带宽，这样会造成频率资源的浪费，此外在第三代移动通信系统中，不仅要支持语音通信，还要支持多媒体数据业务，因此必须采用更加先进的编码技术。在 WCDMA 中，采用了自适应多速率（AMR）编码技术。AMR 支持 8 种编码速率：12.2kbit/s、10.2kbit/s、7.95kbit/s、7.4kbit/s、6.7kbit/s、5.9kbit/s、5.15kbit/s 和 4.75kbit/s。

AMR 编码技术是继 EFR（Enhanced Full Rate Speed Encoding，增强型全速率）、FR（Full Rate Speed Encoding，全速率）、HR（Half Rate Speed Encoding，半速率）编码技术之后的一种新的语音编码技术，它的核心思想是根据上下行信号质量的变化情况，自动选择合适的编解码算法，不断调整语音编码速率，不同的编解码算法会产生不同速率的语音码流，从而达到语音质量和系统容量的最优平衡。

AMR 音频编码器主要用于移动设备的音频压缩，压缩比比较大。AMR 与目前各种主流移动通信系统的编码兼容，有利于设计多模终端。但相对其他的压缩格式质量比较差，由于多用于人声通话，其效果还是很不错的。

WCDMA 系统采用 AMR 语音编码有如下 4 个特点：

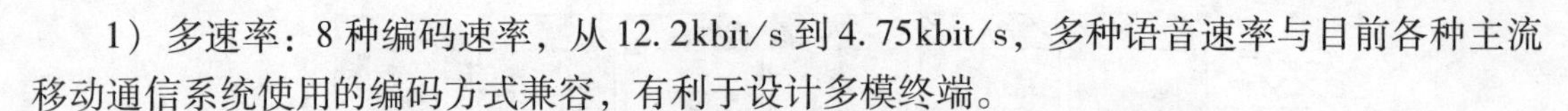

1）多速率：8 种编码速率，从 12. 2kbit/s 到 4. 75kbit/s，多种语音速率与目前各种主流移动通信系统使用的编码方式兼容，有利于设计多模终端。

2）根据用户离基站远近，自动调整语音速率，减少切换，减少掉话。

3）根据小区负荷，自动降低部分用户语音速率，可以节省部分功率，从而容纳更多用户。

2. 1. 2 信道编码与交织

1. 信道编码

信道编码的主要作用是：通过对信源编码后的信息加入冗余信息，使得接收方在收到信号后，可通过信道编码中的冗余信息，做前向纠错，保证通信的可靠性。例如，要运一批碗到外地，首先在装箱的时候，将碗摞在一起，这就类似是信源编码，压缩以便更加有效率；然后在箱子中的空隙填上报纸、泡沫做保护，就像信道编码，保证可靠。

手机作为常见数字通信系统——蜂窝移动通信系统的终端，其通信的双方就是信源和信宿，信源编码采用 AMR 编码技术来实现，信道编码采用卷积码与 Turbo 编码相结合的方式。

第三代移动通信系统与第二代相比，需要提供的业务种类大大增加，这就对信道编码提出了更高的要求。设计信道编码方案，不仅要从用户业务的要求考虑，如信息的准确度、允许的延时等，也应从提高系统增益的全局优化的角度出发，与分集接收、改进调制解调方法、系统的经济性等其他因素综合考虑。当然，决定信道编码性能最基本的问题是它的差错控制方案。WCDMA 传输信道提供两类差错控制方案：前向纠错（FEC）和自动重发请求（ARQ）。在 WCDMA 的提议中，建议采用三种纠错编码：卷积码、Turbo 码和业务专用编码。其中，卷积码用于误码率 BER = 10^{-3} 级别的业务，典型的业务有传统的话音业务。无线移动信道复杂多变，为了提高数据传输的可靠性，WCDMA 系统中采用了卷积编码和性能更为优越的 Turbo 编码。对于速率较低的业务（如话音或信令）一般采用卷积编码，而 Turbo 编码则应用于高速率数据业务（如 144kbit/s 或 384kbit/s 分组数据业务）。

1）语音业务和低速信令采用卷积码。卷积码是一种前向纠错码，因为它结构简单、具有较强的纠错能力和比较简单的译码算法，在通信、信息传输、存储等方面获得了十分广泛的应用。

卷积码是 1955 年由 Elias 等人发明的一种非分组码，它是一种性能优越的信道编码，其编码器和译码器结构相对简单，并且具有较强的纠错能力。卷积码表示为（n，k，N），将 k 比特的信息段编成 n 个比特的码组，N 为编码约束度，表示一个码组中的监督码元监督着 N 个信息段。nN 为编码约束长度，k/n 为码率。编码约束长度和编码率是衡量卷积码的两个重要参数。

2）高速数据业务采用 Turbo 码。WCDMA 系统采用独特的信道编码复用方案支持多媒体业务的传输，较好地实现对具有不同速率和 QoS（语音服务质量）要求的各种业务承载。

Turbo 码在现有信道编码方案中是最好的，它因很好地应用了香农（Shannon）信道编码定理中的随机性编译码条件而获得了几乎接近香农理论极限的译码性能。在 WCDMA 系统中，需要提供的不仅有语音和低速数据业务，还有高速数据业务，而且业务种类大大增加，这就对信道编码提出了更高的要求。因此在 WCDMA 的提议中，建议了三种前向信道纠错码，Turbo 码就是其中的一种。

Turbo 码是以卷积码为基础发展起来的，它通过在编码器中引入随机交织器，使码字具

有近似随机的特性；通过分量码的并行级联实现了用短码构造长码的方法；在接收端虽然采用了次最优的迭代算法，但分量码采用的是最优的最大后验概率译码算法，同时通过迭代过程可使译码接近最大似然译码。

2. 交织

除了信道编码外，WCDMA 系统里引入了交织技术。交织技术用来打乱符号间的相关性，将突发的错误随机化，提高纠错编码的有效性，减小信道快衰落和干扰带来的影响。衰落是移动通信的大敌，移动通信中信号随接收机与发射机之间的距离不断变化即产生了衰落。其中，信号强度曲线的中值呈现慢速变化，称为慢衰落；曲线的瞬时值呈快速变化，称为快衰落，如图 2-2 所示。

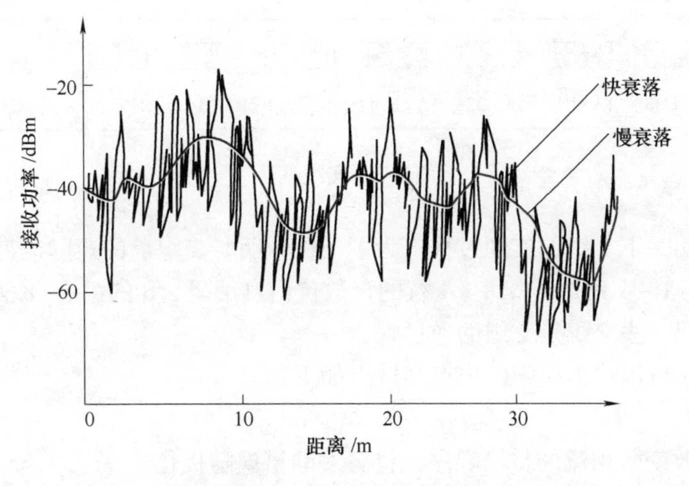

图 2-2　移动通信中的衰落

其中，快衰落是移动台附近的散射体（地形、地物和移动体等）引起的多径传播信号在接收点相叠加，造成接收信号快速起伏的现象。正是因为移动体周围有许多散射、反射和折射体，引起信号的多径传输，使到达的信号之间相互叠加，其合成信号幅度表现为快速的起伏变化，其变化率比慢衰落快。

快衰落会使发送的基带数据脉冲失真，明显影响误码率，因此在信道编码之后引入交织技术，因为信道的快衰落是成块出现的，通过交织，可以将成块的误码进行分散。交织举例如图 2-3 所示。

下面举例说明信道编码和交织技术的使用：

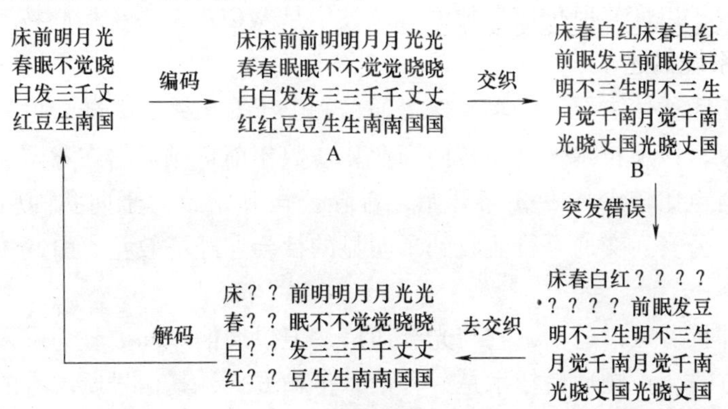

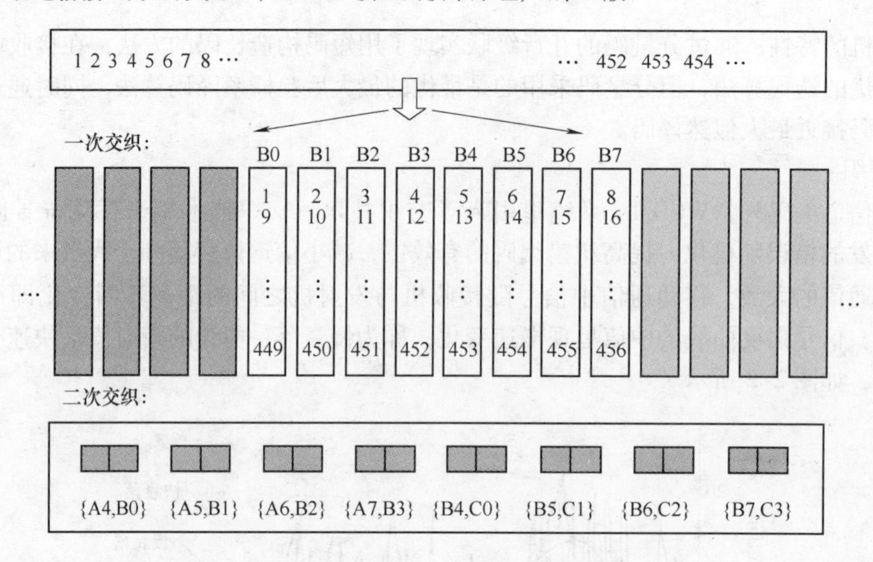

图 2-3　交织举例

这里简单说明一下交织的实现过程。为了便于说明，交织前的矩阵记为 A，交织后的矩阵记为 B，B 的第 1 ~ 4 列是 A 第 1 ~ 4 行的奇数位信息编码，B 的第 5 ~ 8 列是 A 第 1 ~ 4 行的偶数位信息编码，去交织是交织的逆过程。

从上面的例子可以看出交织的优点和缺点如下：

（1）优点

- 交织技术改变数据流的传输顺序，将突发的错误随机化。
- 提高纠错编码的有效性。

（2）缺点

- 由于改变了数据流的传输顺序，必须要等整个数据块接收后才能纠错，加大了处理延时，因此交织深度应根据不同的业务要求来选择。
- 在特殊情况下，若干个随机独立差错有可能交织为突发差错。

2.1.3　扩展频谱通信技术

扩展频谱（Spread Spectrum，SS）通信简称扩频通信，扩频通信技术是在发射端采用扩频码调制，使信号所占的频带宽度远大于所传信息必需的带宽，在接收端采用相同的扩频码进行相关解调来解扩以恢复所传信息数据。该技术是 WCDMA 系统核心技术之一。

1. 扩频通信系统概述

长期以来，扩频通信主要用于军事保密通信和电子对抗系统，随着世界范围政治格局的变化和冷战的结束，该项技术才逐步转向商业化。数年前扩频通信在我国通信领域仍鲜为人知，有关介绍资料也比较少，1993 年开始，吉隆公司开始致力于向我国引进扩频产品，已经在电力、金融、公安、交通等行业收到了明显的社会、经济效益，引起了国内通信界人士的广泛注意。

扩频通信，即扩展频谱通信，它与光纤通信、卫星通信一同被誉为进入信息时代的三大高技术通信传输方式。扩频通信技术是一种信息传输方式，其信号所占有的频带宽度远大于

所传信息必需的最小带宽；频带的扩展是通过一个独立的码序列来完成，用编码及调制的方法来实现的，与所传信息数据无关；在接收端则用同样的码进行相关同步接收、解扩及恢复所传信息数据。

扩频通信系统最大的特点是其具有很强的抗人为干扰、抗窄带干扰、抗多径干扰的能力。在此先定性地说明一下扩频通信系统具有抗干扰能力的理论依据。

扩频通信的基本理论根据是信息理论中香农的信道容量公式：

$$C = B\log_2\left(1 + \frac{S}{N}\right) \tag{2-1}$$

式中，C 是信道容量，单位为 bit/s；B 是信道带宽，单位为 Hz；S 是信号功率，单位为 W；N 是噪声功率，单位为 W。

香农公式表明了一个信道无差错地传输信息的能力同存在于信道中的信噪比以及用于传输信息的信道带宽之间的关系。公式说明：在给定的传输速率 C 不变的条件下，信道带宽 B 和信噪比 S/N 是可以互换的，即增加信道带宽可以降低对信噪比的要求，当信道带宽增加到一定程度时，允许信噪比进一步降低，有用信号功率接近噪声功率甚至淹没在噪声之下也是可能的。扩频通信就是用宽带传输技术来换取信噪比上的好处，这就是扩频通信的基本思想和理论依据。

根据香农公式指出的方向，将扩频技术应用到信噪比受限的移动通信系统中，用增加信号占用带宽的办法换取对接收机信噪比的较低要求，实现了在恶劣的移动无线接收环境中高质量的信号传输。

由于扩频通信能大大扩展信号的频谱，发射端用扩频码序列进行扩频调制，以及在接收端用相关解调技术，使其具有许多窄带通信难以替代的优良性能，主要有以下几项特点：

- 易于重复使用频率，提高了无线频谱利用率；
- 抗干扰性强，误码率低；
- 隐蔽性好，对各种窄带通信系统的干扰很小；
- 可以实现码分多址；
- 抗多径干扰；
- 能精确地定时和测距；
- 适合数字语音和数据传输，以及开展多种通信业务；
- 安装简便，易于维护。

2. 扩频通信工作原理

扩频通信与一般的通信系统相比，主要是在发射端增加了扩频调制，而在接收端增加了扩频解调的过程，扩频通信按其工作方式不同主要分为直接序列扩频系统、跳频扩频系统、跳时扩频系统、线性调频系统和混合调频系统。现以直接序列扩频系统为例说明扩频通信的实现方法，直接序列扩频（Direct Sequence Spread Spectrum）工作方式，简称直扩方式（DS 方式），就是用高速率的扩频序列在发射端扩展信号的频谱，而在接收端用相同的扩频序列进行解扩，把展开的扩频信号还原成原来的信号。直接序列扩频方式是直接用伪噪声序列对载波进行调制，要传送的数据信息需要经过信道编码后，与伪噪声序列进行模 2 和生成复合码去调制载波。直接序列扩频系统原理框图如图 2-4 所示。

图 2-4 中，在发射端，信源输出的信号与伪随机码产生器产生的伪随机码（PN 码）进

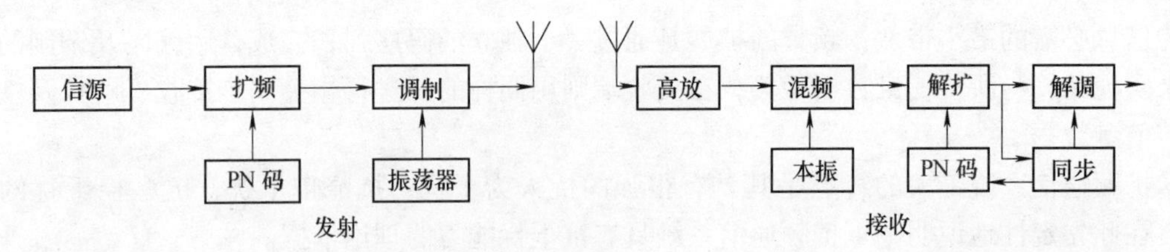

图 2-4　直接序列扩频系统原理框图

行模 2 加，产生一个速率与伪随机码速率相同的扩频序列，然后再用扩频序列去调制载波，这样便得到已扩频调制的射频信号。在接收端，接收到的扩频信号经高放和混频后，用与发射端同步的伪随机序列对扩频调制信号进行相关解扩，将信号的频带恢复为信息序列的频带，然后进行解调，恢复出所传输的信息。

下面列举一个 WCDMA 中的扩频与解扩过程的例子，如图 2-5 所示。

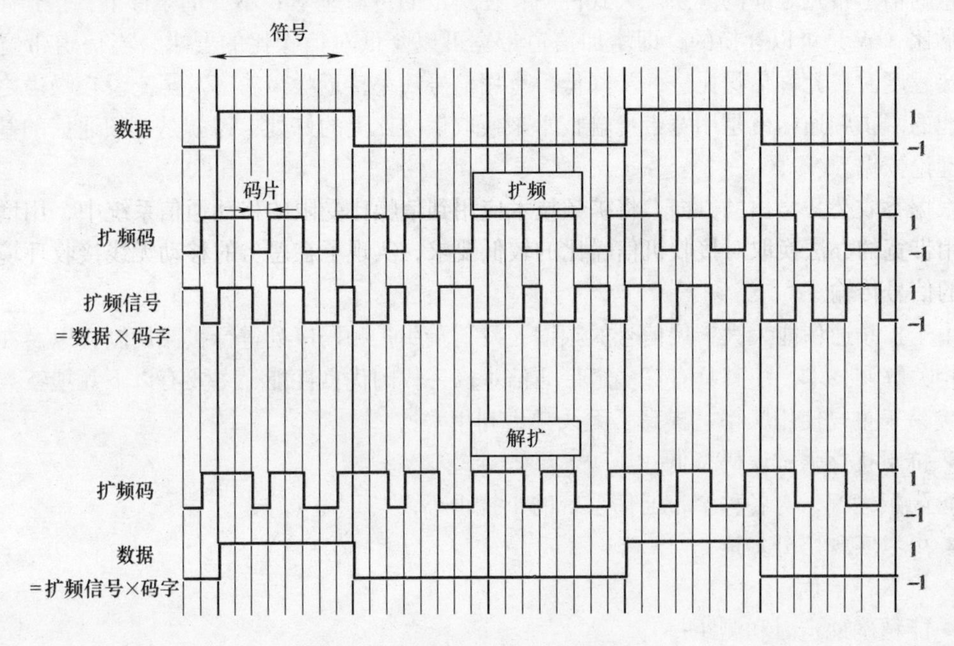

图 2-5　WCDMA 中的扩频与解扩

在图 2-5 中，假定用户数据是二进制移相键控（BIT/SK）调制的速率为 R 的比特序列，用户数据比特取值为 +1 或者 -1。在这个例子中，扩频操作就是将每一个用户数据比特与一个 8 比特的码序列相乘。可以看出，最后得到的扩展后的数据速率为 8R。这种情况下，就说其扩频因子为 8。扩频后得到的宽带信号将通过无线信道传送到接收端。

在解扩时，把扩展的用户码片序列与扩频这些比特时所用的相同的 8bit 的码片序列逐位相乘，只要能在扩展后的用户信号和扩频码（解扩码）之间取得很好的同步，就能很好地恢复出原始的用户比特序列。

在这个过程中，传信速率增加 8 倍，相当于扩展的用户数据信号的占有带宽扩展了 8 倍。因此， WCDMA 系统被称为扩频系统。解扩是将信号带宽按比例恢复到 R 值。

扩频又叫作信道化操作，用一个高速数字序列与数字信号相乘，把一个一个的数据符号转换为一系列码片，大大提高了数字符号的速率，增加了信号带宽。在接收端，用相同的高

速数字序列与接收符号相乘，进行相关运算，将扩频符号解扩。用来转换数字信号的数字序列符号叫作信道化码，在 WCDMA 中采用 OVSF 码作为信道化码。

此外，再举一个扩频和解扩的计算例子：

（1）扩频

1）需要发送信息的用户：UE1、UE2、UE3。

2）UE1 使用 c1 扩频：UE1 × c1。

3）UE2 使用 c2 扩频：UE2 × c2。

4）UE3 使用 c3 扩频：UE3 × c3。

5）发送信息：UE1 × c1 + UE2 × c2 + UE3 × c3。

其中，c1、c2、c3 互相正交。

（2）解扩

1）UE1 使用 c1 解扩，即

$$
\begin{aligned}
&(UE1 \times c1 + UE2 \times c2 + UE3 \times c3) \times c1 \\
&= UE1 \times (c1 \times c1) + UE2 \times (c2 \times c1) + UE3 \times (c3 \times c1) \\
&= UE1 \times 1 + UE2 \times 0 + UE3 \times 0 \\
&= UE1
\end{aligned}
$$

2）UE2 使用 c2 解扩，UE3 使用 c3 解扩，可以分别得到各自的信号。

（3）扩频通信工作方式

按照扩展频谱的方式不同，现有的扩频通信系统可以分为以下几种。

1）直接序列扩频工作方式，简称直扩（DS）方式。所谓直接序列（Direct Sequence，DS）扩频，就是直接用具有高码率的扩频码序列在发射端去扩展信号的频谱；而在接收端，用相同的扩频码序列去进行解扩，把展宽的扩频信号还原成原始的信息。

2）跳变频率工作方式，简称跳频（FH）方式。所谓跳频（Frequency Hopping，FH），比较确切的意思是用一定码序列进行选择的多频率频移键控。也就是说，用扩频码序列去进行频移键控调制，使载波频率不断地跳变，所以称为跳频。

3）跳变时间工作方式，简称跳时（TH）方式。与跳频相似，跳时（Time Hopping，TH）是使发射信号在时间轴上跳变。首先把时间轴分成许多时片。在一帧内哪个时片发射信号就由扩频码序列去进行控制。可以把跳时理解为用一定码序列进行选择的多时片的时移键控。跳时也可以看成是一种时分系统，所不同的地方在于它不是在一帧中固定分配一定位置的时片，而是由扩频码序列控制的按一定规律跳变位置的时片。跳时系统的处理增益等于一帧中所分的时片数。由于简单的跳时抗干扰性不强，很少单独使用。跳时通常都与其他方式结合使用，组成各种混合方式。

4）宽带线性调频工作方式，简称 Chirp 方式。如果发射的射频脉冲信号在一个周期内，其载频的频率作线性变化，则称为线性调频。因为其频率在较宽的频带内变化，信号的频带也被展宽了。宽带线性调频是一种不需要用伪随机码序列调制的扩频调制技术，由于线性脉冲调频信号占用的频带宽度远远大于信息带宽，从而也可获得较好的抗干扰性能。这种扩频调制方式主要用在雷达中。

5）各种混合方式。在上述几种基本的扩频方式的基础上，可将它们组合起来，构成各种混合方式。例如，DS/FH、DS/TH、DS/FH/TH 等，它们比单一的直扩、跳频、跳时方式

有更优良的性能。一般说来，采用混合方式在技术上要复杂一些，实现起来也要困难一些。但是，不同方式结合起来有时能得到只用其中一种方式得不到的特性。因此，对于需要同时解决诸如抗干扰、多址组网、定时定位、抗多径和远近问题时，就不得不同时采用多种扩频方式。

2.1.4 加扰

加扰就是用一个伪随机码序列与扩频码进行相乘，对信号进行加密。上行链路加扰的作用是区分用户，下行链路加扰可以区分小区和信道。加扰是在扩频之后完成的。

在 WCDMA 系统中，WCDMA 的扩频码称为信道化码，信道化码用于区分来自同一信源的传输，即一个扇区内的下行链路连接，以及来自于某一终端的所有上行链路专用物理信道。WCDMA 的扩频码基于正交可变扩频因子（OVSF）技术，使用该技术可以改变扩频因子，并保证不同长度的不同扩频码之间的正交性。OVSF 码可以从图 2-6 所示的生成树中选取。在 WCDMA 系统中，OVSF 码保证了不同物理信道之间的正交性。上行链路中信道化码的扩频因子变化范围为 4～256。下行链路中，扩频因子的变化范围是 4～512。由于基站比用户需要更多的信道，而 OVSF 码的码数是有限的，因此 WCDMA 下行链路 OVSF 码的分配策略极其关键，直接决定系统的容量。图 2-6 为产生正交可变扩频因子码 OVSF 码的生成树，OVSF 码的生成树在同一层的各个码字之间相互正交。

OVSF 码的生成树的表达式是 $C_{2^n,m}\rightarrow\begin{cases}C_{2^{n+1},m}=(C_{2^n},\ C_{2^n})\\C_{2^{n+1},m+1}=(C_{2^n},\ -C_{2^n})\end{cases}$，图 2-6 给出了其 4 阶生成树的生成过程。

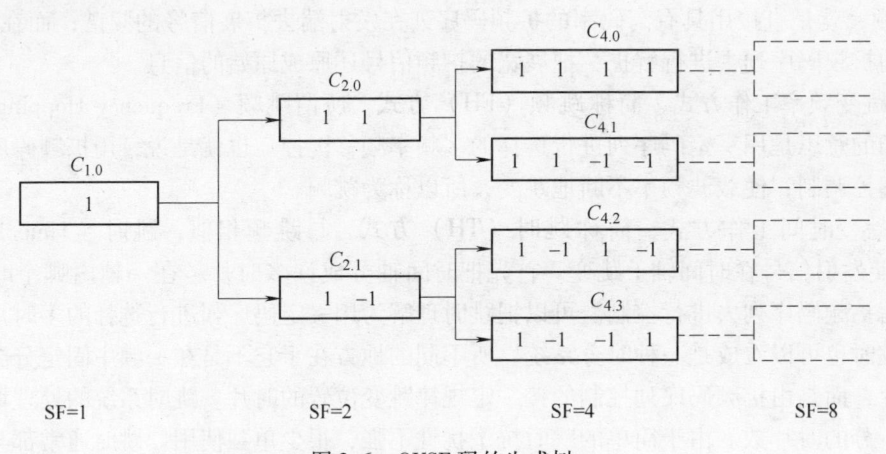

图 2-6 OVSF 码的生成树

WCDMA 系统中，发送端对信号的处理除了扩频之外还包括了扰码操作，如图 2-7 所示。加入扰码的目的是为了将不同的终端或基站区分开来，上行链路中，扰码区分用户，扩频码区分同一个用户的不同信道（专用数据物理信道（DPDCH）和专用控制物理信道（DPCCH））。下行链路中，扰码可以用来区分不同的小区，用扩频码区分同一小区中不同的用户。WCDMA 采用 GOLD 码作为扰码，GOLD 码由两个特定的 m 序列相加而成，具有容易产生、自相关特性好的优点。扰码

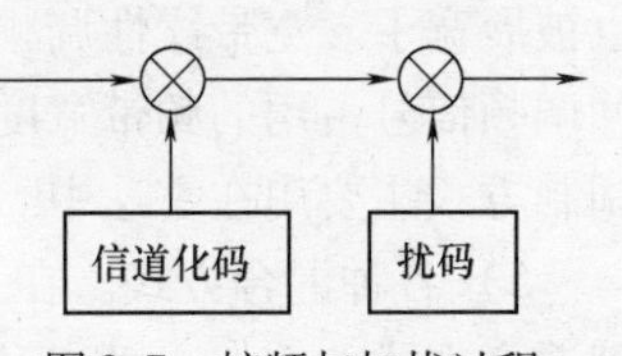

图 2-7 扩频与加扰过程

是在扩频之后使用的，因此它不会改变信号的带宽，而只是将来自不同信源的信号区分开来，WCDMA 系统中利用扩频码和扰码来减少多用户之间的干扰，这样即使多个发射机使用相同的码字扩频也不会出现问题。

2.1.5　调制技术

所谓调制，就是根据输入信号改变传输信号，使之能够在特定的频率范围内和特定条件的信道中传输的过程。解调是调制的逆过程，它是把某种特定形态的传输波形还原为发送站调制前的信号。调制与解调是通信系统中十分重要的一个环节，针对不同的信道环境选择不同的调制与解调方式可以有效地提高通信系统的频带利用率，改善接收信号的误码率。

数字调制具有三种基本方式：数字振幅调制、数字频率调制、数字相位调制，这三种数字调制方式都存在不足之处，如频谱利用率低、抗多径抗衰落能力差、功率谱衰减慢、带外辐射严重等。为了改善这些不足，近几十年来人们不断提出一些新的数字调制解调技术，以适应各种通信系统的要求。其主要研究内容为减小信号带宽以提高信号频谱利用率；提高功率利用率以增强抗噪声性能；适应各种随参信道以增强抗多径抗衰落能力等。

1. QPSK

在 R99 和 R4 版本时期，WCDMA 的数据调制方式为 BPSK（Binary Phase Shift Keying，二进制相移键控）和 QPSK（Quadrature Phase Shift Keying，正交相移键控）。上行采用 BPSK 调制，下行采用 QPSK 调制。这里重点介绍下行 QPSK 数据调制方式。QPSK 信号可以看作两个载波正交 BIT/SK 信号的合成，两个连续符号组成的符号经过串并变换，映射到 I 和 Q 支路上。映射的结果是偶数号和奇数号的符号分别映射到 I 和 Q 支路上。I 和 Q 支路由相同的实值信道化码（Channelization Code，CC）扩频到码片速率，这里的信道化码即上文提到的 OVSF 码。信道化后将 I 和 Q 支路上的实值码片序列变换成复值码片序列。该序列由复值的扰码（Scrambling Code，SC）进行加扰（复数相乘），用来标定一个唯一的蜂窝（Cell）。图 2-8 给出了下行链路的扩频和调制过程，这个下行链路有一路 DPDCH 和一路 DPCCH。若 DPDCH 多于一路，则多出的 DPDCH 分别用 QPSK 进行调制并采用不同的信道化码进行扩频。

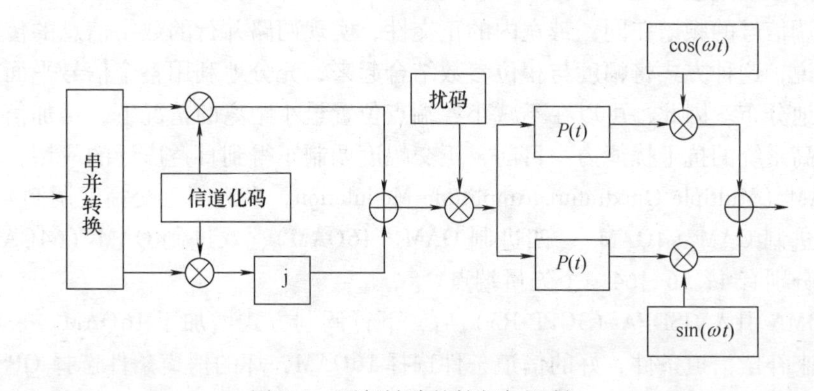

图 2-8　下行链路的扩频与调制

图 2-8 中采用 QPSK 数据调制方式，在下行链路中 I 和 Q 支路的数据率相同，然而在上行链路中，I 和 Q 支路的数据率是不同的。在下行链路中扰码是用来标定蜂窝的，然而在上

行链路中是用来标定移动用户的。

下行链路中的数据在发送之前通过平方根升余弦滤波器进行脉冲成型，滤波器的滚降系数是 0.22，下行最大数据速率是 2.7Mbit/s。

2. QAM

单独使用幅度或相位携带信息时，不能最充分地利用信号平面，这点可以从矢量图中信号矢量端点的分布直观地观察到。采用 MASK（Multiple Amplitude Shift Keying，多进制幅移键控）调制时，矢量端点在一条轴上分布；采用 MPSK（Multiple Phase Shift Keying，多进制相移键控）调制时，矢量端点在一个圆上分布。随着进制数 M 的增大，这些矢量端点之间的最小欧氏距离也随之减小。为了充分利用信号平面，需要将矢量端点重新合理分配，这样就可以在不减少最小欧氏距离的情况下增加信号矢量端点数目，提高频带利用率。由此引出一种幅度与相位相结合的调制方式：QAM（Quadrature Amplitude Modulation，正交幅度调制），如图 2-9 所示。

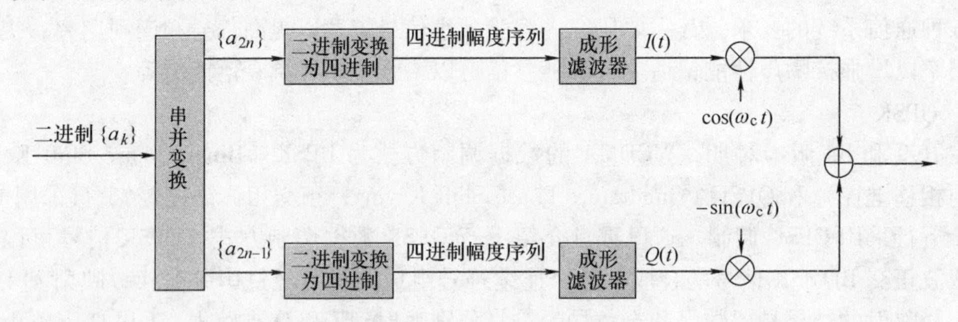

图 2-9 下行链路的 QAM 调制

QAM 是一种将两种调幅信号汇合到一个信道的方法。它有两个相同频率的载波，但是相位相差 90°（四分之一周期）。一个信号叫 I 信号，另一个信号叫 Q 信号。从数学角度可以将一个信号表示成正弦，另一个表示成余弦。两种被调制的载波在发射时已被混合。到达目的地后，载波被分离，数据被分别提取然后和原始调制信息相混合。

QAM 是用两路独立的基带信号对两个相互正交的同频载波进行抑制载波双边带调幅，利用这种已调信号的频谱在同一带宽内的正交性，实现两路并行的数字信息的传输。从星座图的角度来说，这种方式将幅度与相位参数结合起来，充分地利用整个信号平面，将矢量端点重新合理地分布。因此，可以在不减小各端点位置最小距离的情况下，增加信号矢量的端点数目，提高系统的抗干扰能力。目前，正交幅度调制正得到日益广泛的应用，其中最常用的就是 MQAM（Multiple Quadrature Amplitude Modulation，多进制正交幅度调制）。该调制方式通常有二进制 QAM（4QAM）、四进制 QAM（16QAM）、八进制 QAM（64QAM）…，对应的星座图分别有 4、16、64…个矢量端点。

在 WCDMA 引入 HSDPA（3GPP R5）后，下行调制方式增加了 16QAM。采用自适应编码调制方案来补偿信道条件，好的信道条件选择 16QAM，坏的信道条件选择 QPSK。HSDPA 下行最大数据速率为 14.4Mbit/s。

在 WCDMA 中引入 HSPA+后，下行调制方式将从 16QAM 提高到 64QAM，上行调制方式从 8PSK 升级到 16QAM。HSPA+是 HSPA（3GPP R6）的向下演进版本，是上下行能力增强的一项技术。此外，天线在 HSPA 的基础上引入 MIMO，提高了信道容量和可靠性。其下行速率为：

MIMO + HSDPA 16QAM（3GPP R7）：DL 28Mbit/s，UL 11Mbit/s；

MIMO + HSDPA 64QAM（3GPP R8）：DL 42Mbit/s，UL 11Mbit/s。

2.2 其他技术

2.2.1 频分双工

对于移动通信而言，双向通信可以以频率分开（FDD，频分双工），也可以以时间分开（TDD，时分双工）。WCDMA 采用 FDD 技术，需要成对频段，上下行频率配对使用；TD-SCDMA 采用 TDD 技术，上下行频率相同。

2.2.2 多址接入技术

由于移动用户在不断地随机运动，要建立他们之间的通信，首先必须引入区分和识别动态用户地址的多址接入技术。多址接入技术分为频分多址接入（Frequency Division Multiple Access，FDMA）、时分多址接入（Time Division Multiple Access，TDMA）、码分多址接入（Code Division Multiple Access，CDMA），如图 2-10 所示。

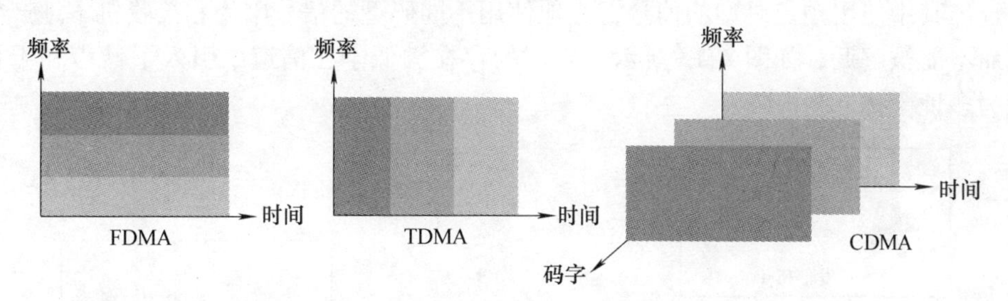

图 2-10 三种多址接入技术的对比

（1）FDMA FDMA 把信道频带分割为若干更窄的互不相交的频带（称为子频带），把每个子频带分给一个用户专用（称为地址）。这种技术被称为频分多址接入技术，如图 2-11 所示。

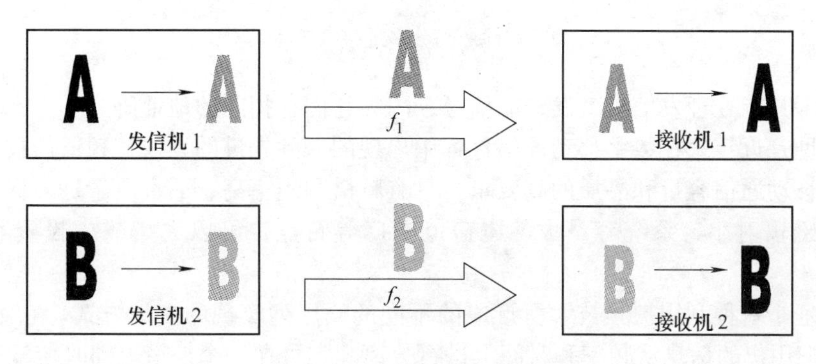

图 2-11 频分多址接入技术

（2）TDMA　TDMA 把时间分割成互不重叠的时段（帧），再将帧分割成互不重叠的时隙（信道），与用户具有一一对应关系，依据时隙区分来自不同地址的用户信号，从而完成多址连接。时分多址接入技术如图 2-12 所示。

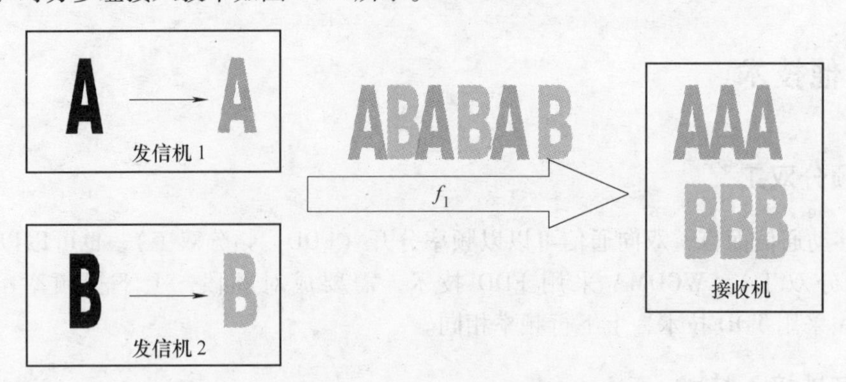

图 2-12　时分多址接入技术

（3）CDMA　CDMA 通信系统中，不同用户传输信息所用的信号不是靠频率不同或时隙不同来区分，而是用各自不同的编码序列来区分，或者说，靠信号的不同波形来区分。如果从频域或时域来观察，多个 CDMA 信号是互相重叠的。接收机用相关器可以在多个 CDMA 信号中选出其中使用预定码型的信号，其他使用不同码型的信号因为和接收机本地产生的码型不同而不能被解调，如图 2-13 所示。它们的存在类似于在信道中引入了噪声和干扰，通常称之为多址干扰。

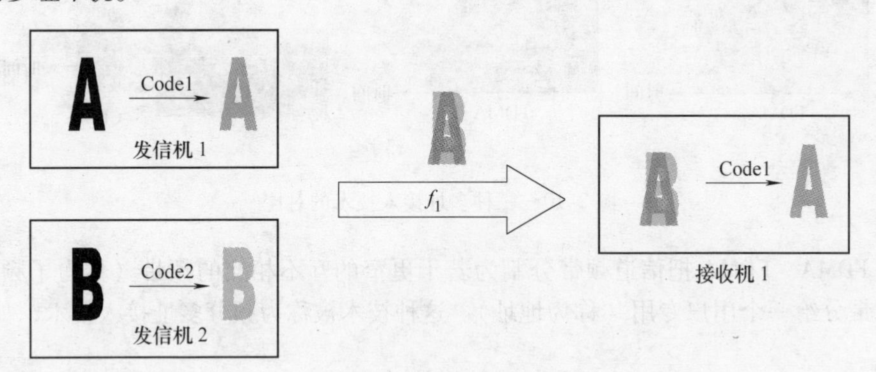

图 2-13　码分多址接入技术

接收机 1 只能处理发信机 1 发送的信号，因为它们有相同的地址码。

码分多址是近年来在数字移动通信进程中出现的一种先进的无线扩频通信技术，它能够满足市场对移动通信容量和品质的高要求，具有频谱利用率高、话音质量好、保密性强、掉话率低、电磁辐射小、系统容量大、覆盖范围广等特点，可以大量减少投资和降低运营成本。

码分多址是一种利用扩频技术所形成的不同的码序列实现的多址方式。它不像 FDMA、TDMA 那样把用户的信息从频率和时间上进行分离，它可在一个信道上同时传输多个用户的信息，也就是说，允许用户之间的相互干扰。其关键是信息在传输以前要进行特殊的编码，编码后的信息混合后不会丢失原来的信息（这个过程称为扩频）。有多少个互为正交的码序

列，就可以有多少个用户同时在一个载波上通信。每个发射机都有自己唯一的代码（伪随机码），同时接收机也知道要接收的代码，用这个代码作为信号的滤波器，接收机就能从所有其他信号的背景中恢复出原来的信息码（这个过程称为解扩）。

目前中国联通用的 WCDMA 采用 FDD 模式，FDD 也称为全双工，操作时需要两个独立的信道。一个信道用来向下传送信息，另一个信道用来向上传送信息。两个信道之间存在一个保护频段，以防止邻近的发射机和接收机之间产生相互干扰。FDD 模式的特点是在分离（上下行频率间隔为 190MHz）的两个对称频率信道上，系统进行接收和传送，用保证频段来分离接收和传送信道。TDD 模式的特点是上行和下行通信使用同一频率信道的不同时隙，用时间来分离接收和传送信道，某个时间段由基站发送信号给移动台，另外的时间段由移动台发送信号给基站。基站和移动台之间必须协同一致才能顺利工作。联通 WCDMA 完全遵循 3GPP 的规范，使用仅 60MHz 带宽，双工间隔为 190MHz：2110～2170MHz 用于下行（移动台收、基站发），1920～1980MHz 用于上行（移动台发、基站收）。

2.2.3　RAKE 接收机

RAKE 接收机是一种能分离多径信号并有效合并多径信号能量的最终接收机。RAKE 接收技术是第三代 CDMA 移动通信系统中的一项重要技术。在 CDMA 移动通信系统中，由于信号带宽较宽，存在着复杂的多径无线电信号，通信受到多径衰落的影响。RAKE 接收技术实际上是一种多径分集接收技术，可以在时间上分辨出细微的多径信号，对这些分辨出来的多径信号分别进行加权调整，使之复合成加强的信号。这种作用有点像把一堆零乱的草用“耙子”集拢到一起那样，英文“RAKE”是“耙子”的意思，因此被称为 RAKE 技术。

由于用户的随机移动性，接收到的多径分量的数量、幅度大小、时延、相位均为随机量。若无 RAKE 接收机，多径信号的合成如图 2-14a 所示；若采用 RAKE 接收机，多径信号的合成如图 2-14b 所示。

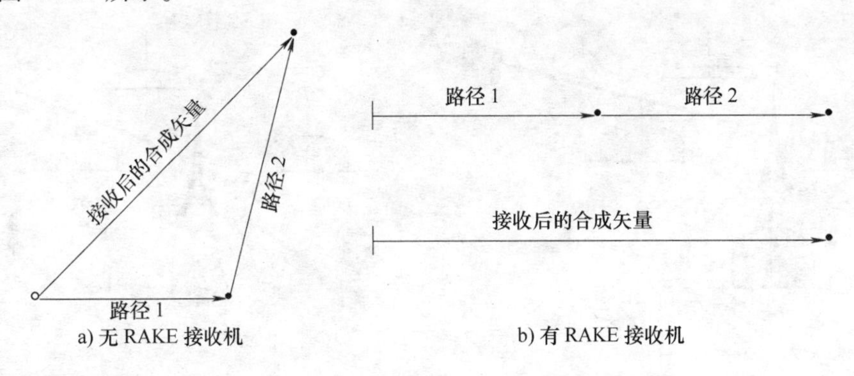

图 2-14　多径信号合成矢量图

可见，通过 RAKE 接收机，将各路径分离开，相位校准，加以利用，变矢量相加为代数相加，有效地利用了多径分量。

2.2.4　快速功率控制

1. 远近效应

所谓远近效应，就是指当基站同时接收两个距离不同的移动台发来的信号时，若两个移动台功率相同，则距离基站近的移动台将对距离基站远的移动台信号产生严重的干扰。远近效应示意图如图 2-15 所示。

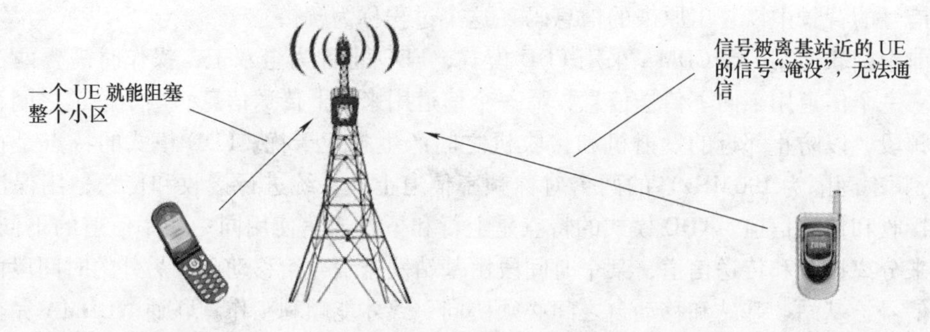

图 2-15　远近效应示意图

在图 2-15 的上行链路中，如果小区内所有 UE 发射相同的功率，由于每个 UE 与 NodeB 的距离和路径不同，信号到达 NodeB 就会有不同的衰耗，从而导致 UE 离 NodeB 较近时，NodeB 收到的信号强，UE 离 NodeB 较远时，NodeB 收到的信号弱，这样就会造成 NodeB 所接收到的信号的强度相差很大。由于 WCDMA 是同频接收系统，较远的弱信号到达 NodeB 后可能不会被解扩出来，造成弱信号“淹没”在强信号中，而无法正常工作。

CDMA 自从提出来以后一直没有得到大规模应用的主要原因，就是无法克服远近效应。为了解决这种状况，引入了功率控制。

所谓功率控制，就是为使小区内所有移动台到达基站时信号电平基本维持在相等水平，通信质量维持在一个可接收水平，对移动台功率进行的控制。从图 2-16 可知，采用功率控制后，每个 UE 到达基站的功率基本相当，这样，每个 UE 的信号到达 NodeB 后，都能被正确地解调出来。

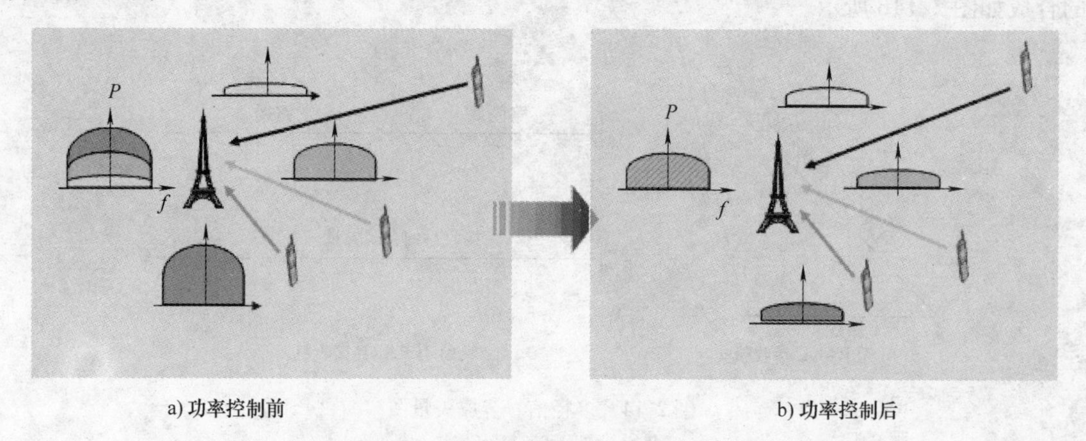

a) 功率控制前　　b) 功率控制后

图 2-16　功率控制比较示意图

功率控制是 WCDMA 系统的关键技术之一。由于远近效应和自干扰问题，功率控制是否有效直接决定了 WCDMA 系统是否可用，并且很大程度上决定了 WCDMA 系统性能的优劣，对于系统容量、覆盖、业务的 QoS 都有重要影响。

因此，功率控制的目的是在保证用户要求的 QoS 的前提下最大程度降低发射功率，减

少系统干扰，从而增加系统容量。

WCDMA采用宽带扩频技术，是个自干扰系统。通过功率控制，降低了多址干扰、克服了远近效应以及衰落的影响，从而保证了上下行链路的质量。例如：在保证QoS的前提下降低某个UE的发射功率，将不会影响其上下行数据的接收质量，但结果却减少了系统干扰，其他UE的上下行链路质量将得到提高。功率控制给系统带来以下优点：

1）克服阴影衰落和快衰落。阴影衰落是由于建筑物的阻挡而产生的衰落，衰落的变化比较慢；而快衰落是由于无线传播环境的恶劣，UE和NodeB之间的发射信号可能要经过多次的反射、散射和折射才能到达接收端而造成的。对于阴影衰落，可以通过提高发射功率来克服；而快速功控的速度是1500次/s，功控的速度可能高于快衰落，从而克服了快衰落，给系统带来增益，并保证了UE在移动状态下的接收质量，同时也能减小对相邻小区的干扰。

2）降低网络干扰，提高系统的质量和容量。功率控制的结果是使UE和NodeB之间的信号以最低功率发射，这样系统内的干扰就会最小，从而提高了系统的容量和质量。

3）由于UE以最小的发射功率和NodeB保持联系，这样UE电池的使用时间将会大大延长。

2. 功率控制分类

在WCDMA系统中，功率控制按方向分为上行（或称为反向）功率控制和下行（或称为前向）功率控制两类；按移动台和基站是否同时参与又分为开环功率控制和闭环功率控制两大类。闭环功率控制是指发射端根据接收端送来的反馈信息对发射功率进行控制的过程，在基站与移动台之间的物理层进行；而开环功率控制不需要接收端的反馈，发射端根据自身测量得到的信息对发射功率进行控制，其目的是使每条链路的通信质量基本保持在设定值。

（1）开环功率控制　开环功率控制是根据上行链路的干扰情况估算下行链路，或是根据下行链路的干扰情况估算上行链路，是单向不闭合的。

UE测量公共导频信道CPICH的接收功率并估算NodeB的初始发射功率，然后计算出路径损耗，根据广播信道BCH得出干扰水平和解调门限，最后UE计算出上行初始发射功率作为随机接入中的前缀传输功率，并在选择的上行接入时隙上传送（随机接入过程）。开环功率控制实际上是根据下行链路的功率测量对路径损耗和干扰水平进行估算而得出上行的初始发射功率的，所以，初始的上行发射功率只是相对准确值。

WCDMA系统采用的FDD模式，上行采用1920～1980MHz、下行采用2110～2170MHz，上下行的频段相差190MHz。由于上行和下行链路的信道衰落情况是完全不同的，所以，开环功率控制只能起到粗略控制的作用。但开环功率控制却能相对准确地计算初始发射功率，从而加速了其收敛时间，降低了对系统负载的冲击。在3GPP协议中，要求开环功率控制的控制方差在10dB内就可以接受。

（2）上行内环功率控制　内环功率控制是快速闭环功率控制，在NodeB与UE之间的物理层进行，上行内环功率控制的目的是使基站接收到时每个UE信号的比特能量相等。

首先，NodeB测量接收到的上行信号的信干比（SIR），并和设置的目标SIR（目标SIR由RNC下发给NodeB）相比较，如果测量SIR小于目标SIR，NodeB通过下行的物理信道DPCH中的TPC标识通知UE提高发射功率，反之，通知UE降低发射功率。

因为 WCDMA 在空中传输以无线帧为单位，每一帧包含 15 个时隙，传输时间为 10ms，所以，每时隙传输的频率为 1500 次/s；而 DPCH 是在无限帧中的每个时隙中传送，所以其传送的频率为 1500 次/s，而且上行内环功率控制的标识位 TPC 包含在 DPCH 里面，所以，内环功率控制的时间也是 1500 次/s。

（3）上行外环功率控制 上行外环功率控制是 RNC 动态地调整内环功率控制的 SIR 目标值，其目的是使每条链路的通信质量基本保持在设定值，使接收到数据的 BLER（误块率）满足 QoS 要求。

上行外环功率控制由 RNC 执行。RNC 测量从 NodeB 传送来数据的 BLER 并和目标 BLER（QoS 中的参数，由核心网下发）相比较，如果测量 BLER 大于目标 BLER，RNC 重新设置目标 TAR（调高 TAR）并下发到 NodeB；反之，RNC 调低 TAR 并下发到 NodeB。外环功率控制的周期一般在一个 TTI（10ms、20ms、40ms、80ms）的量级，即 10 ~ 100Hz。

由于无线环境的复杂性，仅根据 SIR 值进行功率控制并不能真正反映链路的质量。而且，网络的通信质量是通过提供服务中的 QoS 来衡量的，而 QoS 的表征量为 BLER，而非 SIR。所以，上行外环功率控制是根据实际的 BLER 值来动态调整目标 SIR，从而满足 QoS 的质量要求。

（4）下行闭环功率控制 下行闭环功率控制和上行闭环功率控制的原理相似。下行内环功率控制由 UE 控制，目的是使 UE 接收到 NodeB 信号的比特能量相等，以解决下行功率受限的问题；下行外环功率控制也是由 UE 控制，通过测量下行数据的 BLER 值，进而调整 UE 物理层的目标 SIR 值，最终达到 UE 接收到数据的 BLER 值满足 QoS 要求。

WCDMA 是个自干扰系统，功率是最终的无线资源，而无线资源管理的过程就是控制自身系统内干扰的过程，所以，最有效地使用无线资源的唯一手段就是严格控制功率的使用。但控制功率的使用是矛盾的：一方面它能提高针对某用户的发射功率、改善用户的服务质量；另一方面，由于 WCDMA 的自干扰性，这种提高会带给其他用户干扰的增加，从而导致通信质量的下降。

所以，在 WCDMA 系统中，在保证用户要求的 QoS 前提下，功率控制的使用，最大限度地降低了发射功率、减少了系统干扰、增加了系统容量，而这正是 WCDMA 技术的关键。

2.2.5 软切换

在移动通信系统中，切换是系统必不可少的过程，用户在蜂窝覆盖区内移动时，其正在进行的呼叫有可能从一个基站转移到另一个基站，切换必须快而有效，否则将会影响用户的通话质量。由于移动通信系统采用蜂窝结构，移动台在跨越空间划分的小区时必然要进行越区切换。用户在开机后有五种状态，再加上关机状态就有六种模式了，当用户处于 CELL_DCH 时，小区的变更才叫切换，由 RNC 发起。切换就是将用户的连接从一个无线链路转换到另一个无线链路。切换的目的是处理由于移动而造成的越区、负载调整或其他原因使得需要改变无线链路的情况。

切换分为软切换和硬切换。软切换是先连接后断开；硬切换是先断开后连接。

软切换可进一步分为更软切换和一般软切换。

硬切换可进一步分为同频硬切换、异频硬切换和系统间切换。

软、硬切换特点对比见表 2-1。

表 2-1 软、硬切换特点对比

对比项目	软切换（更软切换）	硬切换
激活集中无线链路数	多条	一条
是否有切换中断	无	有
切换前后小区的频率	同频小区之间	同频、异频或异系统小区间
切换增益	最大比合并或选择合并，可以减少衰落的影响，并降低用户发射功率	无
缺点	占用更多系统资源，软切换小区功率不平衡时产生问题	掉话比例相对较高

由表 2-1 可以看出，软切换通过牺牲一定的系统资源获得最佳的系统性能。

在第一和第二代移动通信系统中都采用迫使通信容易中断的越区硬切换方式。3G 系统将在使用相同载波频率的小区间实现软切换，即移动用户在越区时可以与两个小区的基站同时接通，只相应改变扩频码，即可做到先接通再断开的切换功能，如图 2-17 所示，从而大大改善了切换时的通话质量。

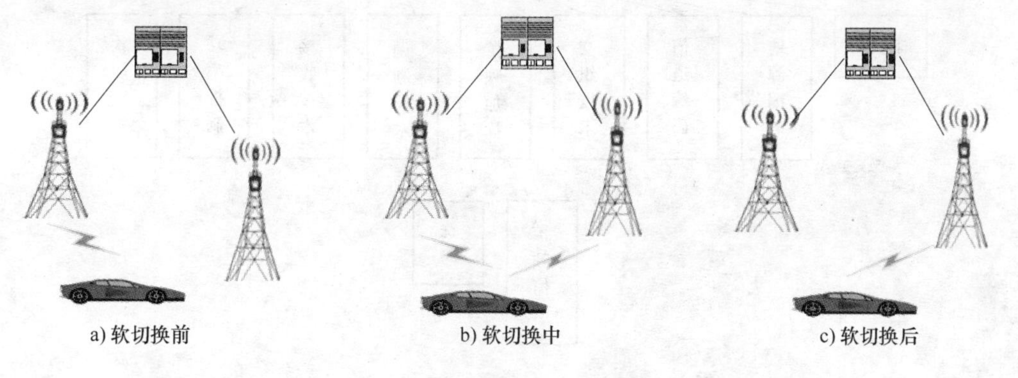
a) 软切换前　b) 软切换中　c) 软切换后

图 2-17 WCDMA 软切换示意图

软切换是当无线链路发生增加或者释放时，UE 同 UTRAN 始终至少保持一条无线链路。软切换的优点在于：

1）软切换过程中通信不中断，能够提高切换成功率。

2）软切换实现了选择合并，提供分集增益，可以加强覆盖，提高了无线链路的性能。

3）软切换具有切换性能好、切换失败不容易掉话的优点，有助于提高处于小区边沿 UE 的通话质量。

但是软切换只能发生在切换目标小区和源小区使用同一频点的情况，而且处于软切换状态的 UE 和两个（几个）小区同时保持通信，占用过多的系统前向无线资源。

软切换是同频之间的切换，软切换的目标小区与原小区必须是下列两种情况之一：

1）属于同一 RNC。

2）属于不同 RNC 但 RNC 之间存在 Iur 接口。

在软切换中，有一个特例叫作更软切换，在更软切换区，同时和 UE 保持联系的两个小区属于同一 NodeB。更软切换是发生在一个 NodeB 内的同一个频率内的不同小区间的切换，

其合并在 NodeB 内完成，更软切换是软切换的一种特例。更软切换在上行（下行本来就是最大比合并）实现了最大比合并（RAKE 合并），相对于软切换具有更大的合并增益和更好的链路质量，并且更软切换无须占用额外的 Iub/Iur 口传输资源。

更软切换发生时会导致以下情形发生：①UE 改变所在的小区，但目标小区和源小区属于同一基站；②改变物理信道的分配，如信道码、扰码分配等参数的更改；③无线链路合并在 NodeB 内实现。

WCDMA 使用软切换更有利于基站的分级接收，提高了小区的容量，一个 UE 可以同时分派给多个基站。软切换解决了网络信号的波动，却加大了网络的业务量。

梳理与总结

1. 知识体系

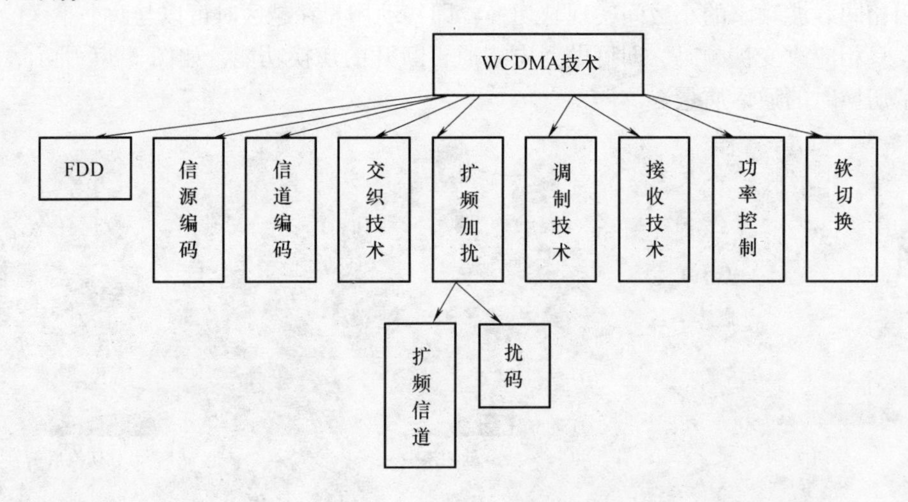

2. 知识要点

（1）三种双工技术　三种双工技术为单工技术、半双工技术、全双工技术。

（2）多址技术　由于移动用户在不断地随机运动，建立他们之间的通信，首先必须引入区分和识别动态用户地址的多址技术。多址技术分为频分多址（FDMA）、时分多址（TDMA）、码分多址（CDMA）。

（3）码分多址　码分多址是一种利用扩频技术所形成的不同的码序列实现的多址方式。它不像 FDMA、TDMA 那样把用户的信息从频率和时间上进行分离，它可在一个信道上同时传输多个用户的信息，也就是说，允许用户之间的相互干扰。其关键是信息在传输以前要进行特殊的编码，编码后的信息混合后不会丢失原来的信息（这个过程称为扩频）。有多少个互为正交的码序列，就可以有多少个用户同时在一个载波上通信。每个发射机都有自己唯一的代码（伪随机码），同时接收机也知道要接收的代码，用这个代码作为信号的滤波器，接收机就能从所有其他信号的背景中恢复出原来的信息码（这个过程称为解扩）。

（4）频分双工　频分双工（FDD）也称为全双工，操作时需要两个独立的信道。一个信道用来向下传送信息，另一个信道用来向上传送信息。两个信道之间存在一个保护频段，以防止邻近的发射机和接收机之间产生相互干扰。目前中国联通用的 WCDMA 采用 FDD 模

式，联通 WCDMA 完全遵循 3GPP 的规范，使用仅 60MHz 带宽，双工间隔为 190MHz：2110～2170MHz 用于下行（移动台收、基站发），1920～1980MHz 用于上行（移动台发射、基站接收）。

（5）**自适应多速率（AMR）编码技术**　WCDMA 中采用了自适应多速率（AMR）编码技术，它支持 8 种编码速率：12.2kbit/s、10.2kbit/s、7.95kbit/s、7.4kbit/s、6.7kbit/s、5.9kbit/s、5.15kbit/s 和 4.75kbit/s。AMR 是继 EFR、FR、HR 之后的一种新的语音编码技术，它的核心思想是根据上下行信号质量的变化情况，自动选择合适的编解码算法，不断调整语音编码速率，不同的编解码算法会产生不同速率的语音码流，从而达到语音质量和系统容量的最优平衡。

（6）**信道编码的主要作用**　信道编码的主要作用是：信道编码通过对信源编码后的信息加入冗余信息，使得接收方在收到信号后，可通过信道编码中的冗余信息，做前向纠错，保证通信的可靠性。WCDMA 系统中采用了卷积编码和性能更为优越的 Turbo 编码。对于速率较低的业务（如话音或信令）一般采用卷积编码，而 Turbo 编码则应用于高速率数据业务（如 144kbit/s 或 384kbit/s 分组数据业务）。

（7）**快衰落现象和交织技术**　衰落是移动通信的大敌，移动通信中信号随接收机与发射机之间的距离不断变化即产生了衰落。其中，快衰落是移动台附近的散射体（地形、地物和移动体等）引起的多径传播信号在接收点相叠加，造成接收信号快速起伏的现象。快衰落会使发送的基带数据脉冲失真，明显影响误码率，因此在信道编码之后引入交织技术，交织技术的作用是打乱符号间的相关性，减小信道快衰落和干扰带来的影响。

（8）**WCDMA 系统的下行链路信号的扩频与加扰**　目前的第三代移动通信领域并存的三大主流方案中，WCDMA 是从 GSM 演进而来的，具有广泛的使用基础和大量的网络及设备的支持，因此较其他两种解决方案具有更大的优势，对 WCDMA 技术的研究也成为目前通信行业的热点。扩频序列和扰码序列的使用是保证 WCDMA 系统物理链路质量的基础。WCDMA 系统的下行链路信号在发射前需经过两个主要的处理过程：第一步是扩频，即将数据符号按位转换为一组码片序列，扩展数据信息的带宽；第二步是对扩频后的信号进行加扰。

（9）**调制和解调**　调制是根据输入信号改变传输信号，使之能够在特定的频率范围内和特定条件的信道中传输的过程。解调是调制的逆过程，它是把某种特定形态的传输波形还原为发送站调制前的信号。在 R99 和 R4 版本时期，WCDMA 的数据调制方式为 BIT/SK（上行）和 QPSK（下行）。

（10）**RAKE 接收技术**　RAKE 接收技术是第三代 CDMA 移动通信系统中的一项重要技术。RAKE 接收技术的基本原理：发射机发出的扩频信号，在传输过程中受到不同建筑物、山岗等各种障碍物的反射和折射，到达接收机时每个波束具有不同的延迟，形成多径信号。如果不同的路径信号的延迟超过一个伪码的码片时延，则在接收端可将不同的波束区别开来。将这些不同的波束分别经过不同的延迟线，对齐后合并在一起，把原来的干扰信号变成有用信号。

（11）**功率控制**　功率控制是 WCDMA 系统的关键技术之一。由于远近效应和自干扰问题，功率控制是否有效直接决定了 WCDMA 系统是否可用，并且很大程度上决定了 WCDMA 系统性能的优劣，对于系统容量、覆盖、业务的 QoS 都有重要影响。在 WCDMA 系统中，功率控制按方向分为上行（或称为反向）功率控制和下行（或称为前向）功率控制两类；

按移动台和基站是否同时参与又分为开环功率控制和闭环功率控制两大类。闭环功率控制是指发射端根据接收端送来的反馈信息对发射功率进行控制的过程；而开环功率控制不需要接收端的反馈，发射端根据自身测量得到的信息对发射功率进行控制。

（12）软切换的好处　WCDMA 使用软切换更有利于基站的分级接收，提高了小区的容量，也降低了对 Eb/No 门限的要求。一个 UE 可以同时分派给多个基站。软切换解决了网络信号的波动，却加大了网络的业务量。

习　题

1. 请画出 WCDMA 的基本通信模型。
2. 请画出直接序列扩频系统框图。
3. 什么是扩展频谱通信技术？其理论依据是什么？
4. 简述 WCDMA 的扩频码和扰码的主要作用。
5. 给出下面两个序列的相关性计算过程。

A（1，1，1，1，1，－1，－1，1）B（1，1，－1，－1，1，1，－1，－1）

6. WCDMA 关键技术有几种？
7. WCDMA 编码技术有哪些？
8. 给出 OVSF 码的生成树的表达式，并给出其 4 阶生成树的生成过程。
9. WCDMA 中为什么使用交织？它有什么优点？
10. WCDMA 中调制技术有哪些？
11. 请解释频分双工的含义。
12. RAKE 接收机的原理是什么？
13. 什么是远近效应？
14. 功率控制的目的是什么？
15. 什么是切换？什么是软切换？

第3章　WCDMA网络结构与接口

学习导航

<table>
<tr><td rowspan="2">知识点拨</td><td>重点</td><td>1. UMTS系统构成
2. UMTS系统网络单元的作用
3. UMTS系统网络接口类型和作用
4. UTRAN地面接口协议的通用模型
5. WCDMA空中接口的协议结构
6. Uu接口各层的主要功能
7. WCDMA空中接口信道类型和作用
8. 物理信道的类型和作用</td><td>学习建议：学习3G移动通信技术课程前可参考GSM网络结构知识和GSM相关的空中接口知识，进行比较学习</td></tr>
<tr><td>难点</td><td>1. 空中接口的协议结构
2. WCDMA空中接口信道类型和作用</td><td>学习建议：难点学习时要深刻理解相关技术术语，阅读相关技术资料，拓展知识视野，推荐阅读高鹏的《3G技术问答》</td></tr>
<tr><td>建议学时</td><td colspan="2">10课时</td><td>教学建议：教学前，学习者应进行必要的复习。理论教学后，可结合设备进行讲解以加深学生的理解</td></tr>
</table>

内容解读

3.1　WCDMA网络结构

3.1.1　UMTS系统构成

UMTS（Universal Mobile Telecommunication System，通用移动通信系统）是采用WCDMA空中接口技术的第三代移动通信系统，通常也把UMTS系统称为WCDMA通信系统。UMTS系统组成分为三部分：用户设备（UE）、接入网（UTRAN）和核心网（CN），如图3-1所示。

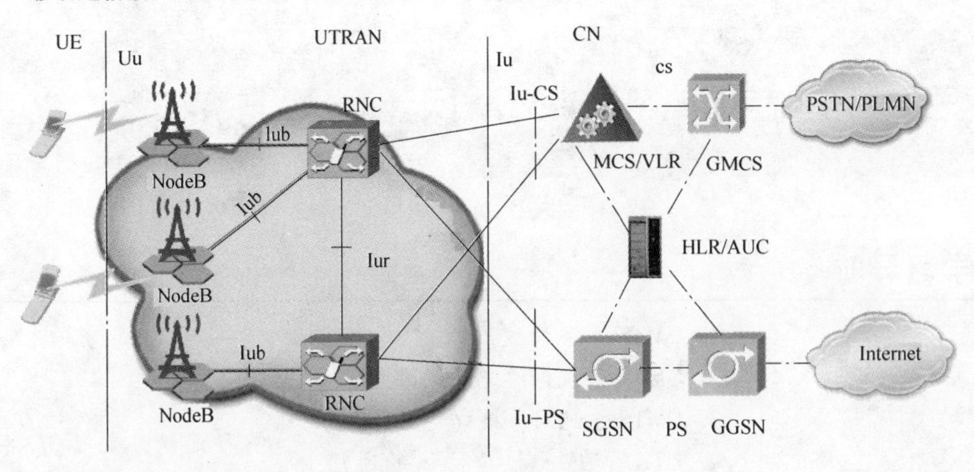

图 3-1 UMTS 系统组成

1. 用户设备（UE）

在 3G 中，将移动台称为用户设备 UE（User Equipment）。它通过 Uu 接口与网络设备进行数据交互，为用户提供电路域和分组域内的各种业务功能，包括普通语音、数据通信、移动多媒体、Internet 应用（如 E-mail、WWW 浏览、FTP）等。

UE 包括两部分：

1）ME（Mobile Equipment），提供应用和服务。

2）USIM（UMTS Subscriber Module），提供用户身份识别。

2. 接入网（UTRAN）

UTRAN 包含一个或几个无线网络子系统（RNS）。一个 RNS 由一个无线网络控制器（RNC）和一个或多个基站（NodeB）组成。从功能结构上来说，UTRAN 接入网部分只有两个功能节点：基站（NodeB）和无线网络控制器（RNC）。

（1）NodeB

NodeB 是 WCDMA 系统的基站（即无线收发信机），通过标准的 Iub 接口和 RNC 互连，主要完成 Uu 接口物理层协议的处理。它的主要功能是扩频、调制、信道编码及解扩、解调、信道解码，还包括基带信号和射频信号的相互转换等功能，同时，它还具有一些如内环功率控制等的无线资源管理功能。它在逻辑上对应于 GSM 网络中的基站 BTS。

NodeB 由下列几个逻辑功能模块构成：RF 收发放大子系统、射频收发（TRX）子系统、基带处理子系统、电源部分以及天线系统，如图 3-2 所示。

（2）RNC

RNC（Radio Network Controller）是无线网络控制器，它通常通过 Iu 接口与电路域（MSC）、分组域（SGSN）以及广播域（BC）相连，UE 和 UTRAN 之间的无线资源控制（RRC）协议在此终止。

RNC 主要完成连接建立和断开、切换、宏分集合并、无线资源管理控制等功能。具体如下：

1）执行系统信息广播与系统接入控制功能。

2）切换和 RNC 迁移等移动性管理功能。

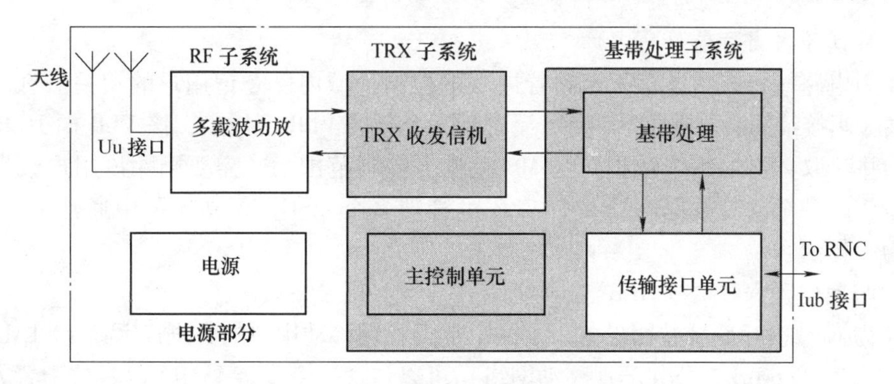

图 3-2　NodeB 逻辑组成框图

3）宏分集合并、功率控制、无线承载分配等无线资源管理和控制功能。

控制 NodeB 的 RNC 称为该 NodeB 的控制 RNC（CRNC），CRNC 负责对其控制的小区的无线资源进行管理。

如果在一个 UE 与 UTRAN 的连接中用到了超过一个 RNS 的无线资源，那么这些涉及的 RNS 可以分为：

1）服务 RNS（SRNS）：管理 UE 和 UTRAN 之间的无线连接。它是对应于该 UE 的 Iu 接口（Uu 接口）的终止点。越区切换、开环功率控制等基本的无线资源管理都是由 SRNS 中的 SRNC（服务 RNC）来完成的。一个与 UTRAN 相连的 UE 有且只能有一个 SRNC。

2）漂移 RNS（DRNS）：除了 SRNS 以外，UE 所用到的 RNS 称为 DRNS，其对应的 RNC 则是 DRNC。一个用户可以没有 DRNS，也可以有一个或多个 DRNS。

3. 核心网（CN）

UMTS 系统核心网部分是 GSM/GPRS 核心网的演进，保持了与 GSM/GPRS 系统的兼容性，可以提供 GSM 系统相关服务。核心网可以将用户接入各种外部网络及业务平台，如电路交换语音网、IP 语音网、数据网、Internet、Intranet、电子商务系统、短信中心等。

核心网的功能为：

1）呼叫（语音和数据）的处理和控制。

2）信道的管理和控制。

3）越区切换和漫游的控制。

4）用户位置信息的登记与管理。

5）用户号码和移动设备号码的登记与管理。

6）用户鉴权。

7）互连功能。

8）计费功能。

R99 版本核心网的主要功能实体如下：

（1）移动交换中心（MSC）

MSC 为电路域特有的设备，用于连接无线系统（包括 BSS、RNS）和固定网。MSC 完成电路型呼叫所有功能，如控制呼叫接续、管理 MS 在本网络内或与其他网络（如 PSTN/ISDN/PSPDN、其他移动网等）的通信业务，并提供计费信息。

（2）拜访位置寄存器（VLR）

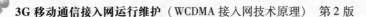

VLR 为电路域特有的设备，存储着进入该控制区域内已登记用户的相关信息，为移动用户提供呼叫接续的必要数据。当 MS 漫游到一个新的 VLR 区域后，该 VLR 向 HLR 发起位置登记，并获取必要的用户数据；当 MS 漫游出控制范围后，需要删除该用户数据，因此 VLR 可看作为一个动态数据库。一个 VLR 可管理多个 MSC，但在实际中通常都将 MSC 和 VLR 合为一体。

（3）归属位置寄存器（HLR）

HLR 为 CS 域和 PS 域共用设备，是一个负责管理移动用户的数据库系统。PLMN（Public Land Mobile Network，公共陆地移动网络）可以包含一个或多个 HLR，具体配置方式由用户数、系统容量以及网络结构所决定。HLR 存储着本归属区的所有移动用户数据，如识别标志、位置信息、签约业务等。

当用户漫游时，HLR 接收新位置信息，并要求前 VLR 删除用户所有数据。当用户被叫时，HLR 提供路由信息。

（4）鉴权中心（AuC）

AuC 为 CS 域和 PS 域共用设备，是存储用户鉴权算法和加密密钥的实体。AuC 将鉴权和加密数据通过 HLR 发往 VLR、MSC 以及 SGSN，以保证通信的合法和安全。每个 AuC 和对应的 HLR 关联，只通过该 HLR 和外界通信。通常 AuC 和 HLR 结合在同一物理实体中。

（5）设备识别寄存器（EIR）

EIR 为 CS 域和 PS 域共用设备，存储着系统中使用的移动设备的国际移动设备识别码（IMEI）。其中，移动设备被划分“白”、“灰”、“黑”三个等级，并分别存储在相应的表格中。目前中国没有用到该设备。

（6）网关 MSC（GMSC）

GMSC 是电路域特有的设备。GMSC 作为系统与其他公用通信网之间的接口，同时还具有查询位置信息的功能。如 MS 被呼时，网络如不能查询该用户所属的 HLR，则需要通过 GMSC 查询，然后将呼叫转接到 MS 目前登记的 MSC 中。

哪些 MSC 可作为 GMSC 具体由运营商决定。

（7）服务 GPRS 支持节点（SGSN）

SGSN 为 PS 域特有的设备，SGSN 提供核心网与无线接入系统 BSS、RNS 的连接，在核心网内，SGSN 与 GGSN/GMSC/HLR/EIR/SCP 等均有接口。SGSN 完成分组型数据业务的移动性管理、会话管理等功能，管理 MS 在移动网络内的移动和通信业务，并提供计费信息。

（8）网关 GPRS 支持节点（GGSN）

GGSN 也是分组域特有的设备。GGSN 作为移动通信系统与其他公用数据网之间的接口，同时还具有查询位置信息的功能。如 MS 被呼时，数据先到 GGSN，再由 GGSN 向 HLR 查询用户的当前位置信息，然后将呼叫转接到目前登记的 SGSN 中。GGSN 也提供计费接口。

3.1.2 UMTS 设计原则

UMTS 的设计原则是使无线接入网与核心网功能尽量分离。无线接入网完成无线资源的管理，它是连接核心网和用户的桥梁，处理所有与无线接入有关的无线信道的分配、释放、切换、管理等功能；而核心网完成的是与业务和应用相关的功能，处理所有与语音业务、数据业务以及与外部网络相关的交换连接和路由等，核心网子系统从逻辑上分为电路交换域（Circuit Switched Domain，CS）和分组交换域（Packet Switched Domain，PS）。

3.2　WCDMA 空中接口

在3.1.1节中讲到UMTS系统由CN、UTRAN和UE三部分组成。在UMTS系统中，CN与UTRAN的接口定义为Iu接口，UTRAN与UE的接口定义为Uu接口。UMTS系统用结构图组成的形式表示，如图3-3所示。

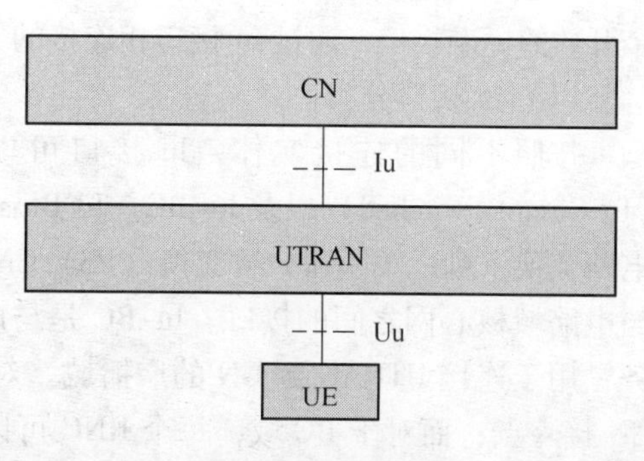

图3-3　UMTS系统

3.2.1　UTRAN 结构与功能

UTRAN包含一个或几个无线网络子系统（RNS）。一个RNS由一个无线网络控制器（RNC）和一个或多个基站（NodeB）组成。RNC与CN之间的接口是Iu接口，NodeB和RNC通过Iub接口连接。在UTRAN内部，RNS中的RNC能通过Iur接口交互信息，Iu接口和Iur接口是物理接口。Iur接口可以是RNC之间物理的直连，也可以通过适当的传输网络相连。

RNC的功能是用来分配和控制与之相连或相关的NodeB的无线资源。

NodeB通过Iub接口连接到RNC上，它支持FDD模式、TDD模式和双模。NodeB包含一个或多个小区。NodeB的功能是完成Iub接口和Uu接口之间数据流的转换，同时也参与一部分无线资源管理。UTRAN结构如图3-4所示。

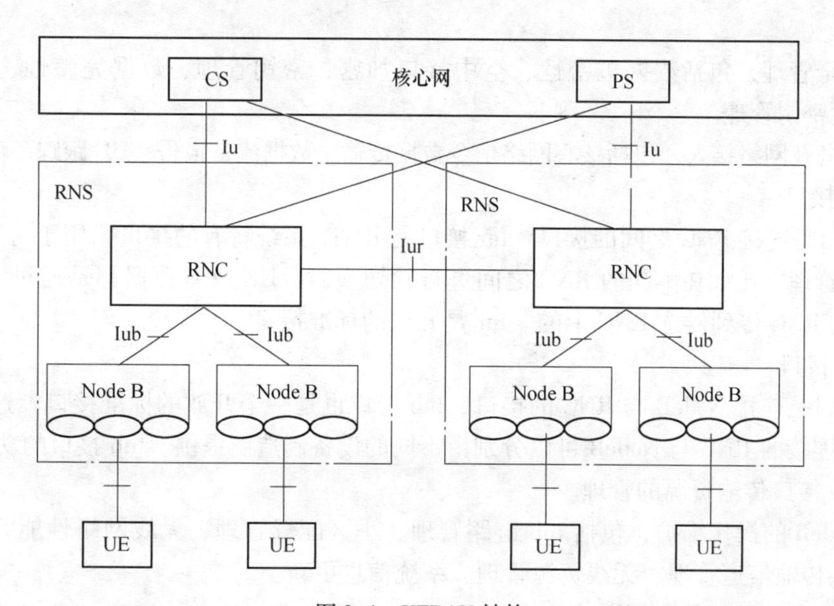

图3-4　UTRAN结构

从图3-4 中可以看出，UTRAN 主要接口有 Uu、Iu、Iur 和 Iub，这些接口分别介绍如下。

1. Uu 接口

Uu 接口是 WCDMA 的空中接口。UE 通过 Uu 接口接入到 UMTS 系统的固定网络部分，可以说 Uu 接口是 UMTS 系统中最重要的开放接口。

2. Iu 接口

Iu 接口是连接 UTRAN 和 CN 的接口。类似于 GSM 系统的 A 接口和 Gb 接口。Iu 接口是一个开放的标准接口，通过 Iu 接口相连接的 UTRAN 与 CN 可以分别由不同的设备制造商提供。

（1） Iu 接口分类

按照不同的连接实体，Iu 接口可以分为三类：Iu-PS（Iu Packet Switched）、Iu-CS（Iu Circuit Switched）以及 Iu-BC（Iu Broadcast）。Iu-CS 与 Iu-PS 分别用于将 UTRAN 连接至电路交换（CS）CN 和分组交换（PS）CN。Iu-PS 是与分组域核心网之间的接口；Iu-CS 是与电路域核心网之间的接口。Iu-BC 是与广播域核心网之间的接口。Iu-BC 支持小区广播业务，用于连接 UTRAN 到 CN 的广播域。对于 PS 域和 CS 域，每个 RNC 最多只能连接到一个 CN 接入点；而对于 BC 域，每个 RNC 可以连接到一个或多个接入点。

（2） Iu 接口功能

1） RAB 管理，包括 RAB 建立、修改和释放；将 RAB 特性映射到 Uu 承载；将 RAB 特性映射到 Iu 传输承载；RAB 排队、预占和优先级。

2） Iu 无线资源管理，包括无线资源接纳控制，广播信息管理。

3） Iu 连接管理，包括 Iu 信令连接管理、ATM 虚连接管理、AAL2 连接建立和释放、AAL5 管理、GTP-U 隧道管理、TCP 管理、缓冲区管理。

4） Iu UP（RNL）管理，包括 Iu UP 帧协议模式选择、Iu UP 帧协议初始化。

5） 移动性管理，包括位置信息更新功能、切换和重定位功能、RNC 间硬切换功能、不使用或不提供 Iur 接口功能、SRNS 重定位功能、系统间切换（如 GSM-UMTS）功能、寻呼触发功能。

6） 安全管理，包括数据机密性、空中接口加密、密钥管理、数据完整性、完整性检查、完整性密钥管理。

7） 业务及网络接入，包括核心网络信令数据传输、数据流量报告、UE 跟踪、位置报告。

3. Iur 接口

Iur 接口是连接 RNC 之间的接口，Iur 接口是 UMTS 系统特有的接口，用于对 UTRAN 中 UE 的移动管理。比如在不同的 RNC 之间进行软切换时，UE 所有数据都是通过 Iur 接口从正在工作的 RNC 传到候选 RNC 上的。Iur 是开放的标准接口。

4. Iub 接口

Iub 接口是连接 NodeB 与 RNC 的接口，Iub 接口也是一个开放的标准接口。这也使通过 Iub 接口相连接的 RNC 与 NodeB 可以分别由不同的设备制造商提供。Iub 接口的功能如下：

1） Iub 接口传输资源的管理。

2） NodeB 的操作维护，包括 Iub 链路管理、小区配置管理、无线网络性能管理、资源管理、公共传输信道管理、无线资源管理、系统信息更新。

3） 实现专用的 O&M 传送。

4） 公共信道的业务管理，包括管理控制、功率控制、数据传送。

5）专用信道的业务管理，包括无线链路建立、信道分配/取消分配、功率管理、测量报告、专用传输信道管理、数据传送。

6）上/下行共享信道的业务管理，包括信道分配/取消分配、功率管理、传输信道管理、数据传送。

7）定时和同步管理，包括传输信道的同步（帧同步）、基站与RNC的同步、基站间的同步。

UTRAN接口可以分为两大类：地面接口和空中接口。其中，地面接口包含Iu、Iub、Iur接口，它们有通用的协议模型；空中接口Uu有单独的协议模型。

3.2.2　UTRAN地面接口协议的通用模型

UTRAN各个接口的协议结构是按照一个通用的协议模型设计的。3GPP TS25.401中定义了UTRAN地面接口协议的通用模型，如图3-5所示。

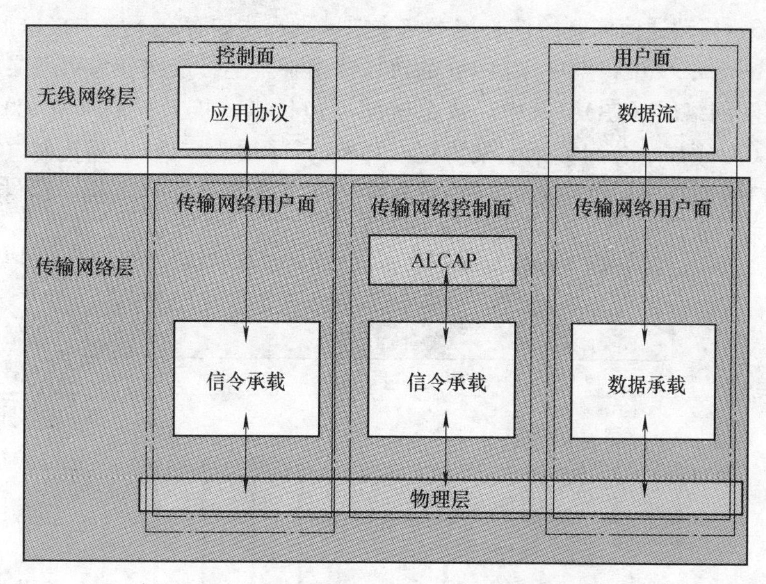

图3-5　UTRAN地面接口协议的通用模型

1. 层

协议结构包括三层：无线网络层、传输网络层和物理层。所有UTRAN相关问题只与无线网络层有关，传输网络层只是UTRAN采用的标准化的传输技术，与UTRAN的特定功能无关。物理层可以采用E1、T1、STM-1等数十种标准接口。

2. 面

控制面包括应用协议（Iu接口中的RANAP、Iur接口中的RNSAP、Iub接口中的NBAP）及用于传输这些应用协议的信令承载。应用协议用于建立到UE的承载，而这些应用协议的信令承载与接入链路控制应用协议（ALCAP）的信令承载可以相同也可以不相同，它通过O&M操作建立。用户面包括无线网络层的数据流和传输网络层的数据承载，数据流是各个接口规定的帧协议，用户发送和接收的所有信息（例如语音和数据）是通过用户面来进行传输的。传输网络控制面只在传输层，它不包含任何无线网络控制面的信息，它包括用户面

传输承载（数据承载）所需的 ALCAP，还包括 ALCAP 所需的信令承载。传输网络控制面的引入使得无线网络控制面的应用协议完全独立于用户面数据承载技术。在传输网络层中，用户面中数据的传输承载是这样建立的：在控制面里的应用协议先进行信令处理，这一信令处理通过 ALCAP 触发数据面的数据承载的建立。并非所有类型的数据承载的建立都需通过 ALCAP 协议。如果没有 ALCAP 协议的信令处理，就无须传输网络控制面，而应用预先设置好的数据承载。在用户面里的数据承载和应用协议里的信令承载属于传输网络用户面。在实时操作中，传输网络用户面的数据承载是由传输网络控制面直接控制的，而建立应用协议的信令承载所需的控制操作属于 O&M 操作。

3.2.3　空中接口（Uu 接口）协议结构

在 WCDMA 系统中，UE 通过空中接口上的空中信道与系统固定网络相连，该空中接口称为 Uu 接口，是 WCDMA 系统中最重要的接口之一。空中接口技术是 WCDMA 系统中的核心技术，各种 3G 移动通信体制的核心技术与主要区别也主要存在于空中接口上。

在 3GPP Release 99 中，空中接口 Uu 的协议栈由下至上，依次分为物理层（L1）、数据链路层（L2）和网络层（L3）。其中，数据链路层包括媒体接入控制（MAC）子层、无线链路控制（RLC）子层、分组数据汇聚协议（PDCP）子层、广播/组播控制（BMC）子层。RRC 层是 Uu 口的最高层，也是接入层的最高层，在其之上是非接入层。Uu 接口的协议结构如图 3-6 所示。

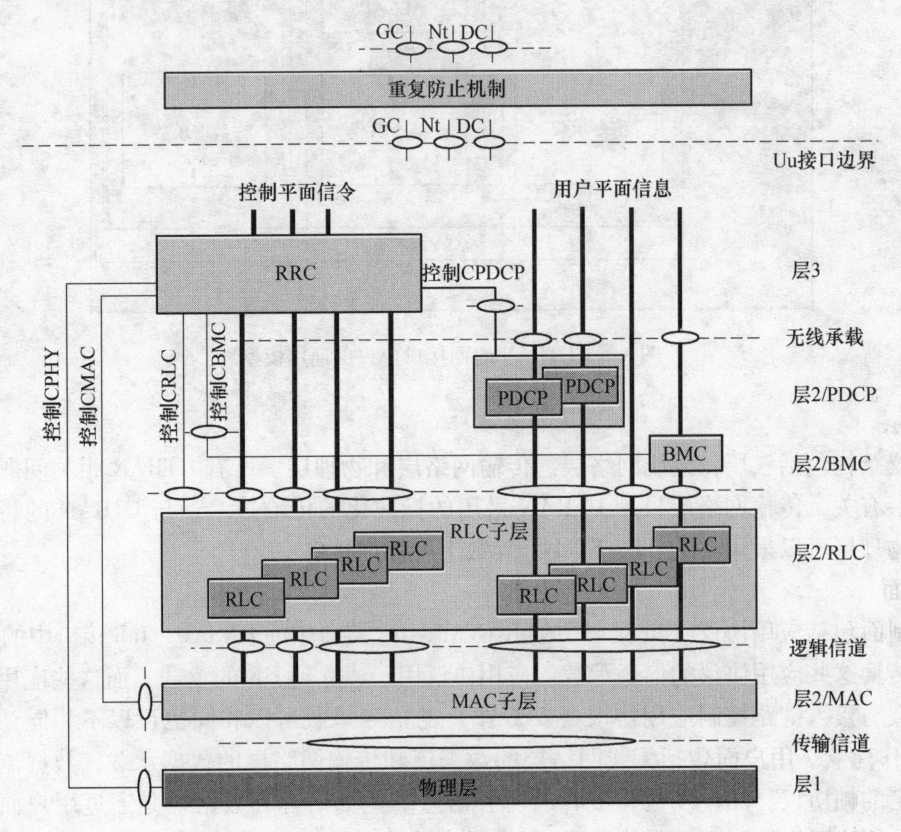

图 3-6　Uu 接口协议结构

层3和层2划分为控制面和用户面，其中PDCP和BMC只属于用户面。在控制面，层3划分为多个子层，其中最底层就是无线资源管理（RRC）层。RRC层属于接入层（AS），而其上面的移动性管理（MM）和呼叫控制（CC）则属于非接入层（NAS）。

RLC和MAC之间的业务接入点（SAP）提供逻辑信道，物理层和MAC层之间的SAP提供传输信道。RRC与下层的PDCP、BMC、RLC和物理层之间都有连接，用以对这些实体的内部控制和参数配置。

空中接口中传送的信令主要有两类：一类是由RRC产生的信令消息，另一类是由高层产生的NAS消息。

Uu接口各层的主要功能介绍如下。

1. 物理层

物理层在空中接口协议模型中处于最底层，它提供物理介质中比特流传输所需要的所有功能；它通过MAC子层的传输信道向上层提供数据传输服务。从MAC层来看，物理层提供的服务可以按照传输信道来划分，不同的传输信道提供不同的信息传送机制，传输信道定义为数据如何和以什么样的特征进行传输，例如传输的时间间隔、每个时间间隔内传输块的大小、多少等。物理层是以传输信道的形式向MAC层和高层传递信息的，传输信道将在本章3.3节讲述。

物理层的主要功能包括信道编解码、扩频调制和解扩解调、闭环功率控制等。

物理层具体实现的功能如下：

1）宏分集的分离和合并以及软切换的执行。

2）传输信道的差错检测，并向高层指示。

3）前向纠错码（FEC）编解码和传输信道的交织/解交织。

4）传输信道的复用和编码组合，传输信道的解复用。

5）速率匹配。

6）编码组合传输信道至物理信道上的映射。

7）物理信道的功率加权和合并。

8）物理信道的调制和扩频、解调和解扩。

9）频率和时间（码片、比特、时隙和帧）同步。

10）测量和向高层指示误帧率、信干比、干扰功率、传输功率等。

11）闭环功率控制。

12）RF射频处理。

13）主持上行链路信道的定时提前（TDD制式）。

14）上行链路的同步（TDD制式）。

2. 媒体接入控制（MAC）层

MAC层位于物理层之上，它使用物理层提供的传输信道向数据链路层提供逻辑信道，MAC向上提供逻辑信道，向下使用传输信道，因此，MAC层执行逻辑信道与传输信道之间的映射。逻辑信道将在本章3.3节中详细讲述。

3. 无线链路控制（RLC）层

RLC一般可以分成三种模式：透明模式TM（Transparent Mode）、非确认模式UM（Unacknowledged Mode）和确认模式AM（Acknowledged Mode）。RLC在控制面向RRC子层提供信

令无线承载服务；在用户面和PDCP子层一起提供业务无线承载服务并向BMC子层提供信息广播和多播所需的业务接入功能。

4. 分组数据汇聚协议（PDCP）层

PDCP一般只存在于分组域，用于将不同类型的网络层协议适配到空中接口，并通过头压缩等算法提高信道的利用率。

PDCP层主要在发送与接收实体中分别执行IP数据流的头部压缩与解压缩（头部压缩方法对应于特定的网络层、传输层或上层协议的组合），将非接入层送来的PDCP-SDU转发到RLC层，将多个不同的RB复用到同一个RLC实体。

5. 广播/多点传送控制（BMC）层

BMC用于在空中接口传递广播和组播信息。在3GPP R99中唯一定义的广播服务，就是从GSM继承而来的小区广播短消息。

6. 无线资源控制（RRC）层

在控制面，层3的最低子层是RRC层，它属于接入层，终止于UTRAN。高层信令层如移动管理（MM）和呼叫控制（CC）属于非接入层。RRC层向非接入层提供服务，例如用于将呼叫控制、会话管理、移动性管理等消息封装之后在控制接口传输，此外RRC层还提供对其下各层协议的控制和管理功能。

3.3 WCDMA空中接口与信道

根据上节可知，WCDMA的空中接口协议分为三层，由下至上，分别为物理层（L1）、数据链路层（L2）和网络层（L3）。空中接口的物理结构如图3-7所示。从协议层次的角度看，WCDMA空中接口上存在三种信道：物理信道、传输信道、逻辑信道。

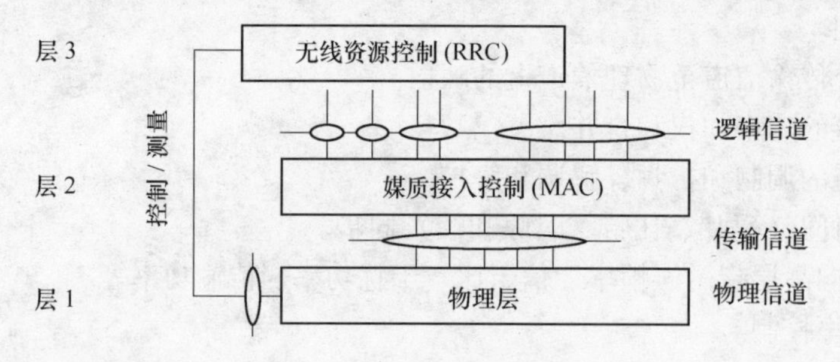

图3-7 空中接口的物理结构

图3-7中物理层提供了高层所需的数据传输业务。对这些业务的存取是通过使用经由MAC子层的传输信道来进行的。物理层通过传输信道向MAC层提供业务，而传输数据本身的属性决定了是什么种类的传输信道和如何传输；MAC层通过逻辑信道向RRC层提供业务，而发送数据本身的属性决定了逻辑信道的种类。在MAC层中，逻辑信道被映射为传输信道。MAC层负责根据逻辑信道的瞬间源速率为每个传输信道选择适当的传输格式（TF）。传输格式的选择和每个连接的传输格式组合集（由接纳控制定义）紧密相关。

RRC层也通过业务接入点（SAP）向高层（非接入层）提供业务。业务接入点在UE侧和UTRAN侧分别由高层协议和Iu接口的RANAP协议使用。所有的高层信令（包括移动性

管理、呼叫控制、会话管理）都首先被压缩成 RRC 消息，然后在空中接口发送。

RRC 层通过其与低层协议间的控制接口来配置低层的协议实体，包含物理信道、传输信道和逻辑信道等参数。RRC 层还将使用控制接口进行实时命令控制，例如 RRC 层命令低层进行特定类型的测量，低层使用相同接口报告测量接口和错误信息。

在空中接口中，逻辑信道、传输信道和物理信道的作用与分类如下。

1. 逻辑信道

逻辑信道直接承载用户业务，根据承载的是控制面业务还是用户面业务可分为两大类，即控制信道和业务信道。控制信道用于传输控制面信息，而业务信道用于传输用户面信息。逻辑信道分类如图 3-8 所示。

- 逻辑信道
  - 控制信道
    - 广播控制信道 (BCCH)
    - 寻呼控制信道 (PCCH)
    - 专用控制信道 (DCCH)
    - 公共控制信道 (CCCH)
    - 共享信道控制信道 (SHCCH)
  - 业务信道
    - 专用业务信道 (DTCH)
    - 公共业务信道 (CTCH)

图 3-8　逻辑信道分类

（1）控制信道

以下控制信道只用于控制面信息的传送：

1）广播控制信道（BCCH）：广播系统消息的下行链路信道。

2）寻呼控制信道（PCCH）：传送寻呼消息的下行链路信道。

3）公共控制信道（CCCH）：在网络和 UE 之间发送控制信息的双向信道，该信道映射到 RACH/FACH 传输信道。

4）专用控制信道（DCCH）：在网络和 UE 之间发送控制信息的双向信道，该信道在 RRC 建立的时候是由网络分配给 UE 的点对点专用信道。

5）共享信道控制信道（SHCCH）：双向信道，其在网络和 UE 之间为上行链接和下行链接传输控制信息。该信道仅针对 TDD 信道。

（2）业务信道

以下业务信道只用于用户面信息的传送：

1）专用业务信道（DTCH）：是传输用户信息的专用于一个 UE 的点对点双向信道。

2）公共业务信道（CTCH）：向全部或者一组特定 UE 传输专用用户信息的点对多点下行链路。

2. 传输信道

空中接口层 2 和层 1 的接口，根据传输的是针对一个用户的专用信息还是针对所有用户的公共信息，传输信道分为专用信道和公共信道两大类。它们的主要区别在于，公共信道是由小区内的所有用户或一组用户共同分配使用的资源；而专用信道是由特定频率上特定的编码确定的，只能是单个用户的专用。

（1）专用信道

该信道只有一种，即专用信道（DCH）。专用信道（DCH）是一个上行或下行传输信道，它在整个小区或小区内的某一部分使用波束赋形的天线进行发射。

（2）公共信道

公共信道共有六类，分别是：

● BCH（广播信道）：是一个下行传输信道，用于广播系统或小区特定的信息。BCH 总是在整个小区内发射，并且有一个单独的传输格式。

● FACH（前向接入信道）：是一个下行传输信道，FACH 在整个小区或小区内某一部分使用波束赋形的天线进行发射，用来传送相对短小的数据包。

● PCH（寻呼信道）：PCH 是一个下行传输信道，总是在整个小区内进行发送，用来在下行方向传送寻呼和通知信息。

● RACH（随机接入信道）：RACH 是一个上行传输信道，在整个小区内进行接收，用来传输相对短小的数据包，比如初始接入。RACH 的特性是带有碰撞冒险，使用开环功率控制。

● CPCH（公共分组信道）：CPCH 是一个上行传输信道，用来传送一些突发的数据包。CPCH 与一个下行链路的专用信道相随，该专用信道用于提供上行链路 CPCH 的功率控制和 CPCH 控制命令（如紧急停止）。CPCH 的特性是带有初始的碰撞冒险和使用内环功率控制。

● DSCH（下行共享信道）：DSCH 是一个被某些 UE 共享的下行传输信道，用来承载专用控制或用户信息。DSCH 与一个或几个下行 DCH 相随路。DSCH 使用波束赋形天线在整个小区内发射，或在一部分小区内发射。

3. 物理信道

物理信道是由一个特定的载频、扰码、信道化码（可选的）、开始至结束的时间段（有一段持续时间）和上行链路中相对的相位（0 或 $\pi/2$）定义的。持续时间由开始和结束时刻定义，用 chip 的整数倍来测量。多数信道是由无线帧和时隙组成，一个无线帧的长度是 38400chip，每一个无线帧包括 15 个时隙，时隙是由包含一定比特的字段组成的一个单元，时隙的长度是 2560chip。

在采用扰码与扩频码的信道里，扰码或扩频码任何一种不同，都可以确定为不同的信道。在发射端，来自 MAC 和高层的数据流在空中接口进行发射，要经过复用、信道编码、传输信道到物理信道的映射以及物理信道的扩频和调制，其中，编码和复用是在传输信道到物理信道的映射过程中实现的，扩频和调制则是对物理信道的操作，最后形成空中接口的数据流在空中接口进行传输。在接收端，则是一个逆向过程，如图 3-9 所示。

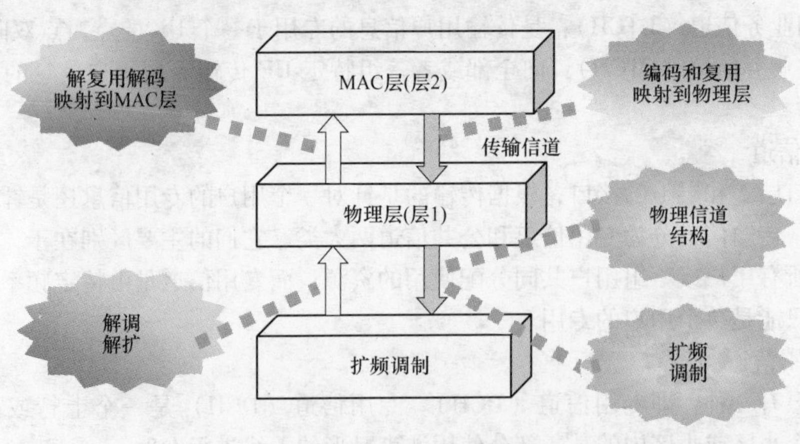

图 3-9 物理信道的生成

物理信道的分类如下：

物理信道分为上行物理信道和下行物理信道。下行物理信道和上行物理信道具体分类分别如图 3-10 和图 3-11 所示。

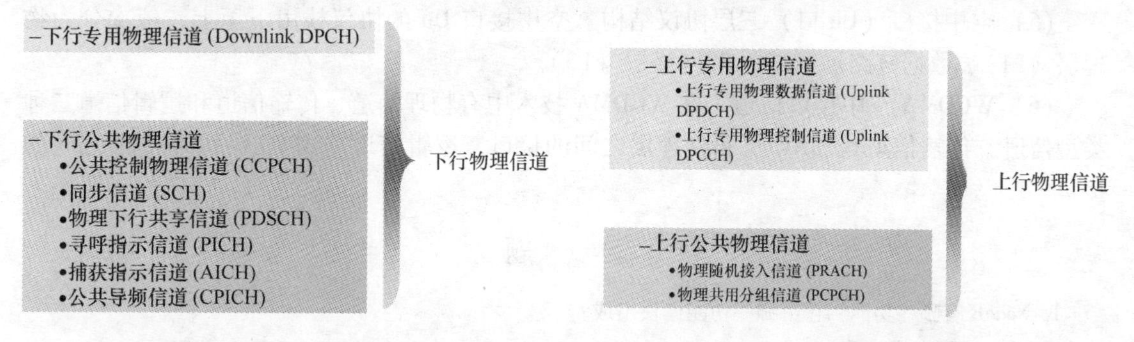

图 3-10　下行物理信道　　　　图 3-11　上行物理信道

梳理与总结

1. 知识体系

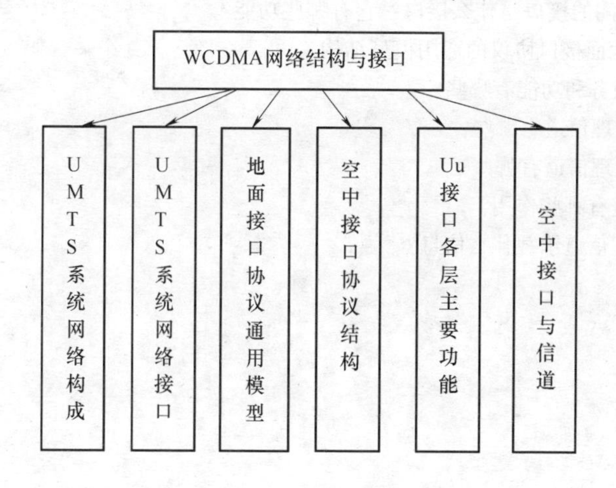

2. 知识要点

（1）UTRAN 接入网两个功能节点　无线接入网 UTRAN 包含一个或几个无线网络子系统（RNS）。一个 RNS 由一个无线网络控制器（RNC）和一个或多个基站（NodeB）组成。从功能结构上来说，UTRAN 接入网部分只有两个功能节点：基站（NodeB）和无线网络控制器（RNC）。

（2）NodeB　NodeB 是 WCDMA 系统的基站（即无线收发信机），通过标准的 Iub 接口和 RNC 互连，主要完成 Uu 接口物理层协议的处理。主要功能是扩频、调制、信道编码及解扩、解调、信道解码，还包括基带信号和射频信号的相互转换等功能。

（3）RNC　RNC 是无线网络控制器，它通常通过 Iu 接口与电路域（MSC）、分组域（SGSN）以及广播域（BC）相连，UE 和 UTRAN 之间的无线资源控制（RRC）协议在此终止。RNC 主要完成连接建立和断开、切换、宏分集合并、无线资源管理控制等功能。

（4）UTRAN 地面接口协议通用模型的三层两面　从水平方向看，UTRAN 地面接口协议的通用模型可以分为无线网络层、传输网络层和物理层；从垂直方向看，无线网络层分为控制面和用户面，传输网络层分为传输网络控制面和传输网络用户面。

（5）空中接口（Uu 口）三层协议结构　空中接口 Uu 的协议栈由下至上，依次分为物理层（L1）、数据链路层（L2）和网络层（L3）。

（6）WCDMA 空中接口信道　在 WCDMA 技术中有物理信道、传输信道和逻辑信道三种类型信道。传输信道是 MAC 层和物理层之间的接口，逻辑信道是 MAC 层和 RLC 层之间的接口。

习　题

1. NodeB 有哪些功能？它由哪些功能模块组成？
2. RNC 主要有哪些功能？
3. 服务 RNS 有哪些作用？
4. CN 由哪些网元组成？它们各有什么作用？
5. UMTS 系统网络有哪些接口？
6. RNC 之间的接口叫什么？它有什么作用？
7. Iub 接口是哪两种网元之间的接口？它的作用是什么？
8. UTRAN 和 CN 之间的接口是什么接口？它有哪些功能？
9. 请简述 UTRAN 地面接口协议的通用模型结构。
10. 物理层提供的服务和功能有哪些？
11. WCDMA 上行物理信道有哪些？
12. WCDMA 下行物理信道有哪些？
13. 主公共导频信道有哪些作用？
14. 主公共控制物理信道承载什么信息？

第2篇　设　备　篇

第4章　RNC设备

学习导航

知识点拨	重点	1. RNC设备系统结构 2. RNC逻辑子系统 3. RNC硬件描述 4. RNC系统信号流	学习建议：学习华为RNC设备硬件结构之前，推荐阅读华为设备配套硬件说明手册
	难点	1. RNC逻辑子系统 2. RNC系统信号流	学习建议：难点学习时要阅读相关技术资料，拓展知识视野
建议学时	12课时		教学建议：教学前，学习者到移动基站和机房体验3G移动通信网络运行环境

内容解读

RNC和NodeB一起构成通用陆地接入网UTRAN，RNC主要完成空中接口无线资源的管理和分配以及陆地资源的管理和分配（完成Iu、Iub、Iur的管理和分配），NodeB主要提供空中接口与UE间的对话以及与RNC间（Iub）的对话。华为的RNC产品命名为BSC6800（基于ATM）和BSC6810（全IP），本文涉及的RNC均以BSC6810为例进行说明。

4.1　RNC设备系统结构

4.1.1　RNC在UMTS网络中的位置

RNC在UMTS网络中的位置如图4-1所示。BSC6810的接口都是标准的接口，能够和其他厂商的NodeB、MSC、SGSN、CBC和RNC等设备对接。BSC6810对外提供以下5个接口：

1）通过Iub接口和NodeB设备连接。

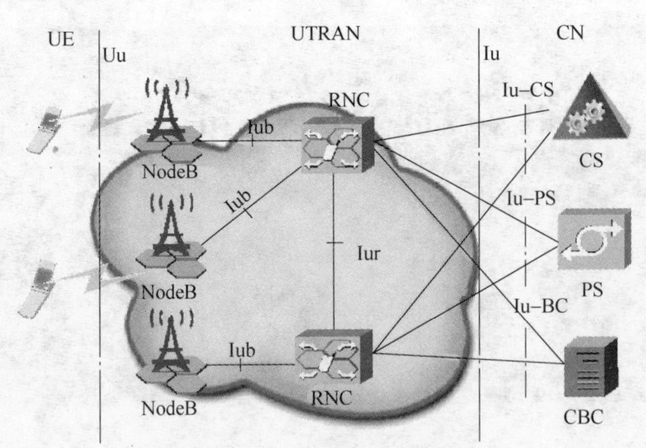

图 4-1 RNC 在 UMTS 网络中的位置

2）通过 Iu-CS 接口和负责处理电路业务的核心网设备相连。

3）通过 Iu-PS 接口和负责处理分组业务的核心网设备相连。

4）通过 Iu-BC 接口和负责处理广播业务的 CBC 实体连接。

5）通过 Iur 接口和其他 RNC 设备连接。

RNC 主要完成以下功能：

1）系统信息广播与 UE 接入控制。

2）切换和 SRNS 迁移等移动性管理。

3）宏分集合并、功率控制、小区资源分配等无线资源管理。

4）CBC 小区广播中心（Cell Broadcast Center）。

4.1.2 BSC6810 系统主要特性

（1）大容量和高集成度

基于高性能的全 IP 硬件平台（PARC）；提供灵活的系统配置：满配置方案为 2 机柜（1 交换框 RSS +5 业务框 RBS），最小配置方案为 1 机柜（1 交换框 RSS）。系统容量最大支持 66000Erl 话务量或 5764Mbit/s 的分组数据容量（UL + DL），最大支持 1700 个 NodeB 和 5100 个小区。采用双平面 GE Star 交换网，单框可提供最大 120Gbit/s 的交换容量，全系统最大可支持 6 ×120Gbit/s 的交换容量，满足未来高速分组业务的发展需求，满足客户设备生命周期管理需求，保护客户网络设备投资。采用业界首创对称双面插结构。采用 19in（1in =2. 5cm）标准机框，单框真正支持28 槽位，2 个网板槽位、26 个通用业务板槽位。板型少、配置灵活、可扩展性强。

（2）多种组网方式

采用 Multiple Access To In One（MATIO）技术统一 ATM、TDM、IP 交换体系，既支持对 2G 传输资源的前向兼容，也支持向全网 IP 的演进；对外接口包括 E1、T1、FE、GE、STM-1、STM-4，接口丰富，可提供多种组网方式。

（3）灵活的结构

采用结构化设计；系统可通过增加模块平滑扩容，最大限度地节省了投资，同时也不会影响现有的服务；系统的同步时钟选择方便而灵活：BITS、GPS 卫星同步时钟、LINE 时钟

（Iu 接口）和外部的 8kHz 时钟、本地晶振都可提供时钟源。

（4）强大的支持能力

目前有以下支持功能：HSDPA、HSUPA、MBMS、CS 语音和数据业务承载能力、PS 分组业务承载能力、组合业务承载能力等。

（5）先进的无线资源管理算法

在功率控制、切换、无线资源分配、准入控制和负载控制方面采用先进算法，使运营商在网络覆盖、容量和质量三方面获得最优效果。

（6）平稳升级和扩容

平滑演进；在线的软件补丁加载；平稳的在线容量扩充。

（7）简易实用的操作维护（O&M）功能

提供强大的操作维护组块，操作简单，实用性强。

（8）电信级的可靠性设计

硬件平台采用双星双平面（Dual Star net & Dual Plane）、Port Trunking 技术，满足内部板间通信的可靠性、大流量要求；单板冗余设计，系统无单点故障；所有单板支持热插拔；电源实现 1+1 冗余备份；物理传输备份、负荷分担、IMA 功能设计，满足业务传送的高可靠性要求；软件管理采用版本双平面技术，减少版本升级的业务中断时间，如果升级失败也可以快速回退。

4.1.3　BSC6810 容量指标

BSC6810 的容量指标见表 4-1，表中的指标说明如下：

表 4-1　BSC6810 的容量指标

指标名称	指标值
最大机柜数目	2 个机柜（1WRSR+1WRBR）
最大插框数目	6 个插框（1WRSS+5WRBS）
最大支持话务量/Erl	51000
最大支持 PS 域数据流量/（Mbit/s）	3264（上行+下行）
最大支持 NodeB 个数	1700
最大支持小区个数	5100
BHCA	1360000

1）WRSR：WCDMA 交换机柜，必配的机柜。

2）WRBR：WCDMA 业务机柜。

3）WRSS：WCDMA 交换机框，必配的机框。

4）WRBS：WCDMA 业务机框。

5）Erl：爱尔兰，指单位时间内通话时间所占的百分比，是衡量话务量大小的一个指标，表示一个信道在考察时间内完全被占用的话务量强度。如果 1 小时内信道全被占用，那么这个期间的话务量就是 1Erl。话务量公式为：$A = C \times t$。A 是话务量，单位为 Erl（爱尔兰）；C 是呼叫次数，单位是个；t 是每次呼叫平均占用时长，单位是小时。一般话务量又称小时呼，统计的时间范围是 1 个小时。

6）BHCA 的定义是：忙时最大试呼次数。

4.1.4　RNC 最小配置与最大配置

RNC 支持单机柜的最小配置方案，整个 RNC 只需要 1 个 RSR 机柜和 1 个 RSS 插框，如图 4-2 和图 4-3 所示。图中的 WRSR 是 WCDMA RNC 交换机架，WRBR 是 WCDMA RNC 业务机架。一个机架里面有三个机框，WRSS 是 WCDMA RNC 交换机框，WRBS 是 WCDMA RNC 业务机框。

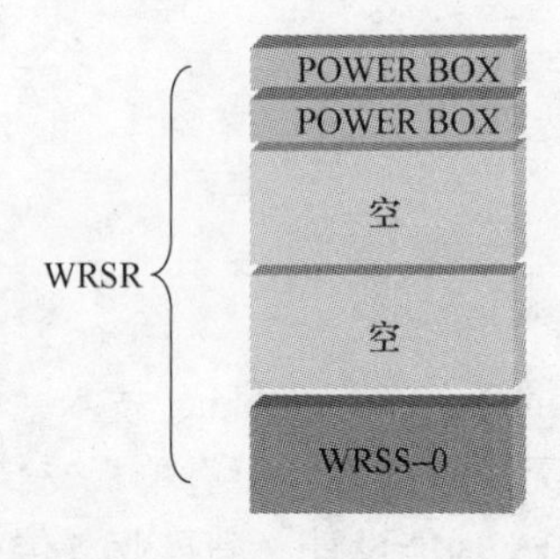

图 4-2　RNC 最小配置示意图

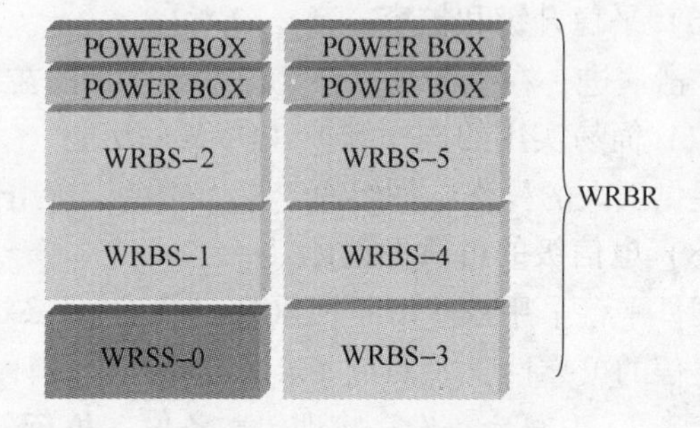

图 4-3　RNC 最大配置示意图

RNC 最小配置方案的性能规格如下：

1）支持 6000Erl 话务量。

2）支持 384Mbit/s 的 PS 域（UL + DL）数据流量。

3）支持 200 个 NodeB 和 600 个小区。

RNC 最大配置支持 2 个机柜（1RSR + 1RBR）、6 个插框（1RSS + 5RBS），如图 4-3 所示。RNC 最大配置方案的性能规格如下：

1）支持 51000Erl 话务量。

2）支持 3264Mbit/s 的 PS 域（UL + DL）数据流量。

3）支持 1700 个 NodeB 和 5100 个小区。

4.2　RNC 总体结构

4.2.1　RNC 物理结构

RNC 的硬件由机柜、线缆、GPS 天馈系统、LMT、告警箱组成。现网及实验室中的 RNC 设备如图 4-4 所示，RNC 硬件组成示意图如图 4-5 所示。

4.2.2　RNC 逻辑结构

RNC 逻辑上由交换子系统、业务处理子系统、传输子系统、时钟同步子系统、操作维护子系统、供电子系统和环境监控子系统组成。RNC 交换子系统主要完成 RNC 内部数据的交换功能；RNC 业务处理子系统负责处理 RNC 的各项业务；RNC 传输子系统为 RNC 提供 Iub/Iur/Iu 传输接口和传输资源，处理传输网络层协议消息，实现 RNC 内部数据与外部数据间的交互；RNC 时钟同步子系统负责提供 RNC 工作所需的时钟；RNC 操作维护子系统负责

图4-4　实验室RNC设备

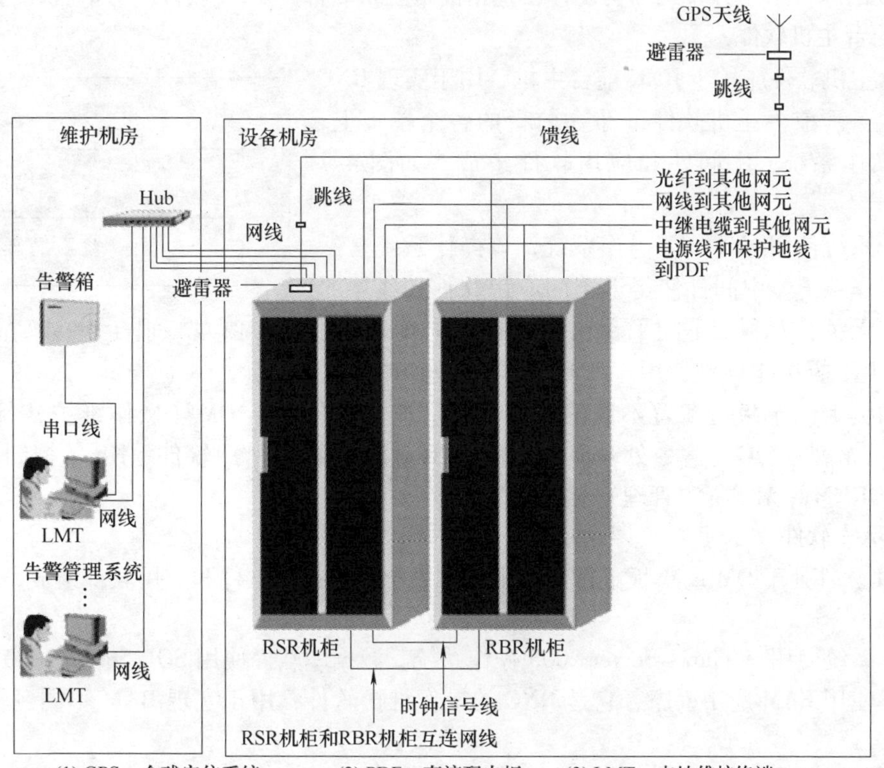

(1) GPS：全球定位系统　　(2) PDF：直流配电柜　　(3) LMT：本地维护终端

图4-5　RNC硬件组成示意图

对系统内的参数和数据进行维护和配置；RNC 供电子系统用于为 RNC 设备提供电源；RNC 环境监控子系统由配电盒和各个插框的环境监控部件组成，主要负责电源、风扇、门禁和水浸的监控。RNC 逻辑结构如图 4-6 所示。

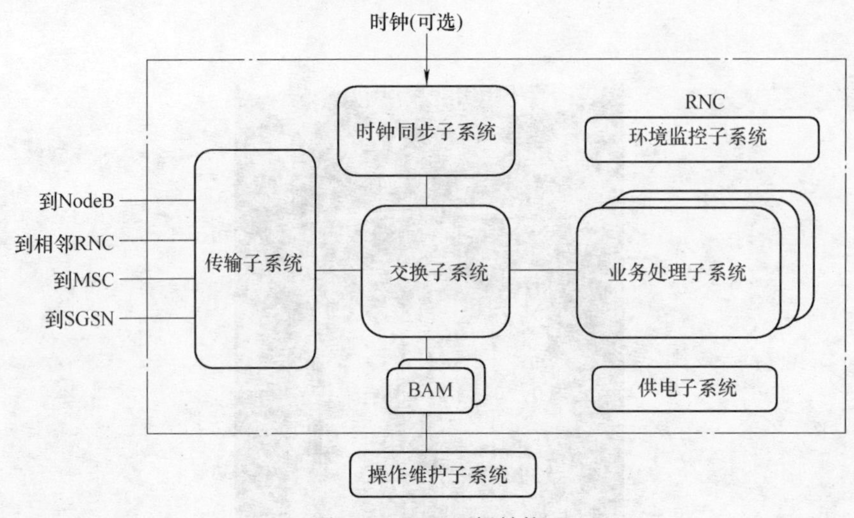

图 4-6 RNC 逻辑结构

4.2.3 RNC 软件结构

RNC 的软件采用分布式结构设计，包括前台主机软件、BAM 软件和 LMT 软件。

1. 前台主机软件

前台主机软件应用于 RNC 前台主机，用于实现 RNC 的各项业务。前台主机软件分布在前台的各个单板上，主要由操作系统、中间件和应用软件组成，如图 4-7 所示。

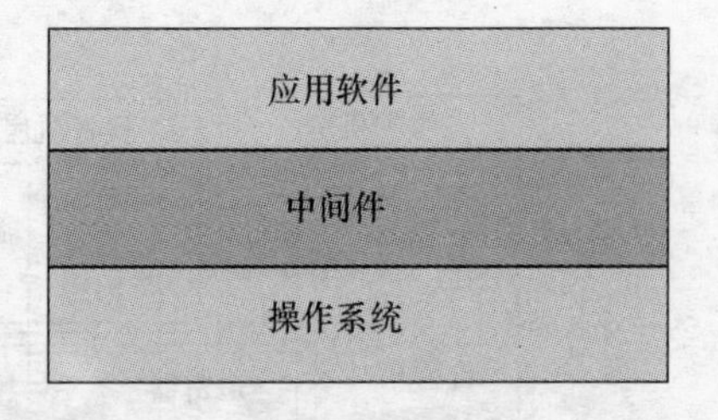

图 4-7 前台主机软件组成

操作系统使用 VxWorks 操作系统，该操作系统是一种实时操作系统。中间件使得上层的应用软件和底层的操作系统无关，有利于不同平台软件功能的移植。应用软件是 RNC 的功能软件，用于实现不同逻辑实体的功能。不同类型的单板可配置不同的应用软件。应用软件包括 OM（操作维护）软件、DB（数据库）软件、SIG（信令处理）软件、FMR（用户面处理）软件、RR（控制面处理）软件、CORRM（无线资源管理）软件。

2. BAM 软件

BAM 软件处于 OMUa 单板上，主要由操作系统、数据库软件和应用软件组成，如图 4-8 所示。

操作系统使用 Windows Server 2003 操作系统。数据库软件使用 SQL Server 2000 数据库。应用软件使用 BAM 应用程序，它是 RNC 的操作维护软件，用于实现 BAM 不同逻辑实体的功能。

3. LMT 软件

LMT 软件处于 LMT 上，主要由操作系统和应用软件组成，如图 4-9 所示。

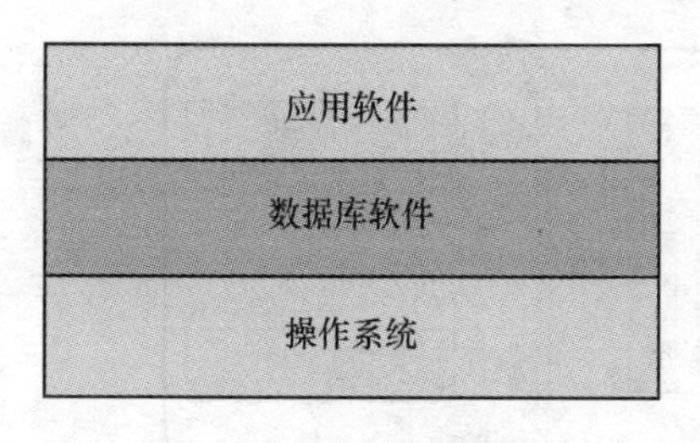

图4-8 BAM软件组成

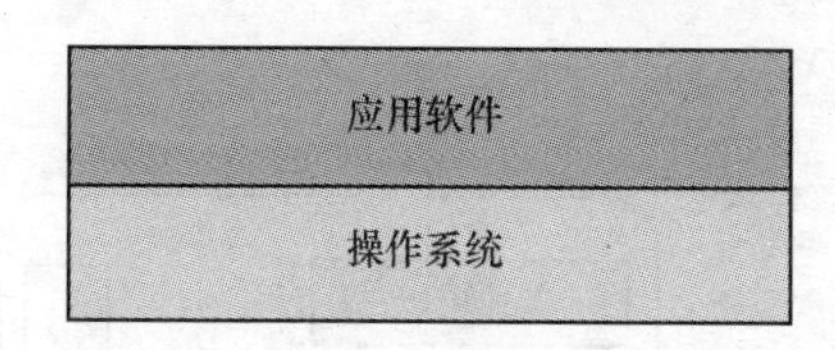

图4-9 LMT软件组成

操作系统使用Windows XP Professional操作系统。应用软件使用LMT应用程序，提供了操作维护RNC的执行入口，包括本地维护终端、跟踪回顾工具、监控回顾工具、性能浏览工具、FTP客户端、告警转发系统和LMT Service管理器。

4.3 RNC逻辑子系统

4.3.1 RNC交换子系统

RNC交换子系统主要完成RNC内部数据的交换功能。

1. RNC交换子系统功能

1）为RNC提供内部的MAC（Media Access Control）层交换，实现ATM/IP二网合一。

2）为RNC提供Port Trunking技术。

3）为RNC提供框间连接。

4）为RNC各业务处理框提供业务数据的交换通道。

5）为RNC各业务处理框提供操作维护通道。

6）分发RNC各业务单板所需的时钟信号和RFN信号。

2. RNC交换子系统组成

RNC交换子系统主要由各插框的交换和控制单元与插框的高速背板通道共同组成，如图4-10所示。

交换和控制单元为RNC提供GE交换和维护管理平台，由SCUa单板实现，RNC的每个插框可以配置两块SCUa单板，为RNC提供框间连接。在交换和控制单元中，可实现框内数据交换和框间数据交换，如图4-10所示。

（1）框内数据交换

RNC框内数据交换采用背板通信的方式，框内交换通道提供Port Trunking功能，SCUa单板与框内的其他单板通过高速背板通道实现框内的GE交换。

（2）框间数据交换

RNC框间数据交换采用星形连接的通信方式，以RSS插框为中心框，RBS插框为从框，RBS插框的SCUa单板通过网线与RSS插框内的SCUa单板进行连接，通过RSS插框实现框间的GE交换。

RSS插框与RBS插框之间采用全互连的拓扑结构，任何一块单板故障都不会影响RNC的数据交换。SCUa单板上的GE端口具有Port Trunking功能，4个GE通道组成一个trunk

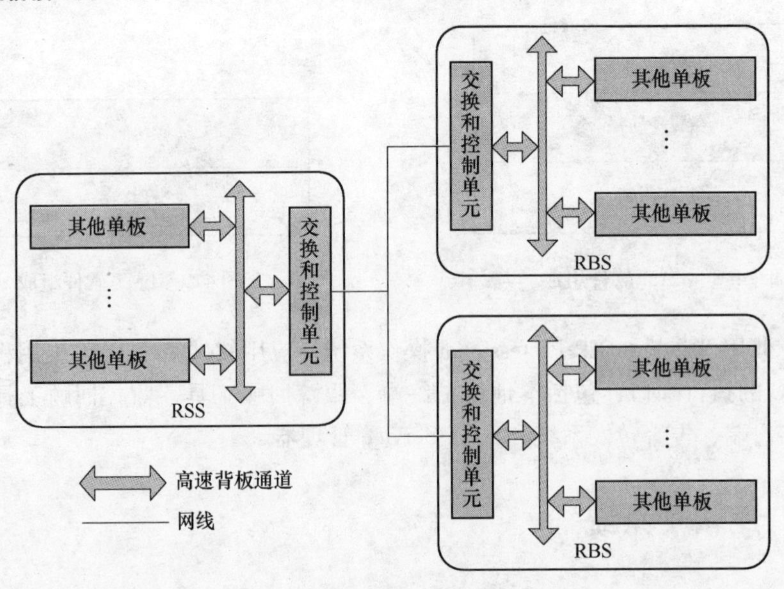

图 4-10　RNC 交换子系统组成

组，可以实现带宽扩展和业务均衡，如图 4-11 所示。

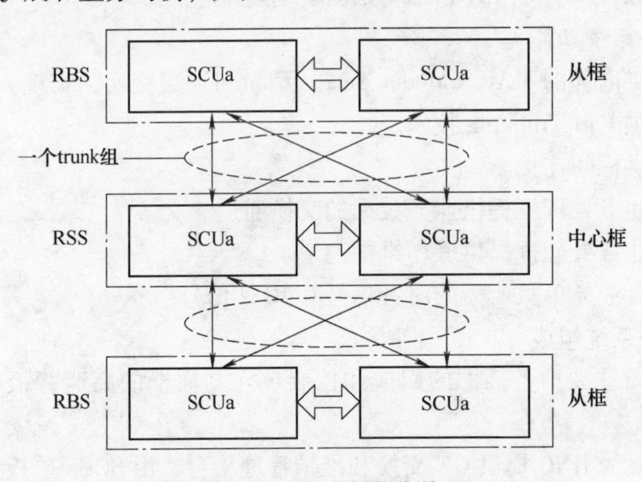

图 4-11　RNC 框间交换

4.3.2　RNC 业务处理子系统

RNC 业务处理子系统完成 3GPP 协议中定义的大部分 RNC 功能，负责处理 RNC 的各项业务。

1. RNC 业务处理子系统主要功能

用户数据转发、系统准入控制、无线信道加密和解密、完整性保护、移动性管理、无线资源管理和控制、媒体广播、消息跟踪、RAN（Radio Access Network）信息管理。

业务处理子系统可以根据业务的需要进行叠加，从而增加系统业务处理容量。业务处理子系统之间可以通过交换子系统进行通信，从而完成协同任务的处理，比如切换功能。

2. RNC业务处理子系统组成

RNC业务处理子系统主要由信令处理单元和数据处理单元组成。RNC业务处理子系统组成如图4-12所示。

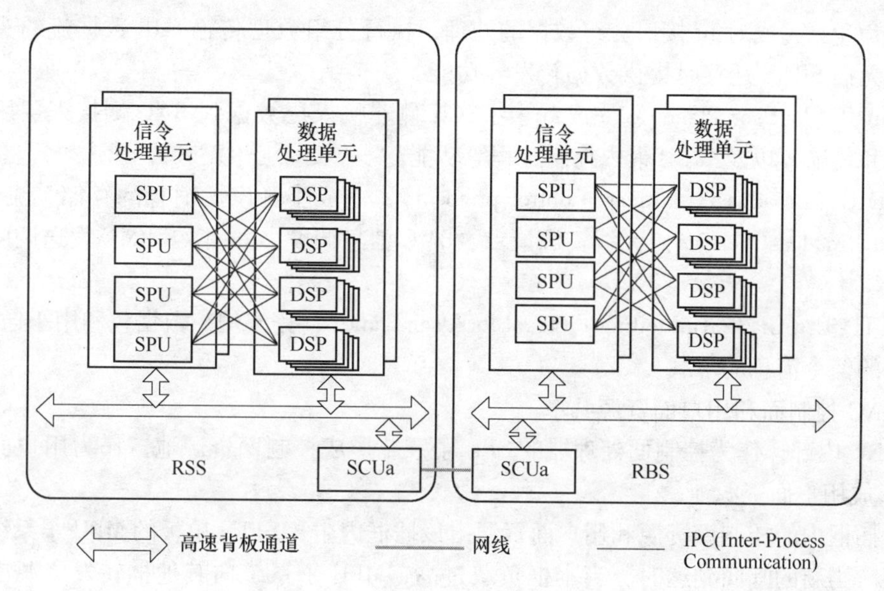

图4-12 RNC业务处理子系统组成

（1）信令处理单元

信令处理单元由SPUa单板实现。1块SPUa单板包含4个独立的子系统，每个框中有一个子系统作为MPU（Main Processing Unit）子系统，进行用户面资源管理以及呼叫过程中的资源分配，其余的所有子系统作为SPU（Signaling Process Unit）子系统，负责处理Iu/Iur/Iub/Uu接口信令消息，完成信令处理功能。

信令处理单元的功能可以分为无线网络层和传输网络层两个层次：无线网络层实现Uu接口和Iu/Iur/Iub接口的信令处理；传输网络层则提供Iu/Iur/Iub接口信令所需要的承载资源。

（2）数据处理单元

数据处理单元由DPUb单板实现，1块DPUb单板包含22个DSP（Digital Signal Processor），负责对接口板发送来的数据进行L2处理，分离出CS域数据、PS域数据和Uu接口信令消息。

数据处理单元具有以下功能模块：

1）FP（Frame Protocol）：完成Iub/Iur接口帧处理、同步、时间调整等信令过程。

2）MDC（Macro Diversity Combining）：软切换时，完成同一UE信息在各无线链路上的宏分集合并，可以提高传输质量。

3）MAC（Media Access Control）：完成数据传输过程中逻辑信道在传输信道上的映射、传输信道调度、无线资源重配置和业务量测量等功能。MAC模块可以分为MAC-c/sh、MAC-d、MAC-es，分别负责公共传输信道、专用传输信道和HSUPA（High Speed Uplink Packet Access）业务的数据处理。

4）RLC：完成高层 SDU（Service Data Unit）的传送，传送模式有三种：透明模式 TM（Transparent Mode）、非确认模式 UM（Unacknowledged Mode）和确认模式 AM（Acknowledged Mode）。

5）PDCP：完成对 Iu 接口分组数据的处理，执行分组数据传输、IP 数据流的头压缩和解压缩、无损 SRNS 迁移时提供数据转发等功能。

6）IuUP（Iu User Plane）：完成 Iu 接口 CN 侧非接入层数据到 RNC 侧接入层用户面数据的转换和传输，以及 IuUP 带内控制过程等功能。

7）BMC（Broadcast/Multicast Control protocol）：完成小区广播消息的存储、流量检测、CBS（Cell Broadcast Service）无线资源请求、BMC 消息调度，并向 UE BMC 发送调度消息和 CBS 消息。

8）GTP-U（GPRS Tunnelling Protocol for User Plane）：完成用户数据包和用于通路管理、错误提示的信令消息的承载。

3. RNC 控制面和用户面资源共享

在 RNC 内部，作为控制面处理器的 SPU 子系统形成控制面资源池，作为用户面处理器的 DSP 形成用户面资源池。

一个插框内的控制面资源和用户面资源由该插框内主控 SPUa 单板的 MPU 子系统进行管理和分配。当新的呼叫到达时，当本框负载过高，MPU 子系统向其他框转发资源申请，当系统中任何一个框有剩余控制面资源和用户面资源时，新的呼叫都可以被处理。

4.3.3 RNC 传输子系统

1. 传输子系统功能

RNC 传输子系统为 RNC 提供 Iub/Iur/Iu 传输接口和传输资源，处理传输网络层协议消息，实现 RNC 内部数据与外部数据间的交互。

（1）提供丰富的传输接口

RNC 传输子系统可以为 RNC 提供丰富的传输解决方案，可同时支持 ATM 传输和 IP 传输，满足不同传输网络情况下的组网需求。

RNC 传输子系统可以提供以下传输接口：

1）E1/T1。

2）通道化 STM-1/OC-3 光口。

3）非通道化 STM-1/OC-3c 光口。

4）FE/GE 电口。

5）GE 光口。

（2）处理传输网络层协议消息

RNC 传输子系统负责处理传输网络层协议消息。

1）ATM 传输时，终结 AAL2/AAL5。

2）IP 传输时，终结用户面的 UDP/IP 消息，转发控制面的 IP 消息。

通过传输子系统，RNC 可以对内屏蔽不同传输网络层协议消息的差异。传输子系统在传输接口板上终结不同的传输网络层协议消息，并根据配置转发表项将用户面报文、信令面报文和管理面报文分别交换到 RNC 内部的 DPUb 单板和 SPUa 单板处理。

2. RNC传输子系统由传输接口板组成

RNC具有以下传输接口板：

（1）ATM传输接口板

ATM传输接口板包括AEUa单板、AOUa单板、UOIa单板（UOI_ATM）。这些单板的作用请参考4.4.5节的描述。

（2）IP传输接口板

IP传输接口板包括FG2a单板、GOUa单板、PEUa单板、POUa单板、UOIa单板（UOI_IP）。这些单板的作用请参考4.4.5节的描述。

RNC传输子系统通过ATM传输接口板实现ATM数据的处理，通过IP传输接口板实现IP数据的处理。

4.3.4 RNC操作维护子系统

1. RNC操作维护子系统组成

RNC操作维护子系统由LMT、OMUa单板、SCUa单板以及其他单板上的操作维护模块组成，如图4-13所示。

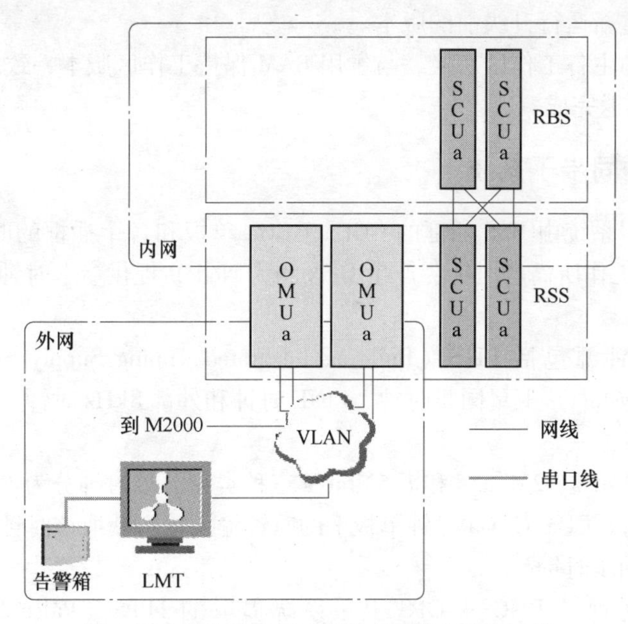

图4-13 操作维护子系统组成结构和物理连线

2. RNC操作维护子系统的功能

RNC操作维护子系统为用户提供了RNC日常和应急维护的相关操作。RNC操作维护子系统提供了强大的操作维护功能，包括安全管理、日志管理、配置管理、性能管理、告警管理、消息跟踪、加载管理和升级管理等。通过RNC的操作维护软件可以对RNC进行全方位的管理和维护。

3. BAM主备工作区

（1）BAM主备工作区概念

BAM主备工作区是指将BAM中存放版本文件的区域划分为主用和备用两个工作区，分别存放不同的版本文件。主备工作区的关系是相对的，由当前运行版本来决定主备关系，BAM 当前运行的版本文件所在的工作区为主用工作区，另外一个工作区则为备用工作区。

（2）BAM 主备工作区工作原理

BAM 主备工作区即 OMUa 单板主备工作区，用于 BAM 和 RNC 的版本升级和回退，可以实现不同版本间的快速切换。

BAM 版本升级过程如下：

1）主用 BAM 的备用工作区升级为新版本。

2）备用 BAM 的备用工作区同步主用 BAM 的备用工作区。

3）主用 BAM 的主备工作区切换，存放新版本的备用工作区升为主用，原主用工作区降为备用。

4）主用 BAM 重新运行升级后的新版本。

5）备用 BAM 的主备工作区切换，与主用 BAM 保持工作区版本一致。

6）BAM 版本升级完成。

BAM 进行版本升级后，可以根据需要进行版本回退，版本回退过程如下：

1）主用 BAM 的主备工作区切换，主用 BAM 当前的运行版本回退到升级前的版本。

2）主用 BAM 重新运行升级前的版本。

3）备用 BAM 的主备工作区切换，与主用 BAM 保持工作区版本一致。

4）BAM 版本回退完成。

4.3.5 RNC 时钟同步子系统

RNC 时钟同步子系统由 RSS 插框的 GCUa/GCGa 单板和各个插框的时钟处理单元组成，主要负责提供 RNC 工作所需的时钟、产生 RFN 和为 NodeB 提供参考时钟。

1. RNC 时钟源

RNC 系统的时钟源包括 BITS（Building Integrated Timing Supply System）时钟、GPS（Global Positioning System）卫星同步时钟、LINE 时钟和外部 8kHz 时钟。

（1）BITS 时钟

BITS 时钟包括 2MHz、2Mbit/s 和 1.5Mbit/s 三种类型。该时钟分为 BITS1 和 BITS2 两种输入方式，RNC 通过 GCUa/GCGa 时钟单板上的时钟输入接口获取该时钟。

（2）GPS 卫星同步时钟

GPS 卫星同步时钟是 RNC 从 GPS 卫星系统提取的 1PPS（Pulse Per Second）信号。GCGa 单板内部配置了星卡，可以通过 GCGa 单板上的卫星天线接口接收 GPS 卫星系统的时钟信号。

（3）LINE 时钟

LINE 时钟是 RSS 插框内 Iu 接口板输入到 GCUa/GCGa 单板的 8kHz 时钟，该时钟通过 RSS 插框的背板通道送到 RNC 的 GCUa/GCGa 时钟单板，分为 LINE1 和 LINE2 两路背板时钟。

（4）外部 8kHz 时钟

RNC 可以使用 GCUa/GCGa 单板上的 COM1 接口，获取外置设备提供的 RS-422 电平形式的 8kHz 标准时钟。

（5）本地晶振

如果RNC无法获取外部时钟源，则可以通过本地晶振产生RNC正常工作所需的时钟。

2. RNC时钟同步子系统结构

RNC时钟同步子系统由时钟模块以及其他各单板组成，时钟模块由GCUa/GCGa单板实现。RNC时钟同步子系统结构如图4-14所示。

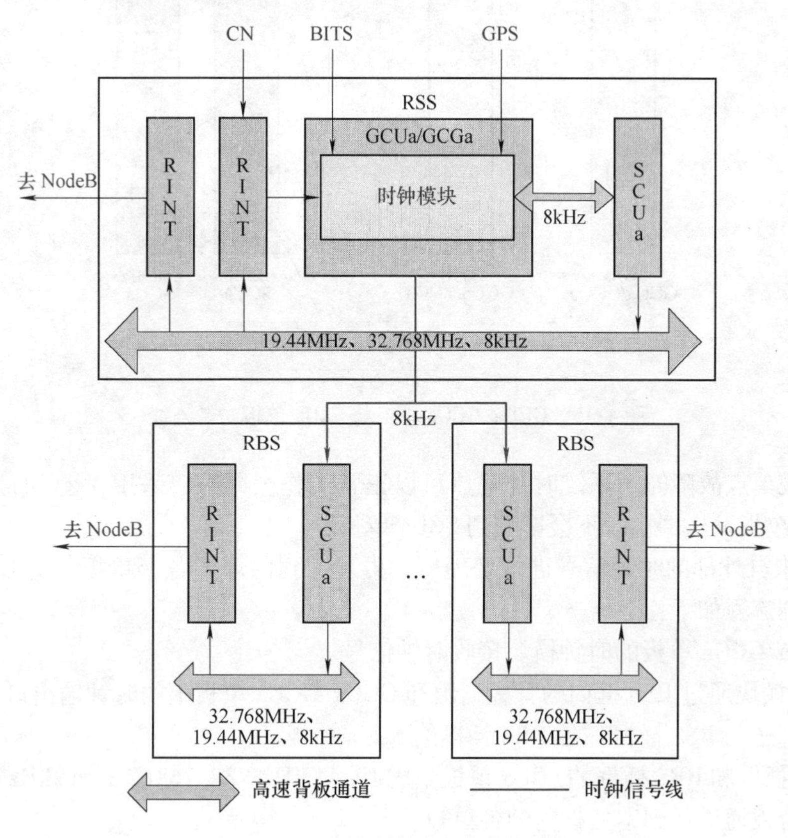

图4-14　RNC时钟同步子系统结构

1）图4-14中RINT为Iu/Iur/Iub接口板的统称，根据不同的接口和组网需求可以选用不同的接口板。

2）由于GCUa单板没有配置星卡，而GCGa单板配置了星卡，所以只有采用GCGa单板才可以使用图4-14中的GPS时钟信号。

3）如果从CN提取时钟的RINT单板（AEUa/PEUa/POUa/AOUa/UOIa）在RSS插框内，则时钟信号可以直接从RSS插框背板的LINE0/LINE1通道送至GCUa/GCGa单板，也可以通过RINT面板上的2MHz时钟输出接口（使用时钟信号线）送到GCUa/GCGa单板。

4）如果从CN提取时钟的RINT单板在RBS插框内，则时钟信号只能通过RINT面板上的2MHz时钟输出接口（使用时钟信号线）送到GCUa/GCGa单板。

当RNC配置主备GCUa/GCGa单板和主备SCUa单板时，从RSS插框的GCUa/GCGa单板到RBS插框的SCUa单板的时钟连线如图4-15所示。

如图4-15所示，RSS插框内的主备GCUa/GCGa单板采用Y型时钟线与RBS插框的主备SCUa单板相连。此连接方式可以保证当GCUa/GCGa单板、Y型时钟信号线、SCUa单板

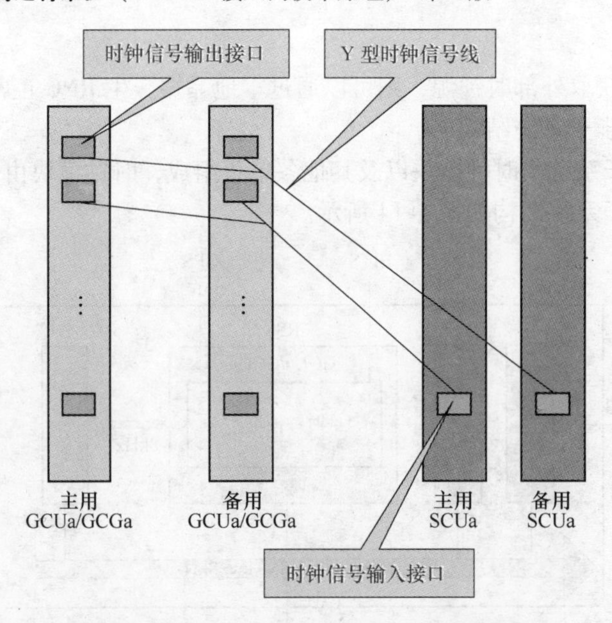

图 4-15 GCUa/GCGa 单板与 SCUa 单板时钟连线

三者之一出现单点故障时，系统时钟仍然可以正常工作。同时，采用 Y 型信号线可以确保 GCUa/GCGa 单板发生倒换时不会影响到 SCUa 单板。

RNC 对来自外部的时钟信号进行处理后，再发送到内部的各个单板。RNC 系统时钟信号的内部处理流程如下：

1）GCUa/GCGa 单板的时钟模块接收时钟信号。

2）时钟模块通过 RSS 框内的背板通道和 GCUa/GCGa 单板上的时钟输出口，将 8kHz 的时钟信号分别送到 RSS 插框和各 RBS 插框的 SCUa 单板。

3）RSS 插框和 RBS 插框的 SCUa 单板生成 19.44MHz、32.768MHz 和 8kHz 的系统时钟，并通过高速背板通道送到本插框内的各单板。

① AEUa 单板、PEUa 单板获取 32.768MHz 的工作时钟。

② AOUa、POUa 单板获取 19.44MHz 的工作时钟。

③ UOIa 单板获取 8kHz 的工作时钟。

④ FG2a 单板和 GOUa 单板不使用时钟模块提供的时钟。

4）RINT（AEUa/PEUa/POUa/AOUa/UOIa）单板将时钟信号送到下级设备 NodeB。

4.3.6 RNC 供电子系统

RNC 供电子系统用于为 RNC 设备提供电源，在设计上采用了双电路备份、逐点监控的方案，可靠性高。RNC 的供电系统由 -48V 直流电源系统、直流配电柜和机柜顶部直流配电盒组成。当局点的通信容量较大，或有两个以上的交换系统时，应采用两个或多个独立的供电系统。大型通信枢纽等局站可按不同楼层分层设置多个独立的电源系统，分别向各个独立的通信机房供电。一般通信局站可采用一个集中供电的电力室或电池室的供电方式，也可以采用分散的供电方式，小容量的通信局站可以采用一体化的供电方式。

直流配电柜提供两组 1+1 备份的直流电源，连至 RNC 机柜顶端的配电盒给 RNC 设备

供电。

4.3.7 RNC 环境监控子系统

环境监控子系统对 RNC 的运行环境进行自动监控，并实时反馈异常状况。RNC 环境监控子系统由配电盒和各个插框的环境监控部件组成，主要负责电源、风扇、门禁和水浸的监控。

1. 电源监控

RNC 电源监控功能用于实时监控 RNC 供电系统，报告电源运行状况，并对异常情况进行报告。

2. 风扇监控

RNC 风扇监控功能用于实时监控风扇运行状况，并根据插框温度调整风扇转速。RNC 的风扇和插框采用一体化设计，每个插框都内置有风扇盒，每个风扇盒最多可以放置 9 个风扇。风扇出风口处安装有温度传感器，可以检测插框温度。

3. 门禁监控

RNC 门禁监控功能是 RNC 的可选功能，当 RNC 监测到前门或门后被打开时，将产生告警并上报。

4. 水浸监控

RNC 水浸监控功能是 RNC 的可选功能，当 RNC 监测到机房浸水时，将产生告警并上报。

4.4 RNC 硬件

4.4.1 RNC 机柜

RNC 机柜是 RNC 设备的主要组成部分，由空机柜和内部配置的部件组成。空机柜配置内部部件后，RNC 机柜从功能上分为 RSR 机柜和 RBR 机柜。RSR 机柜实现 RNC 的交换与业务功能，RNC 中必配一个 RSR 机柜。RBR 机柜负责处理 RNC 的各项业务，根据业务量的需要，RNC 可选配一个 RBR 机柜。

RNC 机柜采用华为 N68E-22 型或 N68-21-N 型机柜。N68 机柜规格：600mm（宽）× 800mm（深）。根据不同的开门方式，机柜可分为单开门式和双开门式。单开门式 N68E-22 型机柜外形如图 4-16 所示。双开门式 N68E-22 型和双开门式 N68-21-N 型机柜外形分别如图 4-17 和图 4-18 所示。

4.4.2 RNC 机柜组成

RNC 机柜从功能上分为 RSR 机柜和 RBR 机柜。RSR 机柜和 RBR 机柜内部组成相似。RNC 机柜由配电盒、插框、围风框、机柜内走线架、后走线槽等组成。RNC 机柜的配置如图 4-19 所示。

1. RSR 机柜内部组成

1）配电盒：固定配置 1 个。

图 4-16 单开门式 N68E-22 型机柜

图 4-17 双开门式 N68E-22 型机柜

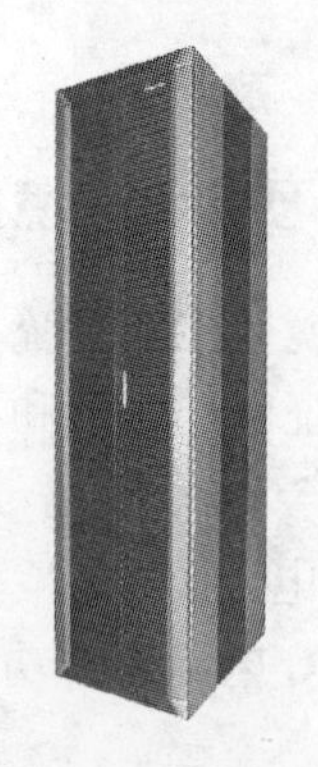

图 4-18 双开门式 N68-21-N 型机柜

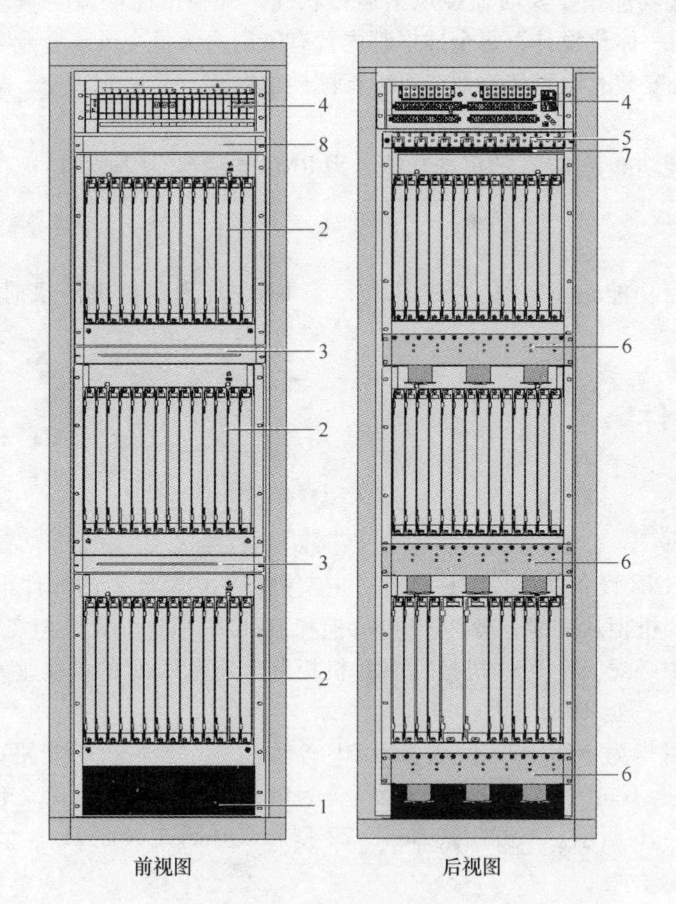

图 4-19 RNC 机柜配置

1—进风口 2—插框 3—围风框 4—配电盒 5—机柜内走线架
6—后走线槽 7—出风口 8—假面板

2）RSS 插框：固定配置 1 个。

3）RBS 插框：根据业务量配置 0 ~ 2 个。

4）围风框：固定配置 2 个。

5）后走线槽：固定配置 3 个。

2. RBR机柜内部组成

1）配电盒：固定配置1个。

2）RBS插框：根据业务量配置1~3个。

3）围风框：固定配置2个。

4）后走线槽：固定配置3个。

3. 说明

1）RSR机柜插框满配置时，3个插框根据安装位置从下至上编号为0、1、2。

2）RBR机柜插框满配置时，3个插框根据安装位置从下至上编号为3、4、5。

4.4.3　RNC机柜工程指标

RNC机柜采用华为N68E-22型（见表4-2）或者N68-21-N型机柜（见表4-3），两种机柜工程指标有所不同。工程指标包括机柜外形尺寸、机柜可用空间高度、机柜重量、电源指标、EMC（Electromagnetic Compatibility）指标、功耗、热耗。

表4-2　华为N68E-22型RNC机柜工程指标

指标名称	指标值
机柜外形尺寸	2200mm（高）×600mm（宽）×800mm（深）
机柜可用空间高度	46U
机柜重量	机架：≤59kg；空机柜：≤100kg；满配置：≤350kg
电源指标	4路DC -48V电源
EMC指标	满足ETSI EN300 386要求 满足Council directive 89/336/EEC要求
功耗	RSR机柜：≤4650W；RBR机柜：≤4660W
热耗	RSR机柜：≤3720W；RBR机柜：≤3728W

注：1U = 1.75in = 44.45mm。

表4-3　华为N68-21-N型RNC机柜工程指标

指标名称	指标值
机柜外形尺寸	2130mm（高）×600mm（宽）×800mm（深）
机柜可用空间高度	44U
机柜重量	机架：≤105kg；空机柜：≤155kg；满配置：≤410kg
电源指标	4路DC -48V电源
EMC指标	满足GR 1089要求 满足ETSI EN300 386要求 满足Council directive 89/336/EEC要求
功耗	RSR机柜：≤4650W；RBR机柜：≤4660W
热耗	RSR机柜：≤3720W；RBR机柜：≤3728W

4.4.4　RNC插框

RNC所使用的RSS插框和RBS插框均采用华为公司12U屏蔽插框，由风扇盒、单板插框、前走线槽等部件组成。基本业务插框中置背板，前后共 28 个槽位，除了槽位 20 ~ 23，其他每槽位均插一块单板；槽位 20 ~ 23 每 2 个槽位插一块 OMUa 单板。框内单板采用前后对插方式安装。机框散热主要依靠风扇盒，每个机框都配有一个风扇盒。RNC 机框上的拨码开关有 8 位，用来设置机框框号。

RNC 插框结构组成如图 4-20、图 4-21 所示。

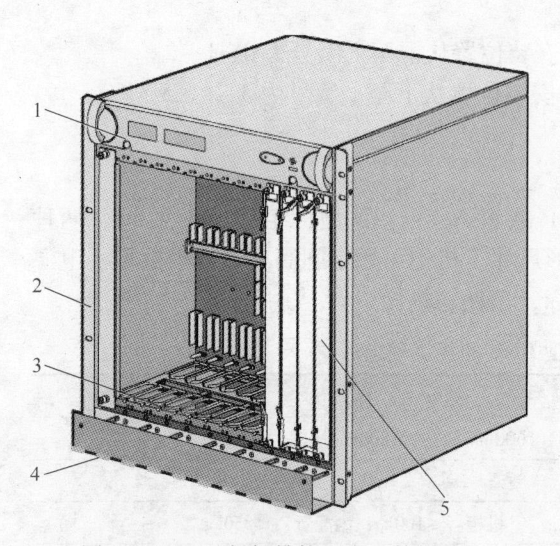

图 4-20 RNC 插框结构组成（前视图）

1—风扇盒 2—安装挂耳 3—单板滑道

4—前走线槽 5—单板

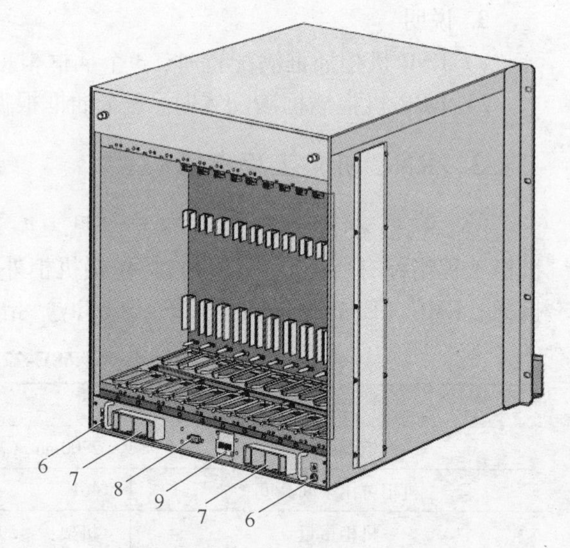

图 4-21 RNC 插框结构组成（后视图）

6—接地螺钉 7—直流电源输入接口

8—配电盒监控信号输入接口 9—拨码开关

1. 机框（插框）拨码开关

RNC 插框拨码开关共 8 位，拨码开关状态“ON”代表 0，“OFF”代表 1。拨码高位对应字节高位。RNC 各插框拨码开关设置状态见表 4-4。

表 4-4 插框拨码开关设置状态表

插框号	拨码位							
	1	2	3	4	5	6	7	8
插框 0	ON	ON	ON	ON	ON	ON	ON	OFF
插框 1	OFF	ON	ON	ON	ON	OFF	ON	OFF
插框 2	ON	OFF	ON	ON	ON	OFF	ON	OFF
插框 3	OFF	OFF	ON	ON	ON	ON	ON	OFF
插框 4	ON	ON	OFF	ON	ON	OFF	ON	OFF
插框 5	OFF	ON	OFF	ON	ON	ON	ON	OFF

拨码开关说明：

1 ~ 5 位用来描述框号，6 位用来作奇校验，7 位作为保留位，8 位为加载控制字。

拨码开关操作步骤：将拨码开关盖对角两个固定的螺钉沿逆时针旋转 2 ~ 3 圈，使其松动。将拨码开关盖绕右下角螺钉顺时针转动，移开拨码开关盖子。按照表 4-4 各个插框拨码开关设置说明，设置拨码开关。安装拨码开关盖，并将其用对角两个固定的螺钉固定。

2. RNC交换插框（RSS）

RNC包括1个RSS插框，RSS插框内含有28个槽位，除了20~23号槽位外每一个槽位对应配置一块单板。20~23号每两个槽位配置一块OMUa单板。

RSS插框和RBS插框的单板插框结构相同，都是内部中置背板，前后单板对插，如图4-22所示。

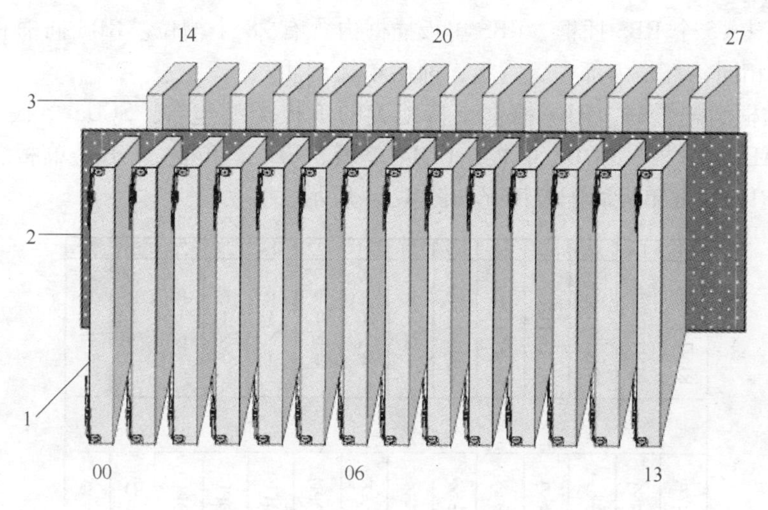

图4-22　单板插框总体结构示意图

1—前插单板　2—背板　3—后插单板

从左到右每两个相邻的奇偶槽位互为主备关系，如00和01号槽位互为主备槽位、02和03号槽位互为主备槽位。主备模式工作的单板需占用主备槽位。

当RSS插框满配置时，RSS插框支持配置的单板类型包括OMUa单板、SCUa单板、SPUa单板、GCUa单板、GCGa单板、DPUb单板、AEUa单板、AOUa单板、UOIa单板、PEUa单板、POUa单板、FG2a单板、GOUa单板。RSS插框单板满配置情况如图4-23所示。

14	15	16	17	18	19	20	21	22	23	24	25	26	27
RINT/DPUb	RINT/DPUb	RINT/DPUb	RINT/DPUb	RINT/DPUb	RINT/DPUb	OMUa		OMUa		RINT	RINT	RINT	RINT
SPUa	SPUa	SPUa	SPUa	SPUa	SPUa	SCUa	SCUa	SPUa/DPUb	SPUa/DPUb	SPUa/DPUb	SPUa/DPUb	GCUa/GCGa	GCUa/GCGa
00	01	02	03	04	05	06	07	08	09	10	11	12	13

图4-23　RSS插框单板满配置示意图

1）图4-23上面一排代表后插单板，下面一排代表前插单板，中间是背板。

2）RINT单板（接口单板）指AEUa单板、AOUa单板、UOIa单板、PEUa单板、POUa

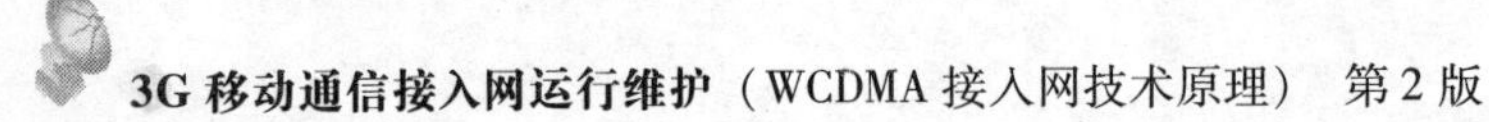

单板、FG2a 单板、GOUa 单板。

3）RSS 插框 8 ~ 11 号槽位可配置 SPUa 单板或 DPUb 单板，14 ~ 19 号槽位可配置 RINT 单板或 DPUb 单板。所有 DPUb 单板的槽位号都应大于最大的 SPUa 单板槽位号，并小于最小的 RINT 单板槽位号。DPUb 单板和 SPUa 单板的配置数量无绑定关系。同一插框中的 DPUb 单板采用资源池工作方式。DSP 状态由主控 SPUa 单板的 MPU 子系统进行管理。

3. RNC 业务插框（RBS）

RNC 包括 1 ~ 5 个 RBS 插框，RBS 单板插框内含有 28 个槽位。RBS 插框和 RSS 插框的单板插框结构相同，都是内部中置背板，前后单板对插。

当 RBS 插框满配置时，RBS 插框支持配置的单板类型包含：SCUa 单板、SPUa 单板、DPUb 单板、AEUa 单板、AOUa 单板、UOIa 单板、PEUa 单板、POUa 单板、FG2a 单板、GOUa 单板。RBS 插框单板满配置情况如图 4-24 所示。

14	15	16	17	18	19	20	21	22	23	24	25	26	27
RINT/DPUb	RINT/DPUb	RINT/DPUb	RINT/DPUb	RINT/DPUb	RINT/DPUb	RINT	RINT	RINT	RINT	RINT	RINT	RINT	RINT
SPUa	SPUa	SPUa	SPUa	SPUa	SPUa	SCUa	SCUa	SPUa/DPUb	SPUa/DPUb	SPUa/DPUb	SPUa/DPUb	DPUb	DPUb
00	01	02	03	04	05	06	07	08	09	10	11	12	13

图 4-24　RBS 插框单板满配置示意图

1）图 4-24 中上面一排代表后插单板，下面一排代表前插单板，中间是背板。

2）RINT 单板（接口单板）指 AEUa 单板、AOUa 单板、UOIa 单板、PEUa 单板、POUa 单板、FG2a 单板、GOUa 单板。

3）RBS 插框 8 ~ 11 号槽位可配置 SPUa 单板或 DPUb 单板，14 ~ 19 号槽位可配置 RINT 单板或 DPUb 单板。

4）所有 DPUb 单板的槽位号都应大于最大的 SPUa 单板槽位号，并小于最小的 RINT 单板槽位号。DPUb 单板和 SPUa 单板的配置数量无绑定关系。同一插框中的 DPUb 单板采用资源池工作方式。DSP 状态由主控 SPUa 单板的 MPU 子系统进行管理。

4.4.5　RNC 常用单板

1. OMUa 单板

OMUa 单板如图 4-25 所示，面板上包含指示灯、接口、按钮等，并固定有硬盘模块。OMUa 为操作维护管理单板 a 版本。RNC 可以配置 1 块或 2 块 OMUa 单板，OMUa 单板固定配置在 RSS 插框中 20、21 号或 22、23 号槽位。OMUa 单板宽度为其他单板的两倍，故每一块 OMUa 单板需要占用两个单板槽位。OMUa 单板作为 RNC 的后台处理模块（BAM），在 RNC 操作维护子系统具有操作维护功能。

OMUa单板在RNC中完成以下功能：为RNC提供配置管理、性能管理、故障管理、安全管理、加载管理等功能；为LMT/OMC用户提供RNC的操作维护接口，实现LMT/OMC和RNC主机之间的通信控制。

OMUa单板提供了4个USB接口（面板上有接口标识USB0、USB1、USB2、USB3）、3个GE网口（接口标识分别为ETH0、ETH1、ETH2）、1个调试串口COM0-ALM/COM1-BMC、1个显示器接口VGA。

正常情况给OMUa单板下电，应打开OMUa单板的上下扳手，等OFFLINE指示灯长亮后再关闭电源。

SHUTDOWN按钮仅用于紧急下电。按下SHUTDOWN按钮后必须使OMUa单板断电，才能使BMC（Baseboard Management Controller）运行正常。

RESET是系统复位按钮，相当于PC（Personal Computer，个人计算机）上的重启按钮。

2. SCUa单板

SCUa为GE交换和控制单板a版本。如图4-26所示，SCUa单板提供了12个用于框间互连的以太网接口（面板接口标识0～11）、1个用于调测单板的调试串口（面板接口标识COM）、1个时钟源接口（面板接口标识CLKIN）、1个时钟测试接口（面板接口标识TESTOUT）。每个RSS和RBS插框固定配置2块SCUa单板，配置在RSS插框和RBS插框中的6、7号槽位。

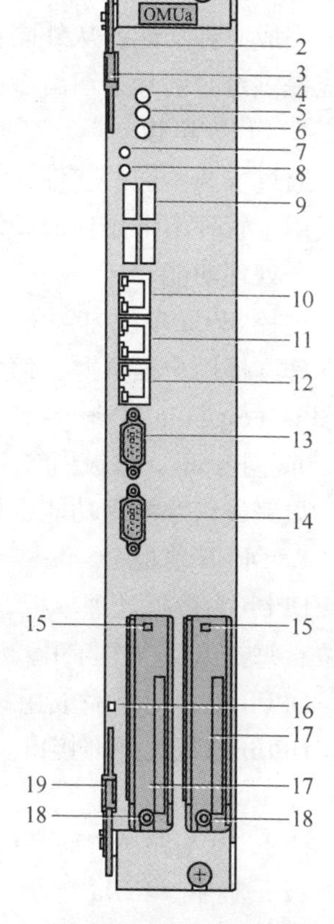

图4-25　OMUa单板

1—松不脱螺钉　2—上扳手　3—自锁弹片　4—RUN指示灯　5—ALM指示灯　6—ACT指示灯　7—RESET按钮　8—SHUTDOWN按钮　9—USB接口　10—ETH0网口　11—ETH1网口　12—ETH2网口　13—COM串口　14—VGA接口　15—HD指示灯　16—OFFLINE指示灯　17—硬盘　18—硬盘固定螺钉　19—下扳手

SCUa单板用于实现RNC内部交换。RSS插框的SCUa单板完成中心交换，RBS插框的SCUa单板完成二级交换，从而实现RNC内部两级的MAC交换以及RNC内部各模块的全互连。60Gbit/s交换容量的SCUa单板提供了12个10/100/1000BASE-T框间级联接口、一个调试串口COM、1个参考时钟源输入接口CLKIN、1个时钟测试输出接口TESTOUT。

3. GCUa/GCGa单板

GCUa为通用时钟单板a版本；GCGa为通用时钟单板带星卡a版本。

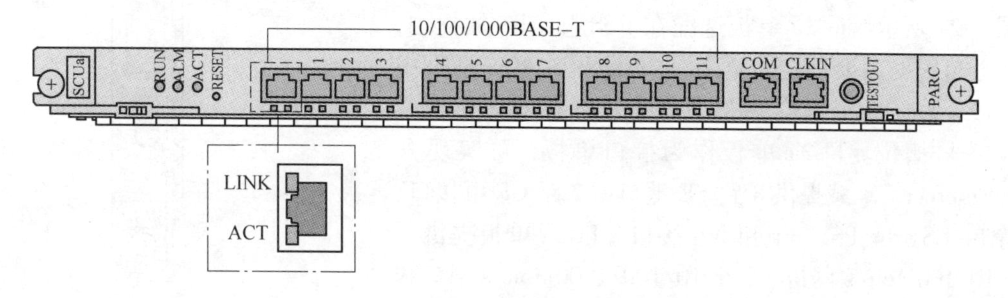

图4-26　SCUa单板

GCUa/GCGa 单板必配 2 块，固定配置在 RSS 插框中 12、13 号槽位。GCUa/GCGa 单板用于完成时钟功能。从外同步定时接口和线路同步信号中提取定时信号并进行处理，为整个系统提供定时信号并输出参考时钟，完成 GPS 星卡授时/定位信息的接收和处理。

4. SPUa 单板

通过加载不同的软件，SPUa 单板可分为主控 SPUa 单板和非主控 SPUa 单板。主控 SPUa 单板用于管理本框用户面和信令面的资源，完成信令处理功能。非主控 SPUa 单板只用于完成信令处理功能。

主控 SPUa 单板内含 4 个逻辑子系统。主控 SPUa 单板的 0 号子系统为 MPU 子系统，用于管理本框用户面资源、信令面资源和 DSP 状态管理，主控 SPUa 单板的 1、2、3 号子系统为 SPU（Signaling Processing Unit）子系统，用于完成信令处理功能。

非主控 SPUa 单板内含 4 个逻辑子系统。非主控 SPUa 单板的 4 个子系统均为 SPU 子系统，只完成信令处理功能，处理 Uu/Iu/Iur/Iub 接口的高层信令。

5. DPUb 单板

DPUb 为数据处理单板 b 版本。每个 RSS 插框必配 2～10 块，配置在 8～11、14～19 号槽位；每个 RBS 插框必配 2～12 块，配置在 8～19 号槽位。DPUb 单板用于完成用户面业务数据流的处理和分发。DPUb 单板无外部接口。

6. UOIa 单板

UOIa 为 4 路 ATM/IP over 非通道化 STM-1/OC-3c 接口板 a 版本。UOIa 单板选配在 RSS 和 RBS 插框中，配置数目根据需要确定。UOIa 单板配置在 RSS 插框中 14～19、24～27 号槽位，UOIa 单板配置在 RBS 插框中 14～27 号槽位。

UOIa 单板作为光接口单板，通过加载不同的软件可分别支持 ATM 或 IP over 非通道化 STM-1/OC-3c 传输方式。UOIa 单板支持 Iu-CS、Iu-PS、Iur 和 Iub 接口，支持 ATM over SDH/SONET，支持 IP over SDH/SONET。UOIa 单板面板提供了 4 个光接口和 2 个时钟信号输出接口 2M0、2M1。

7. FG2a 单板

FG2a 为 8 路 FE 或 2 路 GE 自适应电接口板 a 版本，如图 4-27 所示。FG2a 单板选配在 RSS 和 RBS 插框中，配置数目根据需要确定。FG2a 单板配置在 RSS 插框中 14～19、24～27 号槽位，FG2a 单板配置在 RBS 插框中 14～27 号槽位。FG2a 单板作为接口单板，可实现 IP over Ethernet，承载提供 8 路 FE 端口或 2 路 GE 电接口，支持 Iu-CS、Iu-PS、Iur 和 Iub 接口。FG2a 单板提供了 6 个 10/100Mbit/s 网口、2 个 10/100/1000Mbit/s 网口和 2 个时钟信号输出接口 2M0、2M1。

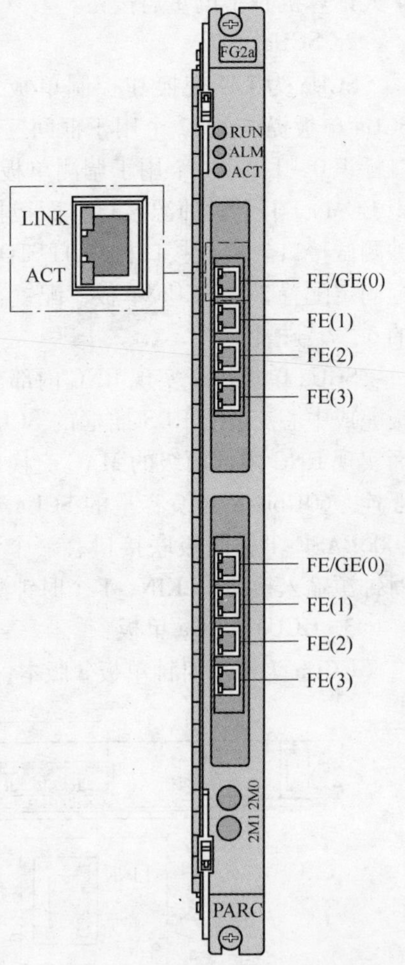

图 4-27 FG2a 单板

8. GOUa单板

GOUa为2路Packet over GE光接口板a版本。

GOUa单板选配在RSS和RBS插框中，配置数目根据需要确定。GOUa单板配置在RSS插框中14~19、24~27号槽位，GOUa单板配置在RBS插框中14~27号槽位。GOUa单板作为光接口单板，可实现IP over Ethernet传输方式，提供2路GE光接口，提供IP over GE，支持Iu-CS、Iu-PS、Iur和Iub接口。GOUa单板提供了2个光接口和2个时钟信号输出接口2M0、2M1。

4.5 RNC系统信号流

4.5.1 RNC控制面信号流

RNC控制面完成Uu接口控制面消息和Iub/Iur/Iu接口控制面消息的处理。在RNC内部，所有控制面消息都终结于SPUa单板。

- Uu接口控制消息就是RRC消息。RRC消息是指在UE需要接入网络时或通信过程中和RNC交互的信令消息，UE进行位置更新或呼叫等的过程中都会产生RRC消息。
- Iub接口控制消息是RNC与NodeB之间的控制面消息。
- Iu/Iur接口控制消息是RNC与MSC（R4/R5/R6组网下分为MGW和MSC Server）/SGSN/其他RNC之间的控制面消息。

1. Uu接口控制消息

1）当由同一个RNC为UE提供无线资源管理和无线链路时，Uu接口控制消息的流向如图4-28所示。

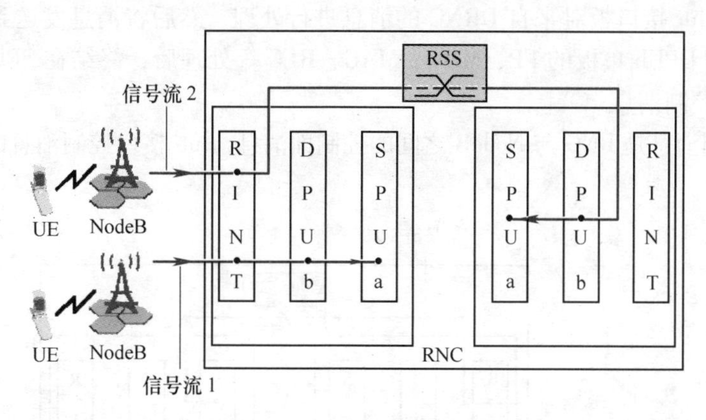

图4-28 RNC内Uu接口控制消息的流向

过程描述如下：

① 从UE发来的RRC消息，在NodeB物理层进行处理后，通过Iub接口到达RNC的Iub接口板RINT。

② 这些消息在RINT单板进行处理后，到达DPUb单板，如图4-28所示的信号流1。如果接收RRC消息的Iub接口板和处理该RRC消息的SPUa单板不在同一个插框内，则该消

息需要经过 RSS 插框进行交换，然后到达相应的 DPUb 单板，如图 4-28 所示的信号流 2。

③ 消息经过 DPUb 单板的 FP、MDC、MAC、RLC 等处理后，终结在 SPUa 单板。

2）当分别由 SRNC 和 DRNC 为 UE 提供无线资源管理和无线链路时，Uu 接口控制消息的流向如图 4-29 所示。

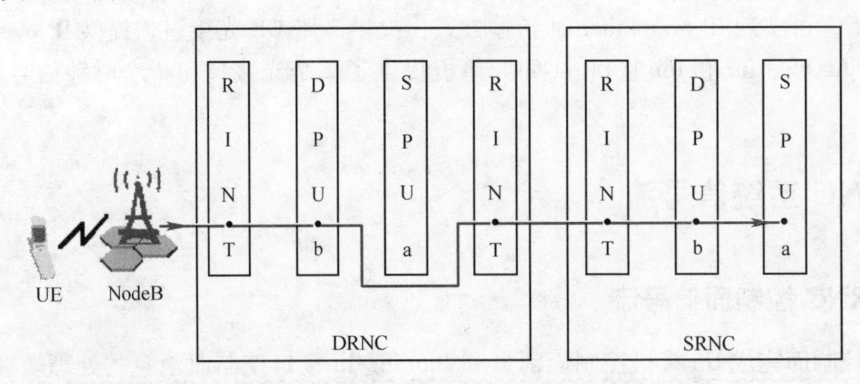

图 4-29 RNC 间 Uu 接口控制消息的流向

过程描述如下：

① 来自 UE 的 RRC 消息在 NodeB 物理层进行处理后，通过 Iub 接口到达 DRNC 的 Iub 接口板 RINT。

② 这些消息经过 DRNC 的 Iub 接口板、DPUb 单板处理后，到达 DRNC 的 Iur 接口板 RINT。

③ 消息经过 DRNC 的 Iur 接口板处理后，通过 DRNC 与 SRNC 之间的 Iur 接口到达 SRNC 的 Iur 接口板 RINT。

④ SRNC 的 Iur 接口板对来自 DRNC 的消息进行处理，然后将消息发送到 DPUb 单板。

⑤ 消息经过 DPUb 单板的 FP、MDC、MAC、RLC 等处理后，终结在 SPUa 单板。

2. Iub 接口控制消息

Iub 接口控制消息是 RNC 与 NodeB 之间的控制面消息，Iub 接口控制消息的流向如图 4-30 所示。

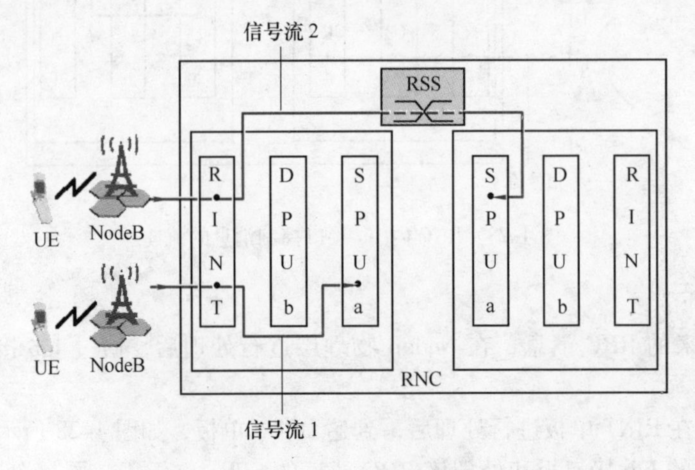

图 4-30 Iub 接口控制消息

过程描述如下：

1）来自NodeB的控制面消息通过Iub接口到达RNC的Iub接口板RINT。

2）经过Iub接口板处理后，终结在SPUa单板，如图4-30所示的信号流1。如果处理控制面消息的SPUa单板与RNC的Iub接口板RINT不在同一个插框，则控制面消息在到达Iub接口板后，将通过RSS插框到达处理此消息的SPUa单板，如图4-30所示的信号流2。

3. Iu/Iur接口控制消息

Iu/Iur接口控制消息是RNC与MSC（R4/R5/R6组网下分为MGW和MSC Server）/SGSN/其他RNC之间的控制面消息。

Iu/Iur接口控制消息的流向如图4-31所示。

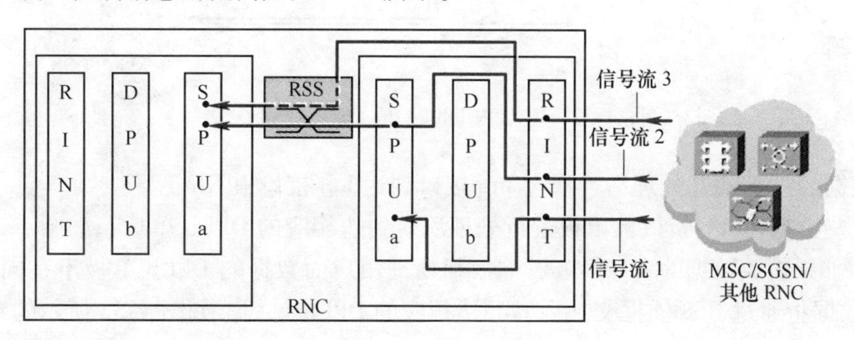

图4-31　Iu/Iur接口控制消息的流向

过程描述如下：

1）来自MSC/SGSN/其他RNC的控制面消息通过Iu/Iur接口到达RNC的Iu/Iur接口板RINT。

2）如图4-31所示的信号流1，这些消息经过Iu/Iur接口板RINT处理后，再在本框SPUa单板处理。如图4-31所示的信号流2，这些消息经过Iu/Iur接口板处理后，先在本框SPUa单板处理，然后再通过RSS插框到达另一插框的SPUa单板进行处理。

3）如图4-31所示的信号流3，这些消息经过Iu/Iur接口板RINT处理后，直接通过RSS插框到达另一插框的SPUa单板进行处理。

4.5.2　RNC用户面信号流

RNC用户面完成Uu接口用户面消息和Iub/Iur/Iu接口用户面消息的处理。现举例说明Iub与Iu-CS/Iu-PS接口间的数据流。

Iub与Iu-CS/Iu-PS接口间的数据是RNC与MSC（R4/R5/R6组网下分为MGW和MSC Server）/SGSN之间的用户面数据。Iub与Iu-CS/Iu-PS接口间的数据可以分为：

- RNC内Iub⟷Iu-CS/Iu-PS数据
- RNC间Iub⟷Iu-CS/Iu-PS数据

1. RNC内Iub⟷Iu-CS/Iu-PS数据

RNC内Iub⟷Iu-CS/Iu-PS数据是指接收Iub数据的RNC与MSC/SGSN直接建立Iu-CS/Iu-PS连接来进行数据传输，数据流向如图4-32所示。

过程描述如下：

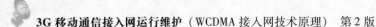

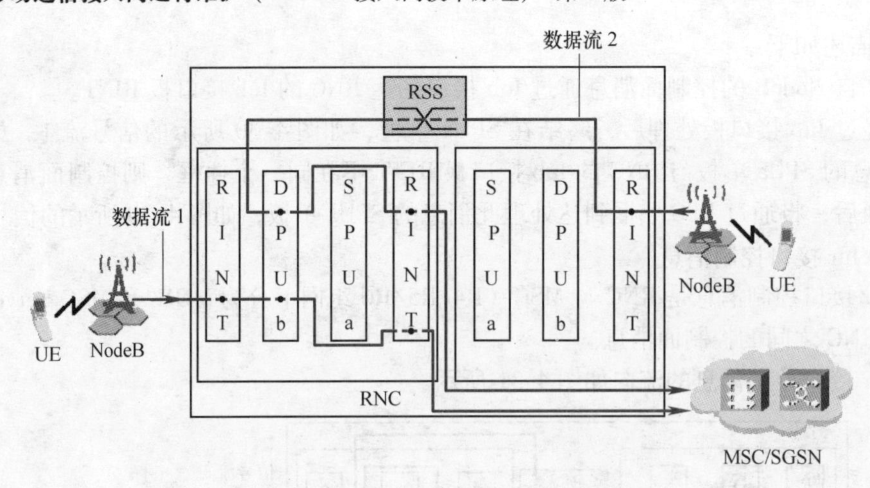

图 4-32 RNC 内 Iub⟷Iu-CS/Iu-PS 数据

1）数据经过 NodeB 处理后，通过 Iub 接口到达 Iub 接口板 RINT。

2）这些数据在 Iub 接口板单板进行处理后，到达相应的 DPUb 单板，如图 4-32 所示的数据流 1。如果接收数据的 Iub 接口板单板和处理用户面数据的 DPUb 单板不在同一个插框内，则该数据将通过 RSS 插框交换后，到达相应的 DPUb 单板，如图 4-32 所示的数据流 2。

3）DPUb 单板对数据进行 FP、MDC、MAC、RLC、IuUP/PDCP/GTP-U 等处理后，分离出 CS/PS 域用户面数据，并发送到 Iu-CS/Iu-PS 接口板 RINT。

4）Iu-CS/Iu-PS 接口板对数据进行处理后，将数据发送到 MSC/SGSN。

2. RNC 间 Iub⟷Iu-CS/Iu-PS 数据

RNC 间 Iub⟷Iu-CS/Iu-PS 数据是指接收 Iub 数据的 RNC 需要通过其他 RNC 与 MSC/SGSN 建立连接来进行数据传输，从 DRNC 到 SRNC 的数据流向如图 4-33 所示。

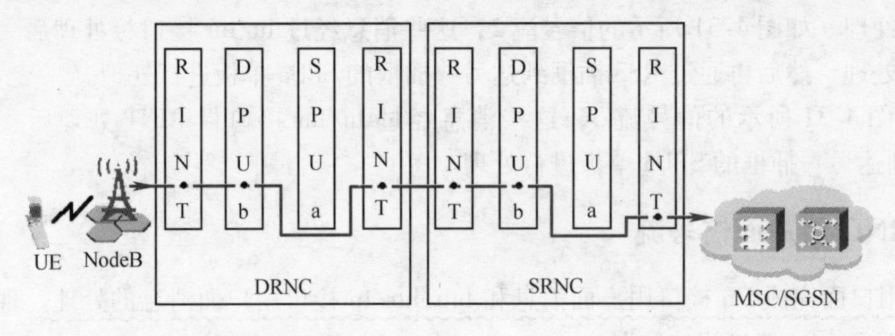

图 4-33 RNC 间 Iub⟷Iu-CS/Iu-PS 数据

过程描述如下：

1）数据经过 NodeB 处理后，通过 Iub 接口到达 DRNC 的 Iub 接口板 RINT。

2）数据经过 DRNC 的 Iub 接口板和 DPUb 单板处理后，到达 DRNC 的 Iur 接口板 RINT。

3）数据经过 DRNC 的 Iur 接口板处理后，通过 DRNC 与 SRNC 之间的 Iur 接口到达 SRNC 的 Iur 接口板 RINT。

4）SRNC 的 Iur 接口板对来自 DRNC 的数据进行处理，然后将数据发送到 DPUb 单板。

5）DPUb 单板对数据进行处理后，分离出 CS/PS 域用户面数据，并发送到 Iu-CS/Iu-PS

接口板 RINT。

6）Iu-CS/Iu-PS 接口板对数据进行处理后，将数据发送到 MSC/SGSN。

4.5.3 RNC IP 传输组网

1. Iub 接口 IP 传输组网

RNC 的 Iub 接口支持 ATM 传输、IP 传输和 ATM/IP 双栈传输，根据不同的传输方式可以采用不同的传输接口板。这里只介绍 IP 传输组网。

Iub 接口 IP 传输组网是描述 RNC 和 NodeB 之间采用 IP 协议进行通信的组网方式。RNC 和 NodeB 可以使用现有的 PDH/SDH/MSTP/数据传输网络进行通信，以达到充分利用已有传输资源的目的。

（1）基于 PDH/SDH 的 IP 组网

此组网方式下，RNC 使用 PEUa 单板作为 Iub 接口板。基于 PDH/SDH 的 IP 组网使用 E1/T1 接口进行 IP 传输。RNC 通过 E1/T1 接口接入到 PDH/SDH 传输网络，并采用 IP over MLPPP/PPP over E1/T1 的方式传输数据，NodeB 可以从 E1/T1 链路上获取时钟信号。PDH/SDH 网络可以提供 E1/T1 的透明传输，通过 PDH/SDH 网络传送 Iub 接口数据，可以保证业务数据传输的可靠性、安全性和 QoS。基于 PDH/SDH 的 IP 组网如图 4-34 所示。

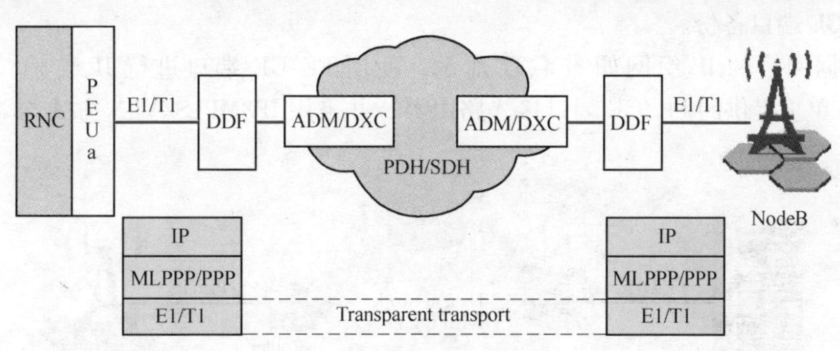

图 4-34 基于 PDH/SDH 的 IP 组网

（2）基于 IP over E1/T1 over SDH 的 IP 组网

此组网方式下，RNC 使用 POUa 单板作为 Iub 接口板，可以支持 POUa 单板备份和光口 MSP1+1/MSP1:1 备份。基于 IP over E1/T1 over SDH 的 IP 组网如图 4-35 所示，使用通道化的 STM-1 光接口进行 IP 传输。

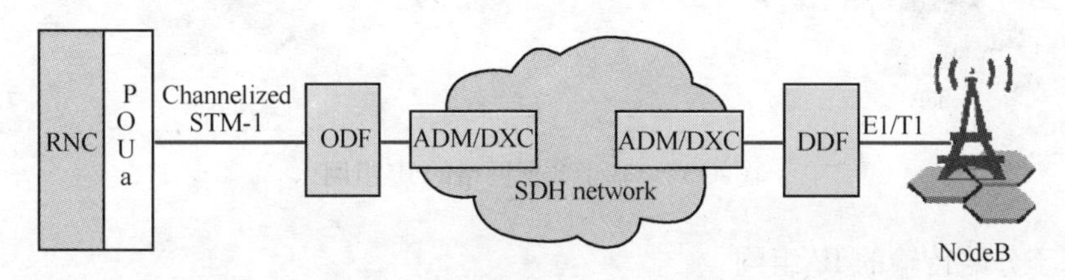

图 4-35 基于 IP over E1/T1 over SDH 的 IP 组网

SDH 传输网络可以把多个 NodeB 的 E1/T1 汇集到一个通道化的 STM-1 光接口，然后通过通道化的 STM-1 光接口与 RNC 进行通信。

（3）基于 MSTP 的 IP 组网

此组网方式下，RNC 使用 FG2a/GOUa 单板作为 Iub 接口板，可以支持 FG2a/GOUa 单板备份和 FE/GE 端口备份。

基于 MSTP 的 IP 组网如图 4-36 所示，使用 FE/GE 端口进行 IP 传输。MSTP 设备将 Ethernet 帧封装入 VC Trunk 中，通过 MSTP 网络透明传输到 NodeB 侧的 MSTP 设备，NodeB 侧的 MSTP 设备恢复 Ethernet 帧，然后通过 FE/GE 接口传送给 NodeB。

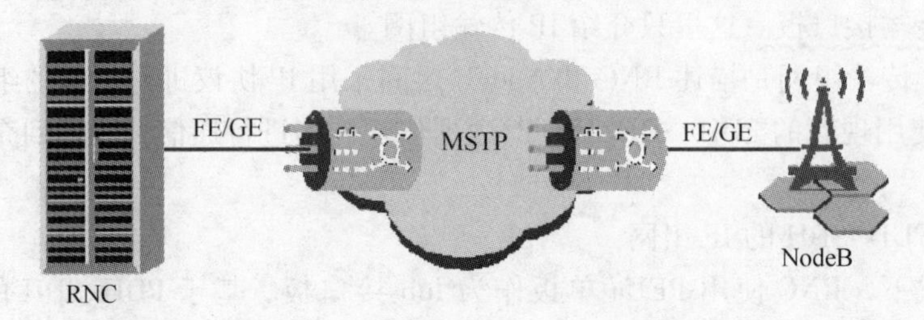

图 4-36 基于 MSTP 的 IP 组网

（4）基于数据网络的 IP 组网

此组网方式下，RNC 使用 FG2a/GOUa 单板作为 Iub 接口板，可以支持 FG2a/GOUa 单板备份和 FE/GE 端口备份。

基于数据网络的 IP 组网如图 4-37 所示，使用 FE/GE 端口进行 IP 传输。RNC 通过 FG2a/GOUa 单板提供的 FE/GE 端口接入路由器，并采用 IP/MPLS/VPN 方式与 NodeB 进行通信。

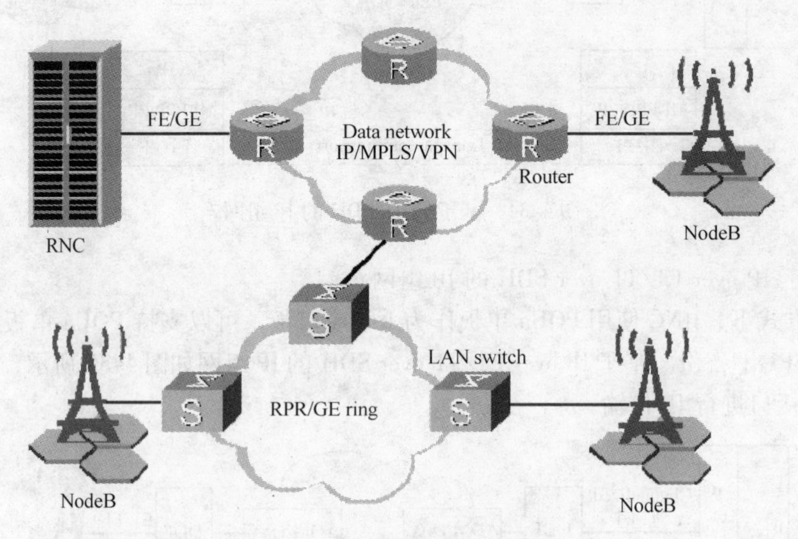

图 4-37 基于数据网络的 IP 组网

（5）基于分路传输的 IP 组网

此组网方式下，RNC 可以使用 PEUa 单板和 FG2a/GOUa 单板作为 Iub 接口板，可以支持 PEUa 单板备份、FG2a/GOUa 单板备份和 FE/GE 端口备份。

基于分路传输的 IP 组网如图 4-38 所示，分别使用 E1/T1 接口和 FE/GE 接口进行 IP 传输。该组网中 NodeB 与 RNC 之间通过不同的传输网络，传输不同的数据。

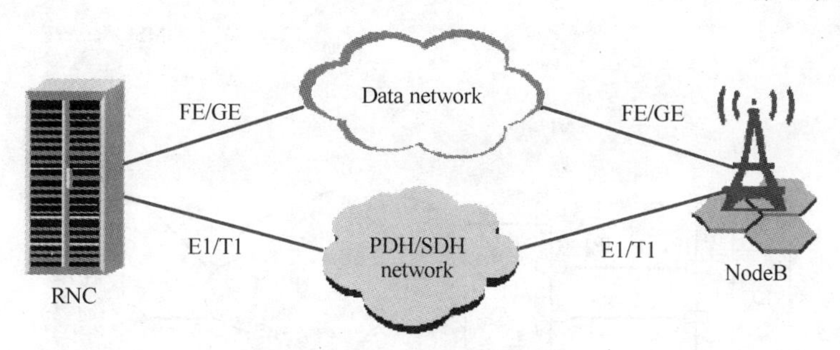

图4-38 基于分路传输的IP组网

1）PDH/SDH传输网（PDH/SDH network），用于高QoS业务数据的传输，如Iub接口NBAP信令、RRC控制信令、语音消息等实时业务。NodeB通过PDH/SDH传输网获取时钟信号。

2）数据传输网（Data network），用于低QoS业务数据的传输，如HSDPA/HSUPA/R99的背景数据业务等。

从以上组网，可以得出IP组网有如下优点：

① IP接入比ATM接入成本低。

② 可以提供高速宽带以满足HSDPA/HSUPA等高速数据业务的传输需求。

③ 对于数据业务，IP over E1/T1的传输效率高于ATM over E1/T1的传输效率。

④ IP传输是未来网络的演进趋势。

2. Iu/Iur接口IP传输组网

Iu/Iur接口IP传输组网描述RNC和CN或其他RNC之间采用IP协议进行通信的组网方式。采用IP协议时，由于Iu-CS/Iur接口数据流量较大，因此一般采用适用于较大数据流量传输的FG2a/GOUa/UOIa单板，而PEUa/POUa单板则主要用于数据流量较小的Iub接口。Iu-PS接口采用IP传输时，推荐使用FG2a单板、GOUa单板和UOIa单板（UOI_IP）。

RNC和CN或其他RNC之间可以使用已有的SDH/IP传输网络进行通信，以达到充分利用已有传输资源的目的。

（1）单归属L3组网

此组网方式下，RNC使用FG2a单板/GOUa单板作为Iu/Iur接口板，可以支持FG2a/GOUa单板备份和FE/GE端口备份。单归属L3组网如图4-39所示，使用FE/GE端口进行IP传输。

此组网方式下，RNC的FE/GE端口配置成备份模式，通过主备FE/GE端口连接到供应商边缘设备PE（Provider Edge），再通过PE接入到数据承载网。RNC的主备FE/GE端口共用一个IP地址（IP1-1），PE设备把RNC的主备端口配置在同一个VLAN，并共用一个VLAN接口IP地址（IP1-0）。

（2）双归属L3组网

此组网方式下，RNC使用FG2a单板/GOUa单板作为Iu/Iur接口板，可以支持FG2a/GOUa单板备份和FE/GE端口备份。

双归属L3组网如图4-40所示，使用FE/GE端口进行IP传输。

此组网方式下，RNC的FE/GE端口配置成备份模式，通过主备FE/GE端口连接到两个

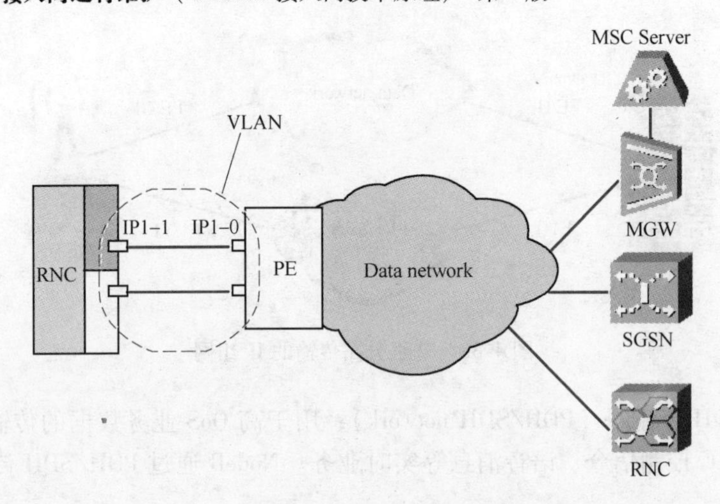

图 4-39 单归属 L3 组网

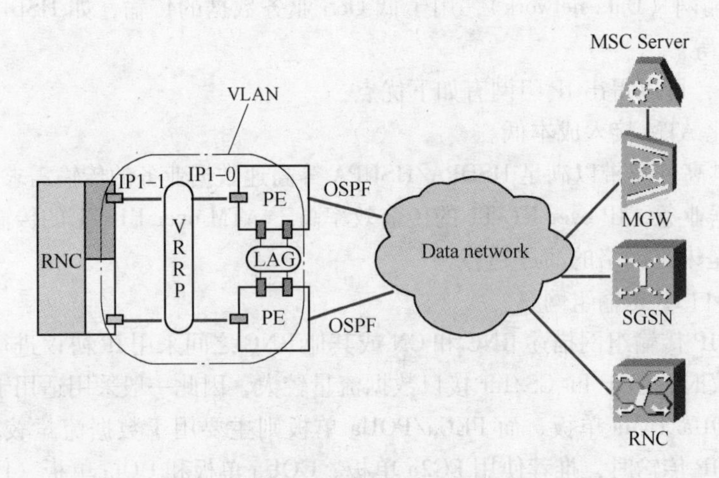

图 4-40 双归属 L3 组网

PE 设备，再通过 PE 接入到数据承载网。两个 PE 设备采用 VRRP（Virtual Router Redundancy Protocol）对来自 RNC 的传输数据提供冗余保护，PE 设备之间通过 2 个 GE 端口互连，并通过链路聚合 LAG（Link Aggregation Group）方式提高互连链路的带宽和可靠性。RNC 的主备 FE/GE 端口共用一个 IP 地址（IP1-1），PE 设备把 RNC 的主备端口配置在同一个 VLAN，并共用一个 VRRP 虚拟 IP 地址（IP1-0）。

（3）直连组网（负荷分担）

此组网方式下，RNC 使用 FG2a 单板/GOUa 单板作为 Iu/Iur 接口板，直接与 MGW/SGSN/其他 RNC 相连。直连组网（负荷分担）如图 4-41 所示，使用 FE/GE 端口进行 IP 传输。

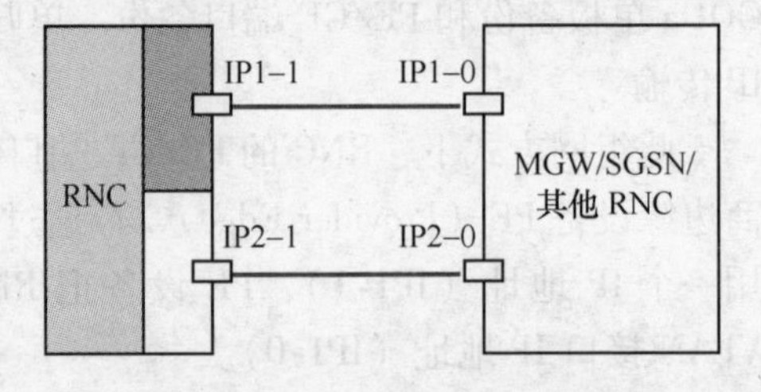

图 4-41 直连组网（负荷分担）

当 RNC 和 MGW/SGSN/其他 RNC 共机房时，Iu/Iur 接口可以使用 FE/GE 端口直连组网，而不需要通过承载网络和传输设备。此组网方式下，FG2a 单板/GOUa 单板可以采用单板备份、端口不备份的备份方式，即采用负荷分担方式同时承载业务。

（4）基于SDH承载组网（光口MSP备份）

此组网方式下，RNC使用UOIa单板（UOI_IP）作为Iu/Iur接口板，通过UOIa单板提供的非通道化STM-1光接口接入SDH网络。基于SDH承载组网（光口MSP备份）如图4-42所示。

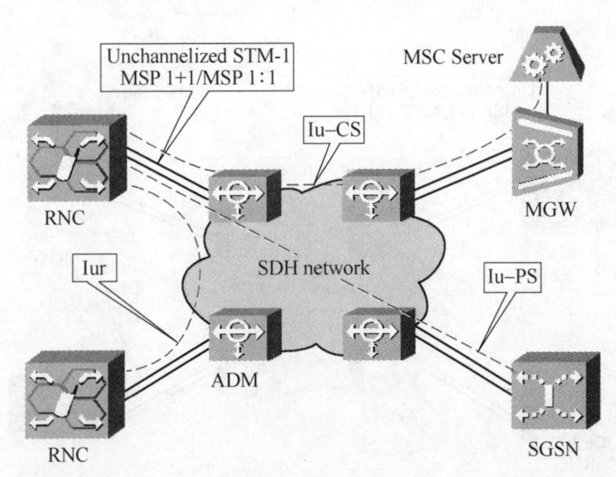

图4-42　基于SDH承载组网（光口MSP备份）

此组网方式下，每个Iu-CS/Iu-PS/Iur接口都至少需要一对STM-1光纤，配置成MSP 1+1/MSP 1:1的备份方式。MSP备份方式是逐段保护，仅保护RNC和ADM设备之间的光纤通道，没有全部保护RNC和MSC/SGSN之间的所有通道。

（5）基于SDH承载组网（光口负荷分担）

此组网方式下，RNC使用UOIa单板（UOI_IP）作为Iu/Iur接口板，通过UOIa单板提供的非通道化STM-1光接口接入SDH网络。基于SDH承载组网（负荷分担）如图4-43所示。

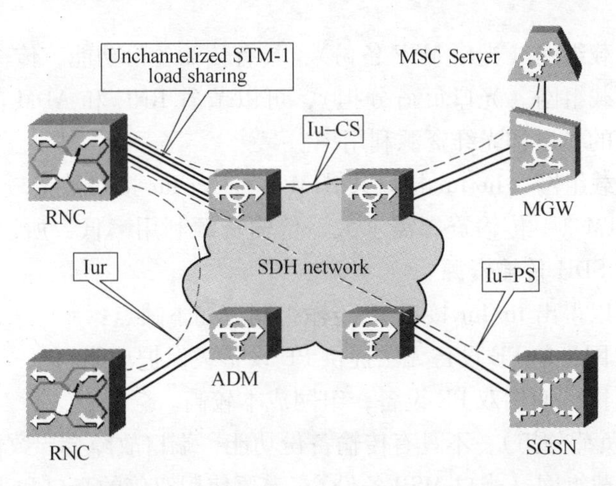

图4-43　基于SDH承载组网（负荷分担）

此组网方式下，用于Iu/Iur接口的两块UOIa单板不配置备份关系，两个光口都承载业务，实现负荷分担。当一个光口出现故障时，该故障光口被隔离，其所承载业务会中断，

Iu/Iur 接口的传输容量减半。

（6）基于 SDH 承载组网（Iu/Iur 接口共 STM-1）

此组网方式下，RNC 使用 UOIa 单板（UOI_IP）作为 Iu/Iur 接口板，通过 UOIa 单板提供的非通道化 STM-1 光接口接入 SDH 网络。基于 SDH 承载组网（Iu/Iur 接口共 STM-1）如图 4-44 所示。

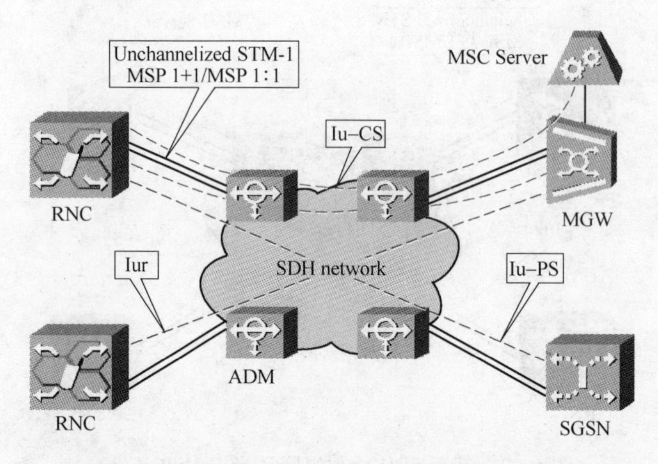

图 4-44 基于 SDH 承载组网（Iu/Iur 接口共 STM-1）

由于 Iur 接口流量一般不是很大，所以当 RNC 的 Iur 接口数量较多，且接口容量比较小时，Iu/Iur 接口可以共用一个 STM-1 传输资源。

从以上组网，可以得出 Iu/Iur 接口 IP 传输组网有如下优点：

1）单归属 L3 组网，提供 FE/GE 链路备份保护，单 PE 设备节省组网成本。

2）双归属 L3 组网，既提供 FE/GE 链路备份保护，又提供 PE 设备级保护。

3）直连组网（负荷分担），可以省掉 LAN Switch 或路由器等传输设备，组网成本低，传输可靠性高。

4）基于 SDH 承载组网（光口 MSP 备份），具有传输备份功能，传输可靠性高。

5）基于 SDH 承载组网（光口负荷分担），可以节省 RNC 和 ADM 的传输光口和光纤，提高了 RNC 和 ADM 的光口和光纤资源利用率。

6）基于 SDH 承载组网（Iu/Iur 接口共 STM-1），当 Iur 接口数量较多时，如果每个 Iur 接口都使用独立的 STM-1，传输资源需求大，传输资源利用率低，所以采用 Iu/Iur 接口共 STM-1 传输可以节省 SDH 传输资源。

从以上组网，可以得出 Iu/Iur 接口 IP 传输组网有如下缺点：

1）单归属 L3 组网，单 PE 设备无法提供 PE 设备级保护功能。

2）双归属 L3 组网，使用双 PE 设备，组网成本较高。

3）直连组网（负荷分担），不具有传输备份功能，端口故障会导致传输容量降低。

4）基于 SDH 承载组网（光口 MSP 备份），需要使用双倍的光口和光纤资源来实现传输备份功能。

5）基于 SDH 承载组网（光口负荷分担），不具有传输备份功能，传输可靠性较低，某个光口或光纤故障时，该光口或光纤上承载的在线业务会中断。

6）基于SDH承载组网（Iu/Iur接口共STM-1），增加了MGW的负荷。

梳理与总结

1. 知识体系

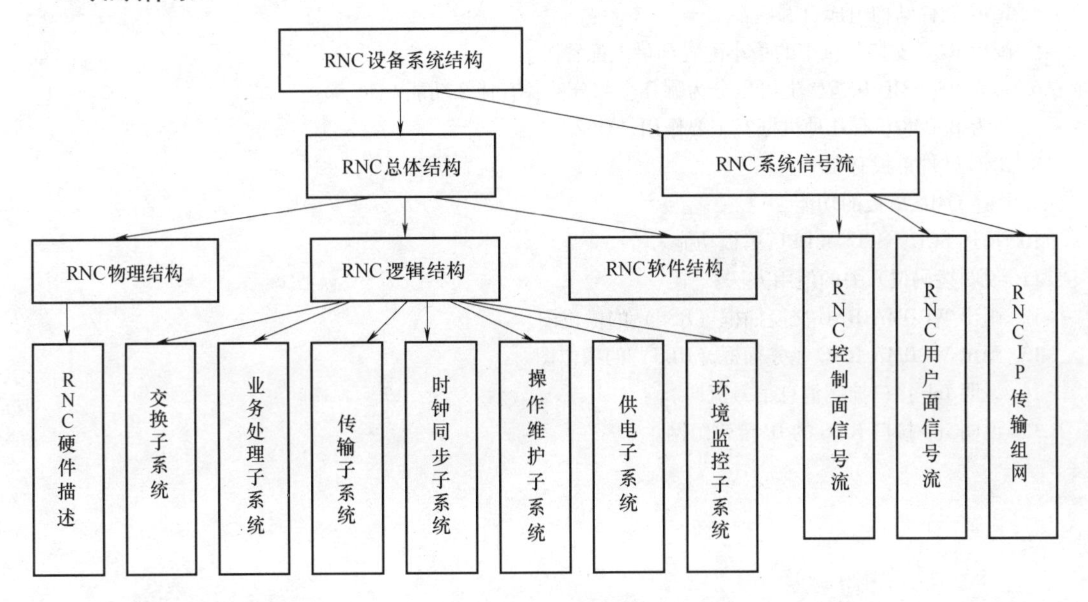

2. 知识要点

（1）通用陆地接入网UTRAN构成　RNC和NodeB一起构成通用陆地接入网UTRAN，RNC主要完成空中接口无线资源的管理和分配以及陆地资源的管理和分配（完成Iu、Iub、Iur的管理和分配），NodeB主要提供空中接口与UE间的对话以及与RNC间（Iub）的对话。

（2）RNC单机柜最小最大配置　RNC最小配置支持1个RSR机柜和1个RSS插框。RNC最大配置支持2个机柜（1RSR+1RBR）、6个插框（1RSS+5RBS）。

（3）RNC逻辑组成　由交换子系统、业务处理子系统、传输子系统、时钟同步子系统、操作维护子系统、供电子系统和环境监控子系统组成。

（4）RNC的软件　采用分布式结构设计，包括前台主机软件、BAM软件和LMT软件。

（5）RNC机柜　从功能上分为RSR机柜和RBR机柜。RSR机柜和RBR机柜内部组成相似。RNC所使用的RSS插框和RBS插框均采用华为公司12U屏蔽插框，由风扇盒、单板插框、前走线槽等部件组成。基本业务插框中置背板，前后共28个槽位，除了槽位20~23，其他每槽位均插一块单板；槽位20~23每2个槽位插一块OMUa单板。框内单板采用前后对插方式安装。机框散热主要依靠风扇盒，每个机框都配有一个风扇盒。从左到右，每两个相邻的奇偶槽位互为主备关系，例如：0号和1号槽位互为主备槽位、2号和3号槽位互为主备槽位。主备模式工作的单板需占用主备槽位。RNC机框上的拨码开关有8位，用来设置机框框号。

习　题

1. 画出 RNC 在 UMTS 网络中的位置。
2. BSC6810 系统有什么主要特性？
3. RNC 物理结构组成有哪些？
4. RNC 软件结构组成有哪些？
5. 画出 RNC 支持单机柜的最小配置和最大配置图。
6. 华为 BSC6810 从逻辑上可以分为哪几个部分？各有什么功能？
7. 华为 BSC6810 有几种机框？主要作用是什么？
8. RNC 硬件单板有哪些？
9. 描述 OMU 单板的功能。
10. 描述 SCU、SPU 和 DPU 单板功能。
11. 说明拨码位开关的使用方法。
12. 画出 WCDMA RNC 交换插框（RSS）的槽位图。
13. 画出 WCDMA RNC 业务插框（RBS）的槽位图。
14. 说明 Iub 接口控制消息信号流向。
15. 说明 Iub 接口 RNC 的 IP 传输组网。

第 5 章　NodeB 设备

学习导航

知识点拨	重点	1. NodeB 系统架构 2. DBS3900 典型配置 3. NodeB 组网应用	学习建议：学习华为 NodeB 设备硬件结构之前，推荐阅读华为设备配套硬件说明手册
	难点	1. BBU3900 槽位及单板功能 2. NodeB 组网	学习建议：难点学习时要阅读相关技术资料，拓展知识视野
建议学时	6 课时		教学建议：教学前，学习者到移动基站和机房体验 3G 移动通信网络运行环境

内容解读

5.1　NodeB 产品

NodeB 的产品由基带处理模块 BBU 和射频模块两个部分组成。射频模块可分为 WRFU（室内型射频模块）、RRU（室外型拉远射频模块）两种，通过基带处理模块 BBU 和射频模块与配套设备灵活组合，形成综合的站点解决方案，从而适应并满足运营商站址的安装要求，图 5-1 为华为分布式基站 DBS3900。

NodeB 基本模块及配套设备如图 5-2 所示。

上述两种基本模块与配套设备构建成的产品形态为：分布式基站、紧凑型小基站、机柜式宏基站，通过不同产品的配合，可以适用于不同场景，满足快速、低成本建网的需要。NodeB 系列产品应用如图 5-3 所示。

1. 分布式基站

1）对于需要采用射频拉远、基带和射频分散安装的场景，可以选用分布式基站。

2）分布式基站（DBS3900）由 BBU3900 和 RRU 组成。

3）BBU3900 可安装于 APM30 和 OMB（室外小机柜）内。RRU 可安装于楼顶、塔上等靠近天馈的位置，以减少馈线损耗，提高基站的性能。

2. 紧凑型小基站

1）紧凑型小基站（BTS3900C）可应用到室内和室外环境中。

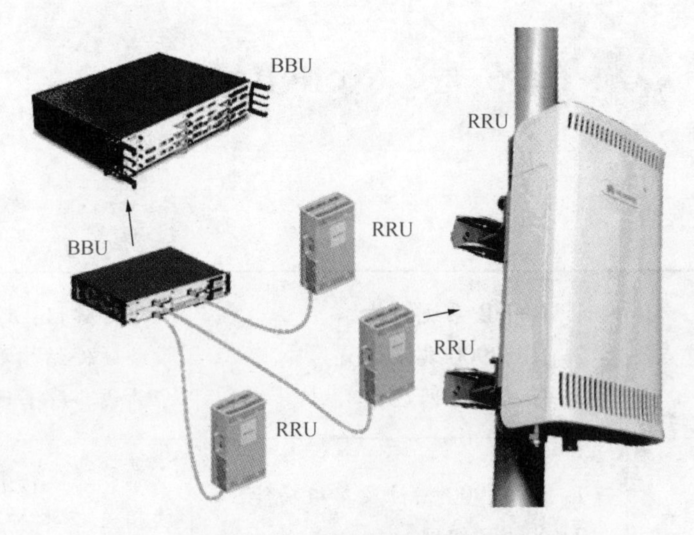

图 5-1 华为分布式基站 DBS3900

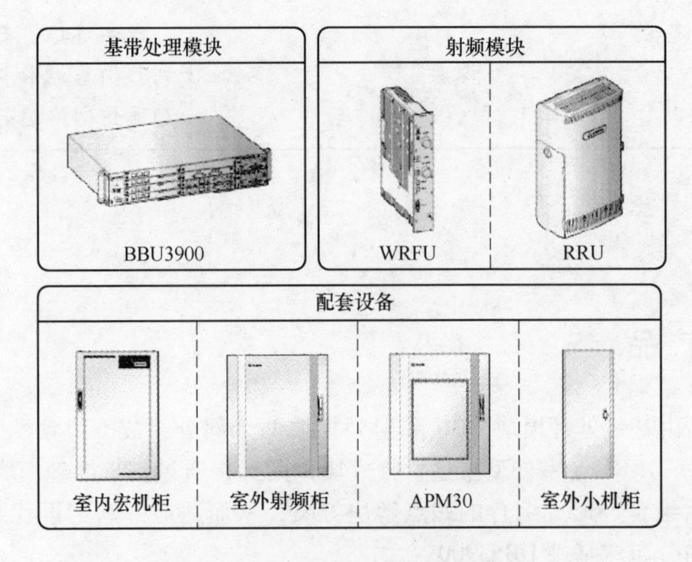

图 5-2 NodeB 基本模块及配套设备

2）紧凑型小基站支持抱杆、挂墙和落地安装，落地安装时可采用立架或其他类型的支架。

3. 机柜式宏基站

1）对于需要整体集中安装的场景，可以选用机柜式宏基站。

2）机柜式宏基站包括室内型 BTS3900 和室外型 BTS3900A。

3）机柜式宏基站中集中安装了 BBU3900 和 WRFU 模块。

4）对于室内集中安装的情况，推荐选用 BTS3900；对于室外集中安装的情况，推荐选用 BTS3900A。

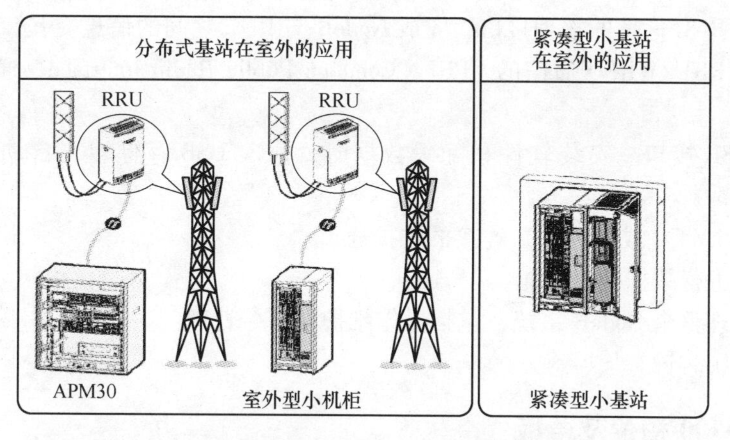

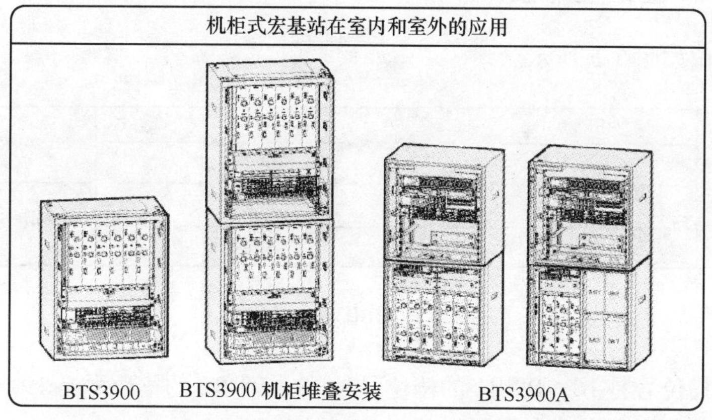

图 5-3　NodeB 系列产品应用

5.2　NodeB 系统架构

NodeB 的基本模块包括基带处理模块 BBU3900、室外型拉远射频模块 RRU、射频模块 WRFU。NodeB 的配套设备包括室内宏机柜、室外宏机柜和室外小机柜。通过基本模块与配套设备的灵活组合，可以形成综合的站点解决方案。

5.2.1　BBU3900 外形

BBU3900 是一个 19in 宽、2U（1U = 44.45mm）高的小型化的盒式设备。BBU3900 可安装在任何具有 19in 宽、2U 高的室内环境或有防护功能的室外机柜中，其外形如图 5-4 所示。

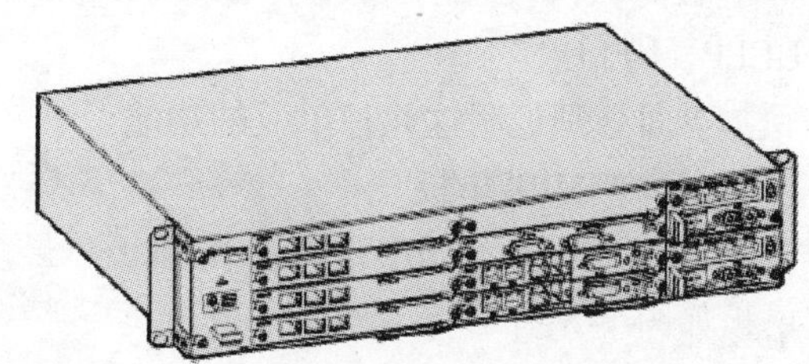

图 5-4　BBU3900 外形

5.2.2　BBU3900 功能

BBU3900 是基带处理模块，提供 NodeB 系统与 RNC 连接的接口单元。BBU3900 的主要功能包括：

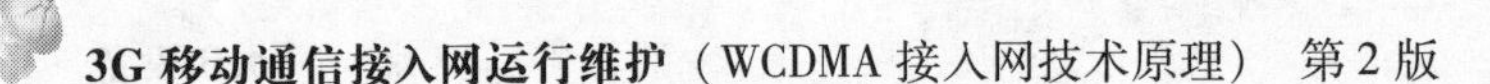

1）提供与 RNC 通信的物理接口，完成 NodeB 与 RNC 之间的信息交互。

2）提供与 RRU/WRFU 通信的 CPRI（Common Public Radio Interface，通用公共无线电接口）。

3）提供 USB 接口。安装软件和配置数据时，插入 USB 存储盘，自动对 NodeB 软件升级。

4）提供与 LMT（或 M2000）连接的维护通道。

5）完成上下行数据处理功能。

6）集中管理整个 NodeB 系统，包括操作维护和信令处理。

7）提供系统时钟。

5.2.3 BBU3900 槽位及单板

BBU3900 槽位如图 5-5 所示。

FAN	Slot 0	Slot 4	PWR1
	Slot 1	Slot 5	
	Slot 2	Slot 6	PWR2
	Slot 3	Slot 7	

图 5-5 BBU3900 槽位

注：FAN 的槽位号是 16，PWR1 的槽位号是 18，PWR2 的槽位号是 19。

BBU3900 典型配置和实验室配置如图 5-6 和图 5-7 所示。

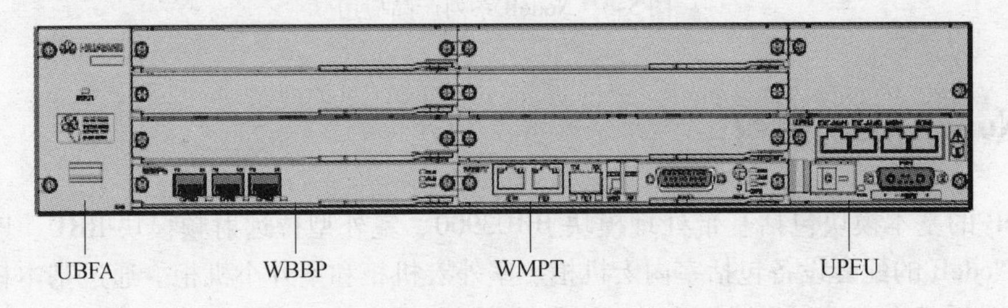

图 5-6 BBU3900 典型配置

BBU3900 单板主要包括 WMPT、WBBP、UPEU、UBFA、UEIU、UTRP、UELP、UFLP 等单板。其中必配单板为 WMPT、WBBP、UPEU、UBFA；选配单板为 UEIU、UTRP、UELP、UFLP。

下面分别说明这几种单板的功能。

（1）WMPT 单板

WMPT 单板为 BBU3900 必配单板，最多可安装 2 块 WMPT 板，实现备份功能，WMPT 单板如图 5-8 所示。

WMPT 单板的主要功能包括：

1）完成配置管理、设备管理、性能监视、信令处理、主备切换等 OM 功能，并提供与

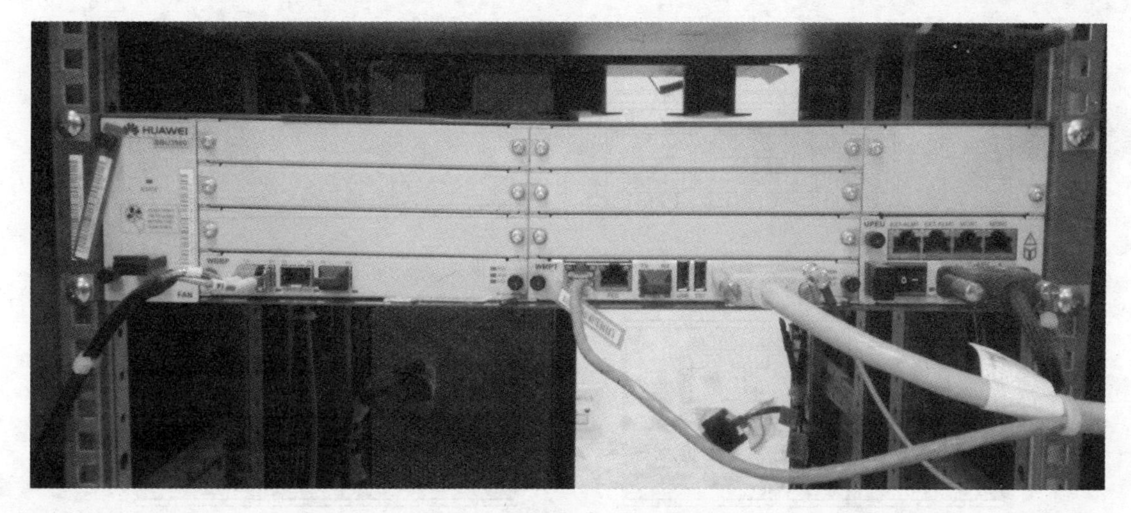

图5-7 BBU3900 实验室配置

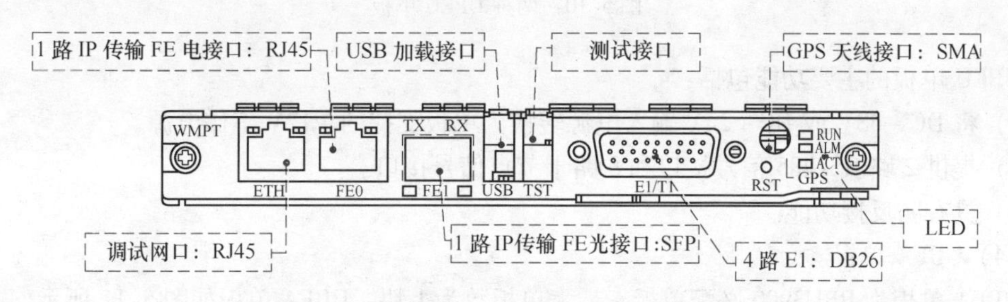

图5-8 WMPT单板

OMC（LMT或M2000）连接的维护通道。

2）为整个系统提供所需要的基准时钟。

3）为其他单板提供信令处理和资源管理功能。

4）提供USB接口。安装软件和配置数据时，插入USB存储盘，自动为NodeB软件升级。

5）提供4路E1接口，支持ATM、IP协议。

6）提供1路FE电接口、1路FE光接口，支持IP协议。

7）支持冷备份功能。

（2）WBBP单板

WBBP单板为BBU3900必配单板，最多可安装6块WBBP板。按照处理能力的不同，WBBP有5种规格，图5-9是其中一种规格单板：WBBPa单板。

WBBP单板的主要功能包括：

1）提供与RRU/RFU通信的CPRI接口，支持CPRI接口的1+1备份。

2）处理上下行基带信号。

（3）UPEU单板

UPEU单板为BBU3900必配单板，最大单板数为2块，1+1备份，UPEU单板如图5-10所示。

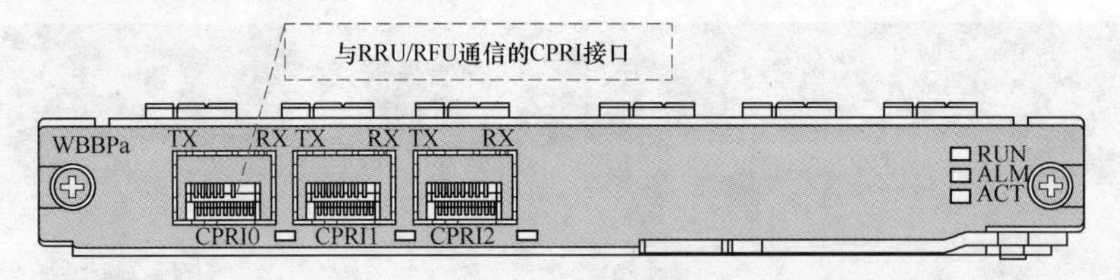

图 5-9　WBBPa 单板

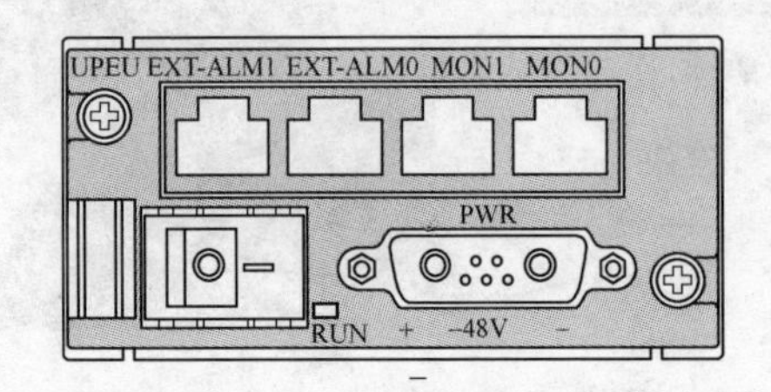

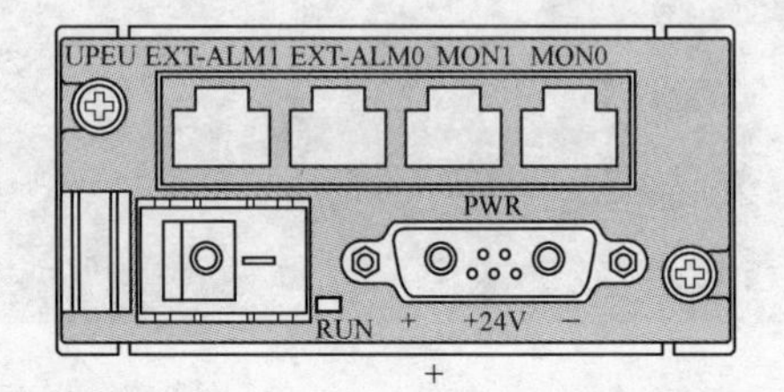

图 5-10　两种 UPEU 单板

UPEU 单板的主要功能包括：

1）将 DC −48V 或 DC +24V 输入电源转换为单板支持的 +12V 工作电源。

2）提供 2 路 RS-485 信号接口和 8 路干节点信号接口。

3）具有防反接功能。

（4）UBFA 单板

UBFA 单板为 BBU3900 必配单板，最大单板数为 1 块，UBFA 单板如图 5-11 所示。

UBFA 单板主要功能：

1）控制风扇转速。

2）向主控板上报风扇状态。

3）检测进风口温度。

（5）UEIU 单板

UEIU 单板的主要功能包括：

1）提供 2 路 RS-485 信号接口。

2）提供 8 路干节点信号接口。

（6）UTRP 单板

UTRP 单板支持冷备份功能。

（7）UELP 单板

UELP 单板的主要功能为支持 4 路 E1/T1 信号防雷。

（8）UFLP 单板

UFLP 单板的主要功能为支持 2 路 FE 防雷。

5.2.4　BBU3900 系统设计

BBU3900 采用模块化设计，根据各模块实现的功能不同划分为：传输子系统、基带子系统、控制子系统和电源模块。BBU3900 的系统原理如图 5-12 所示。

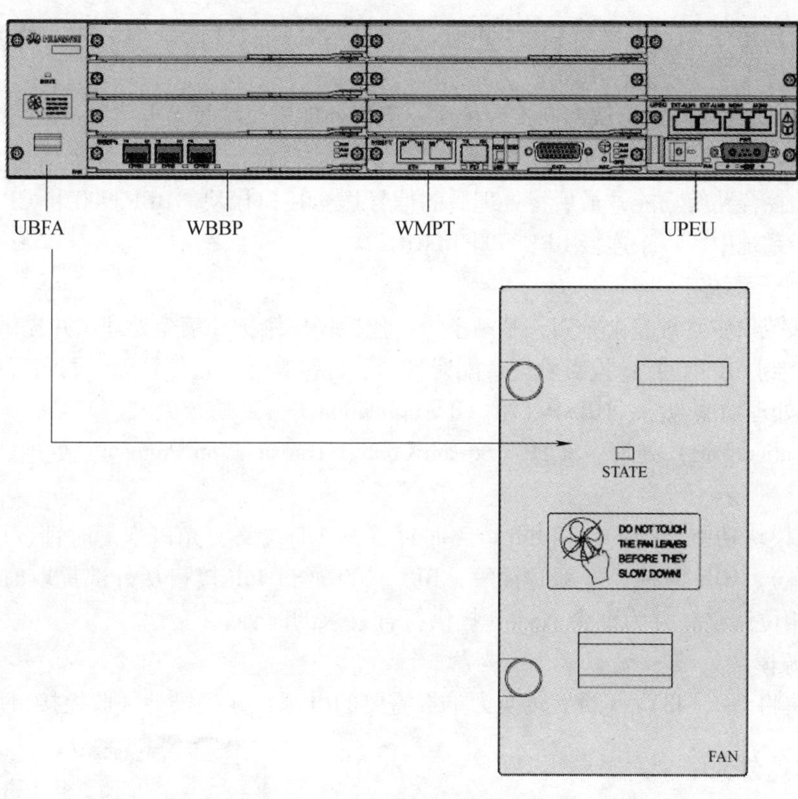

图 5-11　UBFA 单板

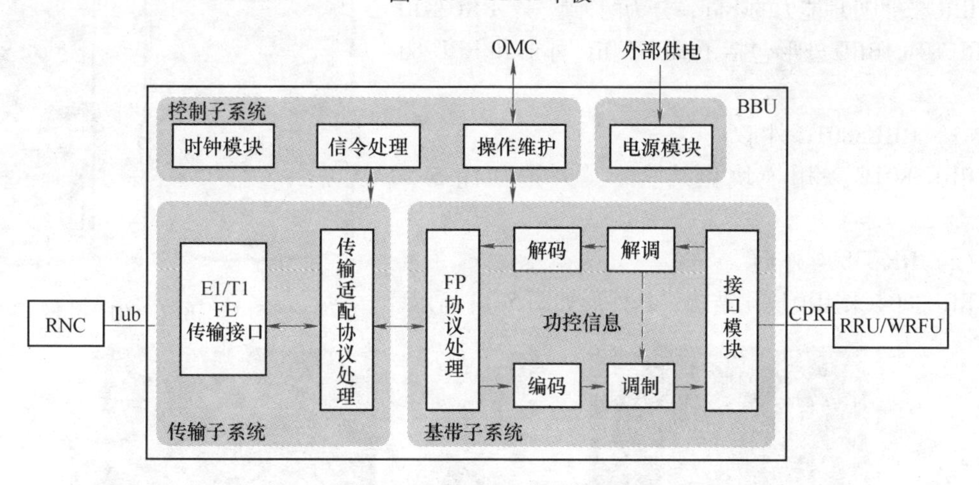

图 5-12　BBU3900 的系统原理

（1）传输子系统

传输子系统的主要功能如下：

1）提供与 RNC 的物理接口，完成 NodeB 与 RNC 之间的信息交互。

2）为 BBU3900 的操作维护提供与 OMC（LMT 或 M2000）连接的维护通道。

（2）基带子系统

基带子系统完成上下行数据基带处理功能，主要由上行处理模块和下行处理模块组成。

1）上行处理模块：包括解调和解码模块。上行处理模块对上行基带数据进行接入信道搜索解调和专用信道解调，得到解扩解调的软判决符号，经过译码处理、FP（Frame Protocol）处理后，通过传输子系统发往 RNC。

2）下行处理模块：包括调制和编码模块。下行处理模块接收来自传输子系统的业务数据，发送至 FP 处理模块，完成 FP 处理，然后编码，再完成传输信道映射、物理信道生成、组帧、扩频调制、功控合路等功能，最后将处理后的信号送至接口模块。BBU3900 将 CPRI 接口模块集成到基带子系统中，用于连接 BBU3900 和 RRU。

（3）控制子系统

控制子系统集中管理整个分布式基站系统，包括操作维护和信令处理，并提供系统时钟。

1）操作维护功能包括：设备管理、配置管理、告警管理、软件管理、调测管理等。

2）信令处理功能包括：NBAP（NodeB Application Part）信令处理、ALCAP（Access Link Control Application Part）处理、SCTP（Stream Control Transmission Protocol）处理、逻辑资源管理等。

3）时钟模块功能包括：锁相 Iub 线路时钟（从 E1 线路、光口恢复时钟、FE 线路提取恢复时钟信息）、GPS 时钟、外部时钟等，BBU3900 通过 Iub 接口从外部提取时钟，进行分频、锁相和相位调整，并为整个 NodeB 提供符合要求的时钟。

（4）电源模块

电源模块将 DC -48V/ +24V 转换为单板需要的电源，并提供外部监控接口。

5.2.5 RRU 外形

RRU 按照处理能力的不同，分为两种型号：RRU3801C 和 RRU3804。RRU 外形包括了 RRU3801C 外形和 RRU3804 外形。

（1）RRU3801C 外形

RRU3801C 采用模块化结构，其外形如图 5-13 所示。

（2）RRU3804 外形

RRU3804 采用模块化结构，其外形如图 5-14 所示。

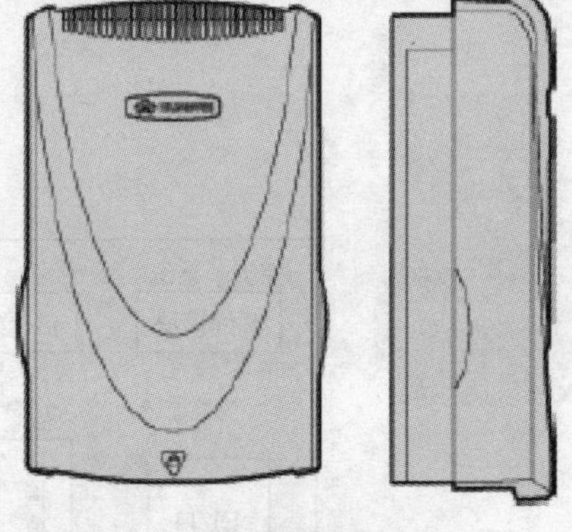

图 5-13　RRU3801C 外形

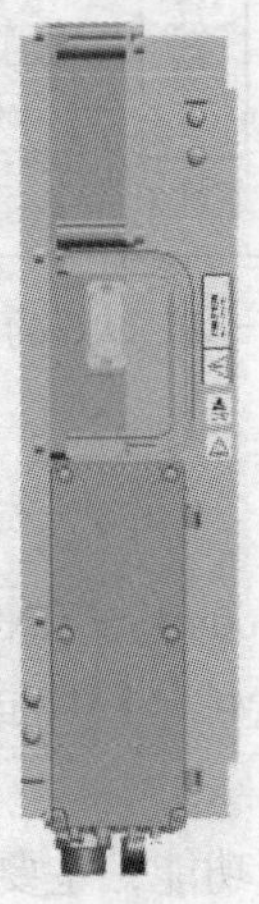

图 5-14　RRU3804 外形

实验室中 RRU 外形如图 5-15 所示。

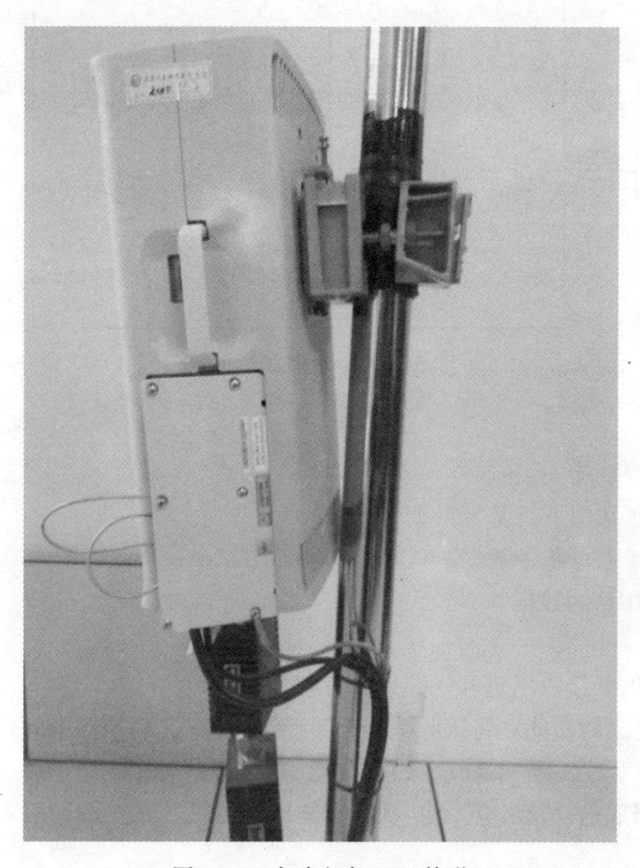

图 5-15　实验室中 RRU 外形

5.2.6　RRU 功能

RRU 是室外型拉远射频模块。RRU 的主要功能包括：

1）负责传送和处理 BBU3900 和天馈系统之间的射频信号。

2）通过天馈接收射频信号，将接收信号下变频至中频信号，并进行放大处理、模-数转换、数字下变频、匹配滤波、数字自动增益控制（Digital Automatic Gain Control，DAGC）后发送给 BBU 或宏基站进行处理。

3）接收上级设备（BBU 或宏基站）送来的下行基带数据，并转发级联 RRU 的数据，将下行扩频信号进行成形滤波、数-模转换、射频信号上变频至发射频段的处理。

4）提供射频通道接收信号和发射信号复用功能，可使接收信号与发射信号共用一个天线通道，并对接收信号和发射信号提供滤波功能。

5.2.7　RRU 系统设计

RRU 采用模块化设计，根据各模块实现的功能不同划分为：接口模块、TRX、功率放大器（Power Amplifier，PA）、双工器、低噪声放大器（Low Noise Amplifier，LNA）、电源模块。RRU 的系统原理如图 5-16 所示。

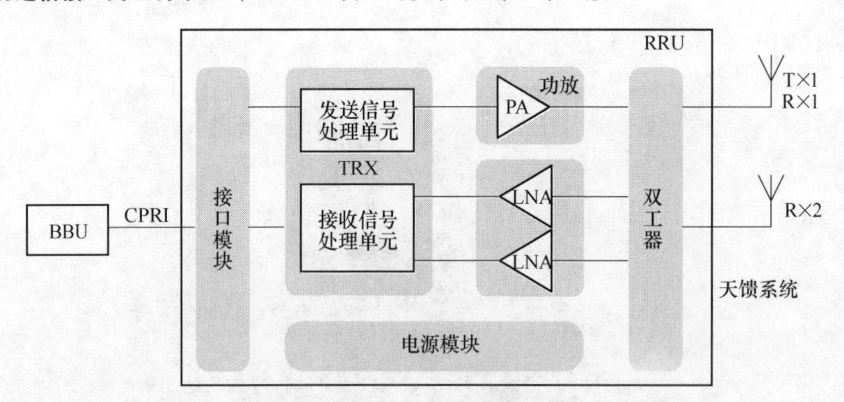

图 5-16　RRU 系统原理图

（1）接口模块

接口模块的主要功能如下：

1）接收 BBU 送来的下行基带数据。

2）向 BBU 发送上行基带数据。

3）转发级联 RRU 的数据。

（2）TRX

TRX 包括两路射频接收通道和一路射频发射通道。

1）接收通道完成的功能：将接收信号下变频至中频信号，将中频信号进行放大处理，模-数转换，数字下变频，匹配滤波，数字自动增益控制。

2）发射通道完成的功能：下行扩频信号的成形滤波，数-模转换，将中频信号上变频至发射频段。

（3）PA

PA 采用 DPD 和 A-Doherty 技术，对来自 TRX 的小功率射频信号进行放大。

（4）双工器

双工器的主要功能如下：

1）提供射频通道接收信号和发射信号复用功能，使接收信号与发射信号共用一个天线通道。

2）对接收信号和发射信号提供滤波功能。

（5）LNA

LNA 将来自天线的接收信号进行放大。

（6）电源模块

电源模块为 RRU 各组成模块提供电源输入。

5.3　DBS3900 典型配置

DBS3900 系统可以通过增加模块数量或升级 license 的方法进行扩容。根据运营商的需要扩容 license 时，每次扩容的幅度为 16 个小区。在建网初期，运营商可以选用小容量的配置（如 3×1），当用户数逐渐增多时，可以平滑扩容到大容量的配置（如 3×2、3×4 等）。

DBS3900的典型配置类型见表5-1。

表5-1　DBS3900的典型配置类型

配置类型	WBBP单板数量	RRU3804数量（发分集）	RRU3804数量（发不分集）
3×1	1	3	3
3×2	2	3	3
3×3	3	3	6
3×4	4	3	6

说明：

1）N×M指N个扇区，每扇区中配置M个载波。例如3×1指3个扇区，每扇区配置1个载波。

2）当配置发分集的RRU时，RRU的数量是相同配置、发不分集时RRU数量的2倍。

5.4　NodeB Iub接口组网

NodeB Iub接口具有灵活的组网方式，支持ATM传输及IP传输型组网，可以支持星形、树形、链形、环形等组网方式。

1. 星形组网

星形组网是最常用的组网方式，适用于人口稠密的地区，星形组网如图5-17所示。

组网方式优点：

1）NodeB直接和RNC相连，组网方式简单，工程施工、维护和扩容都很方便。

2）NodeB和RNC直接进行数据传输，信号经过的节点少，线路可靠性较高。

组网方式缺点：与其他组网方式相比，星形组网方式需要占用更多的传输资源。

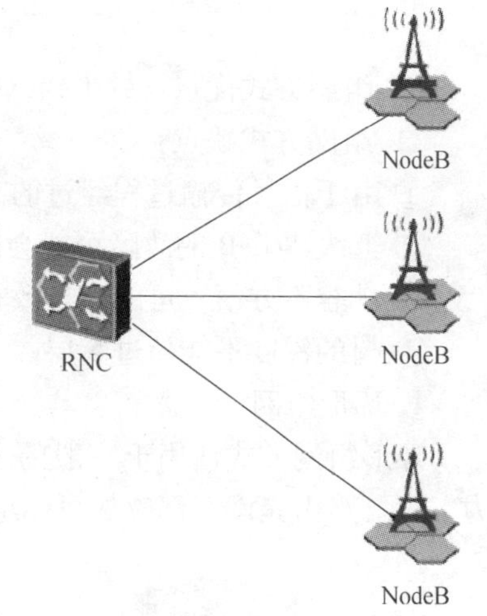

图5-17　星形组网

2. 链形组网

链形组网适用于呈带状分布、用户密度较小的特殊地区，例如高速公路沿线、铁路沿线等，链形组网如图5-18所示。

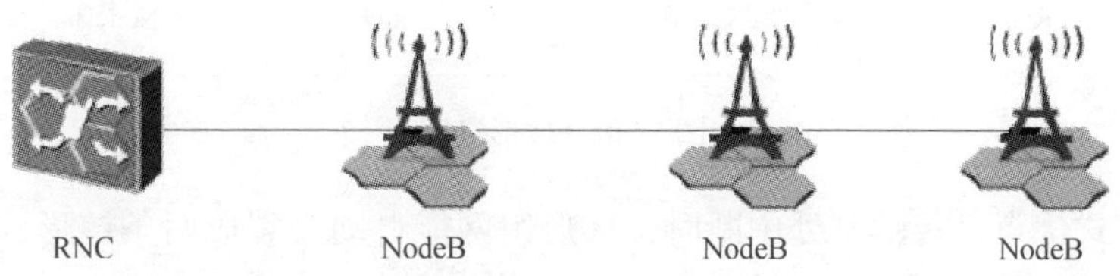

图5-18　链形组网

1）组网方式优点：可以降低传输设备成本、工程建设成本和传输链路租用成本。

2）组网方式缺点：

① 信号经过的环节较多，线路可靠性较差。

② 上级 NodeB 的故障可能会影响下级 NodeB 的正常运行。

③ 链的级数不能超过 5 级。

3. 树形组网

树形组网适合于网络结构、站点分布和用户分布较复杂的情况，例如用户分布面积广且热点集中的区域，树形组网如图 5-19 所示。

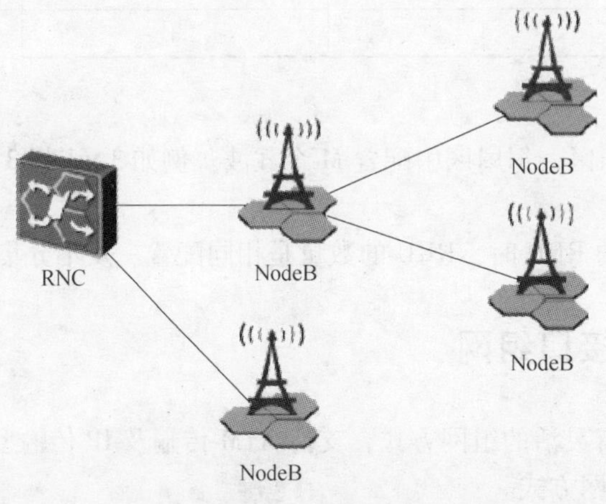

图 5-19 树形组网

1）组网方式优点：树形组网传输线缆的损耗小于星形组网传输线缆的损耗。

2）组网方式缺点：

① 由于信号传输过程经过的节点多，导致线路可靠性低，工程施工和维护困难。

② 上级 NodeB 的故障可能会影响下级 NodeB 的正常运行。

③ 扩容不方便，可能会导致较大的网络改造。

④ 树的深度不能超过 5 层。

4. 环形组网

环形组网方式适用于一般的应用场合。一般情况下，由于环形组网具有良好的自愈能力，只要路由允许，都应尽可能组建环形组网，环形组网如图 5-20 所示。

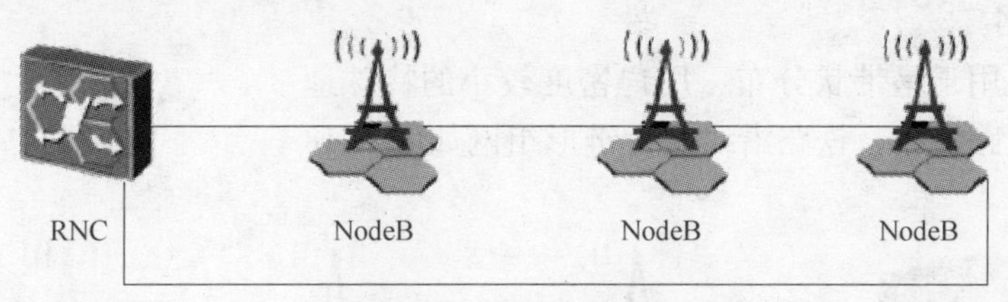

图 5-20 环形组网

1）组网方式优点：传输某处中断时，环形组网能自动分裂成两条链形，断点前后站点都能正常工作，从而提高了系统的健壮性。

2）组网方式缺点：

① 由于信号传输过程经过的节点多，工程施工和维护困难。

② 环形组网方式下，总会有一段传输链路不传送任何数据。

③ 扩容不方便，可能会导致较大的网络改造。

5.5 NodeB CPRI接口组网

BBU3900与RRU之间的接口是CPRI接口，它可以支持星形、链形、环形等组网方式。BBU3900与RRU间的典型组网如图5-21所示。

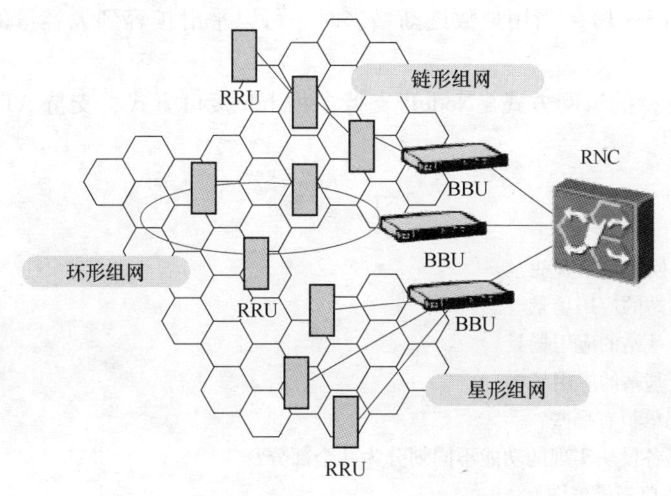

图5-21 BBU3900与RRU间的典型组网

说明：链形组网时最大分别支持8级级联（2.5Gbit/s）和4级级联（1.25Gbit/s），前提是1个RRU支持1个双收单发的小区。

梳理与总结

1. 知识体系

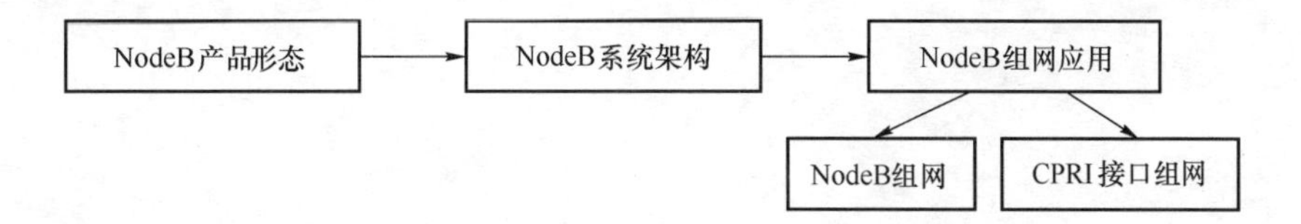

2. 知识要点

（1）NodeB组成　由基带处理模块BBU和射频模块两个部分组成，射频模块可分为WRFU（室内型射频模块）、RRU（室外型拉远射频模块）两种，通过基带处理模块BBU和射频模块与配套设备的灵活组合，可以形成综合的站点解决方案，从而适应并满足运营商站址的安装要求。

（2）BBU3900单板与配置　主要包括WMPT、WBBP、UPEU、UBFA、UEIU、UTRP、UELP、UFLP、等单板。必配单板及模块：WMPT、WBBP、UPEU、UBFA。选配单板：UEIU、UTRP、UELP、UFLP。

（3）BBU3900模块化设计　根据各模块实现的功能不同划分为：传输子系统、基带子系统、控制子系统和电源模块。

（4）RRU 模块化设计　根据各模块实现的功能不同划分为：接口模块、TRX、功率放大器（Power Amplifier，PA）、双工器、低噪声放大器（Low Noise Amplifier，LNA）、电源模块和扩展接口。

（5）DBS3900 系统扩容　可以通过增加模块数量或升级 license 的方法进行扩容。根据运营商的需要扩容 license 时，每次扩容的幅度为 16 个小区。在建网初期，运营商可以选用小容量的配置（如 3×1），当用户数逐渐增多时，可以平滑扩容到大容量的配置（如 3×2、3×4 等）。

（6）NodeB 支持的组网方式　NodeB 支持多种 Iub 接口方式，支持 ATM 传输及 IP 传输型组网。

习　题

1. NodeB 的基本模块包括哪些？
2. 说明分布式基站的应用场景。
3. 说明紧凑型小基站的应用场景。
4. 说明机柜式宏基站的应用场景。
5. BBU3900 必配单板有哪些？
6. BBU3900 根据各模块实现的功能不同划分为几个部分？
7. 画出 BBU3900 单板槽位图。
8. 画出 BBU3900 典型配置图。
9. 说明 RRU 的主要功能。
10. 说明 WMPT 单板功能和各接口功能。
11. 说明 WBBP 单板功能和各接口功能。
12. RRU 根据各模块实现的功能不同划分为几个部分？
13. DBS3900 有哪些典型配置？
14. NodeB 有哪些组网方式？
15. CPRI 接口有哪些组网方式？

第 3 篇 操作维护篇

第 6 章 WCDMA 接入网操作维护

学习导航

<table>
<tr><td rowspan="2">知识点拨</td><td>重点</td><td>1. LMT 的网络连接方式
2. LMT 软件的操作方法
3. RNC 告警管理
4. RNC 设备管理</td><td>学习建议：在学习设备操作维护时，要掌握设备操作维护的方式方法，理解 LMT 方式的组网形式。推荐阅读华为公司工程师培训资料</td></tr>
<tr><td>难点</td><td>1. RNC 告警分析
2. RNC 设备状态分析</td><td>学习建议：难点学习时，要注重对各告警状态的分析，注重对设备状态的理解。推荐阅读华为公司工程师培训资料</td></tr>
<tr><td>建议学时</td><td colspan="2">5 课时</td><td>教学建议：教学前，熟悉配置环境</td></tr>
</table>

内容解读

WCDMA 接入网操作维护主要包括本地维护终端（LMT）的介绍和使用、RNC 告警管理及 RNC 设备管理，这些都是实际网络运行维护中必须掌握的基本维护知识。学习本章，重点把握 LMT 的操作方法，熟悉操作流程，并对相关的告警、设备面板进行分析。

6.1 LMT 的介绍

LMT 是 WCDMA 接入网设备本地维护的主要工具，主要用于实现接入网设备的调测、日常维护和故障排除等功能。

使用 LMT 时需要区分 LMT、LMT 计算机、LMT 应用程序三个概念。LMT 是指安装了华为本地维护终端软件组，并与网元的实际操作维护网络连通的操作维护终端，是一个逻辑概念，通过 LMT，可以对网元进行相应的操作和维护；LMT 计算机是个硬件概念，指安装了华为本地维护终端软件组的计算机；LMT 应用程序指由华为公司自主开发的华为本地维护终端软件组，并可以安装在 LMT 计算机上。

6.1.1 LMT 组成

LMT 由本地维护终端、跟踪回顾工具、监控回顾工具三部分组成。

1. 本地维护终端

本地维护终端是 LMT 软件的一个子系统，采用图形用户界面，可实现故障管理、文件管理、设备管理、消息跟踪管理、实时特性监测等功能，其界面示意图如图 6-1 所示。此外，本地维护终端还提供了丰富的 MML（Man Machine Language）命令对系统进行全面的配置和维护。使用本地维护终端进行在线操作维护时，LMT 需要与接入网设备 RNC、NodeB 之间建立正常的通信。

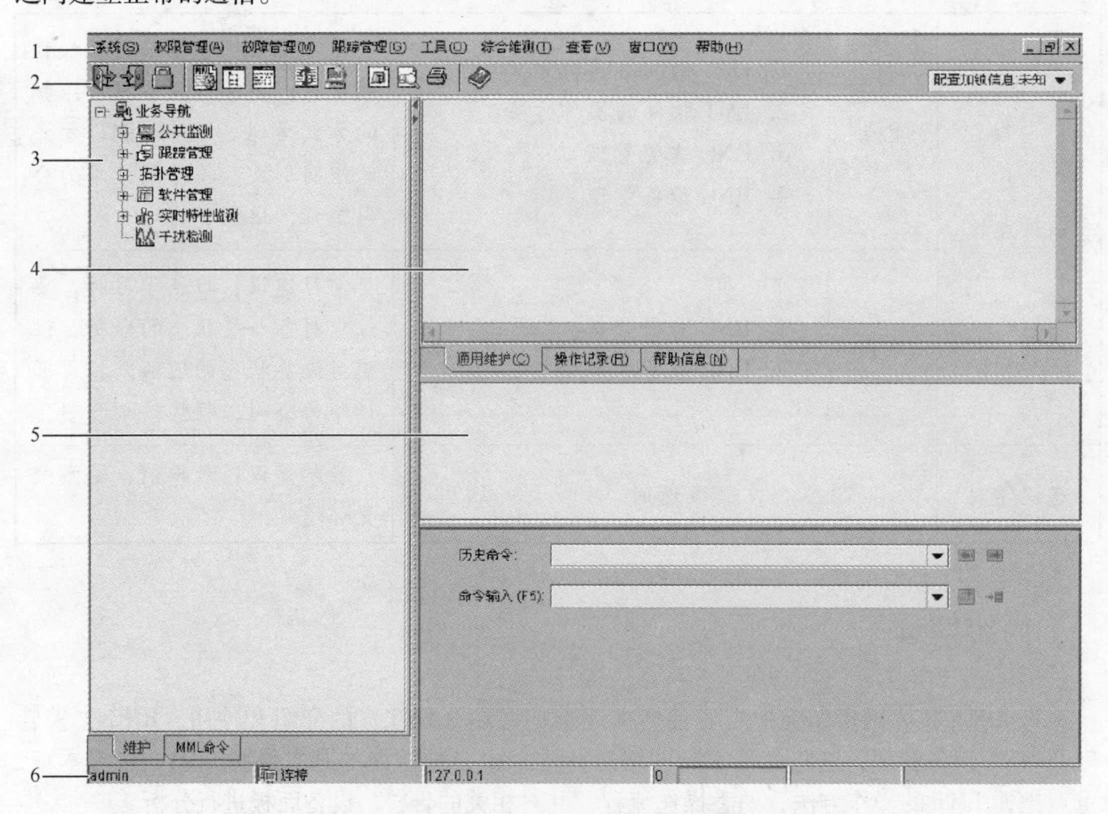

图 6-1 LMT 本地维护终端界面示意图

其中，序号 1 为菜单栏，主要提供系统的菜单操作；序号 2 为工具栏，主要提供系统的快捷图标操作；序号 3 为导航树窗口，主要以树形结构的方式提供各类操作对象，包括维护、MML 命令两个页签；序号 4 为输出窗口，主要记录当前操作及系统反馈的详细信息，包含通用维护、操作记录和帮助信息三个页签，帮助信息页签主要用于查询所操作命令的使用方法及各参数的含义等；序号 5 为对象窗口，即为进行操作的窗口，提供了操作对象的详细信息，如果使用 MML 命令进行操作维护，则该区域显示 MML 命令行客户端；序号 6 为状

态栏，主要用于显示当前登录的用户名、连接状态、IP 地址等信息。

2. 跟踪回顾工具

跟踪回顾工具属于离线工具，使用跟踪回顾工具功能模块可以对保存为 tmf 格式的跟踪消息文件进行浏览和回顾。选择“开始”>“所有程序”>“华为本地维护终端”>“跟踪回顾工具”，出现跟踪回顾工具界面，并弹出“打开”对话框，在对话框中选择跟踪消息文件，则显示跟踪消息，如图 6-2 所示 。

文件(F)　窗口(W)　帮助(H)

序号	生成时间	Ticks	消息方向	消息类型
1	2005-12-22 16:27:27	0x3e1f	NODEB->RNC	NBAP_AUDIT_REQ_IND
2	2005-12-22 16:27:27	0x3e34	RNC->NODEB	NBAP_AUDIT_REQ
3	2005-12-22 16:27:27	0x3e35	NODEB->RNC	NBAP_AUDIT_RSP
4	2005-12-22 16:28:12	0x4faa	NODEB->RNC	NBAP_AUDIT_REQ_IND
5	2005-12-22 16:28:17	0x51bc	RNC->NODEB	NBAP_AUDIT_REQ
6	2005-12-22 16:28:17	0x51bd	NODEB->RNC	NBAP_AUDIT_RSP
7	2005-12-22 16:29:02	0x635d	RNC->NODEB	NBAP_CELL_SETUP_REQ
8	2005-12-22 16:29:02	0x637a	NODEB->RNC	NBAP_CELL_SETUP_RSP
9	2005-12-22 16:29:02	0x637c	RNC->NODEB	NBAP_COMM_TRANSP_CH_SETUP_REQ
10	2005-12-22 16:29:02	0x637f	NODEB->RNC	NBAP_COMM_TRANSP_CH_SETUP_RSP
11	2005-12-22 16:29:02	0x6380	RNC->NODEB	AAL2_ESTABLISH_REQUEST
12	2005-12-22 16:29:02	0x6380	NODEB->RNC	AAL2_ESTABLISH_CONFIRM
13	2005-12-22 16:29:03	0x6387	RNC->NODEB	NBAP_COMM_TRANSP_CH_SETUP_REQ
14	2005-12-22 16:29:03	0x6388	NODEB->RNC	NBAP_COMM_TRANSP_CH_SETUP_RSP
15	2005-12-22 16:29:03	0x638a	RNC->NODEB	AAL2_ESTABLISH_REQUEST
16	2005-12-22 16:29:03	0x638b	NODEB->RNC	AAL2_ESTABLISH_CONFIRM
17	2005-12-22 16:29:03	0x638b	RNC->NODEB	AAL2_ESTABLISH_REQUEST
18	2005-12-22 16:29:03	0x638c	NODEB->RNC	AAL2_ESTABLISH_CONFIRM
19	2005-12-22 16:29:03	0x638c	RNC->NODEB	AAL2_ESTABLISH_REQUEST
20	2005-12-22 16:29:03	0x638d	NODEB->RNC	AAL2_ESTABLISH_CONFIRM
21	2005-12-22 16:29:03	0x63bf	RNC->NODEB	NBAP_SYS_INFO_UPDATE_REQ
22	2005-12-22 16:29:03	0x63c6	NODEB->RNC	NBAP_SYS_INFO_UPDATE_RSP
23	2005-12-22 16:29:03	0x63c8	RNC->NODEB	NBAP_PHY_SHARE_CH_RECFG_REQ
24	2005-12-22 16:29:03	0x63c9	RNC->NODEB	NBAP_COMM_MEAS_INIT_REQ
25	2005-12-22 16:29:03	0x63c9	NODEB->RNC	NBAP_COMM_MEAS_INIT_RSP

图 6-2　跟踪回顾工具界面

3. 监控回顾工具

监控回顾工具也属于离线工具。通过监控回顾工具功能模块，可以对保存为 mrf 格式的监控 CPU 占用率的文件进行浏览和回顾。选择“开始”>“所有程序”>“华为本地维护终端”>“监控回顾工具”，弹出“打开”对话框，在对话框中选择监控文件，单击“打开”按钮，则显示 CPU/DSP 占用率情况，监控回顾工具界面如图 6-3 所示。

6.1.2　MML 命令执行

MML 命令行客户端界面如图 6-4 所示。

列表 图形

任务编号 / 采集时间	1-0	2-0
00:00:00	50	
00:00:05	45	
00:00:10	45	
00:00:15	47	
00:00:20	47	
00:00:25	42	
00:00:30	42	
00:00:35	43	
00:00:40	43	
00:00:45	48	
00:00:50	48	
00:00:55	45	
00:01:00	45	
00:01:05	46	

任务编号	机框号	槽位号	CPU/DSP名	占用率%	显示线条	线条颜色	线条类型	线条宽度
1-0	0	10	主CPU	50	✔			

图 6-3 监控回顾工具界面

MML命令行

通用维护 操作记录 帮助信息

历史命令:

命令输入 (F5):

图 6-4 MML 命令行客户端界面

1. 执行单条 MML 命令

执行 MML 命令可实现操作维护功能。MML 命令的操作方式包括在“命令输入”框输入 MML 命令、在“历史命令”框选择 MML 命令、在“命令输入”区域粘贴 MML 命令脚本和在“MML 命令”导航树上选择 MML 命令四种方式。

在“命令输入”框输入 MML 命令，其操作步骤如下：

1）在“命令输入”框输入一条命令。

2）按“Enter”键或单击图标。

3）在命令参数区域输入参数值。

4）按“F9”键或单击图标，执行该命令。

5）输出窗口“通用维护”页显示执行结果。

在“历史命令”框选择 MML 命令，其操作步骤如下：

1）在“历史命令”下拉列表框中选择一条历史命令，或按“F7”键选择前一条历史命令，或按“F8”键选择后一条历史命令。

2）命令参数区域将同时显示该命令的所有参数设置。

3）在命令参数区域修改参数值。

4）按“F9”键或单击图标，执行该命令。

5）输出窗口“通用维护”页显示执行结果。

在“MML 命令”导航树上选择 MML 命令，其操作步骤如下：

1）双击“MML 命令”导航树窗口中某条命令。

2）在命令参数区域输入参数值。

3）按“F9”键或单击图标，执行该命令。

4）输出窗口“通用维护”页显示执行结果。

在“命令输入”区域粘贴 MML 命令脚本，操作步骤如下：

1）复制 MML 命令到“命令输入”区域框。

2）按“Enter”键或单击图标。

3）在命令参数区域输入参数值。

4）按“F9”键或单击图标，执行该命令。

5）输出窗口“通用维护”页显示窗口返回执行结果。

2. 批执行 MML 命令

批执行 MML 命令，是指当编排好一系列命令来完成某个独立的功能或某个操作时，可以用批处理的方式一次执行多条命令。

批命令处理文件（也称数据脚本文件）是一种纯文本文件（txt 格式）。将一些常用任务的操作命令或者完成特定任务的一组命令用文本形式保存，以后运行时无须再手动输入一条条命令，直接执行该文本文件即可。使用以下三种方法，可生成批命令处理文件。

1）直接使用文本编辑工具进行编辑，按照一条命令一行的方式书写保存。

2）直接将 MML 命令行客户端“操作记录”页面中的信息复制到文本文件中进行保存。

3）在“本地维护终端”界面，选择“系统”>“保存输入命令”，保存使用过的命令。

批执行 MML 命令有立即执行和定时执行两种方法。

立即执行的操作步骤如下：

1）选择“系统”>“批处理”菜单项，或使用快捷键“Ctrl + E”，打开“MML 批处理”对话框，选择“立即批处理”页签，如图 6-5 所示 。

2）单击“新建”按钮，在输入框内输入批处理命令，或单击“打开”按钮，选择预先编辑好的批处理文件。

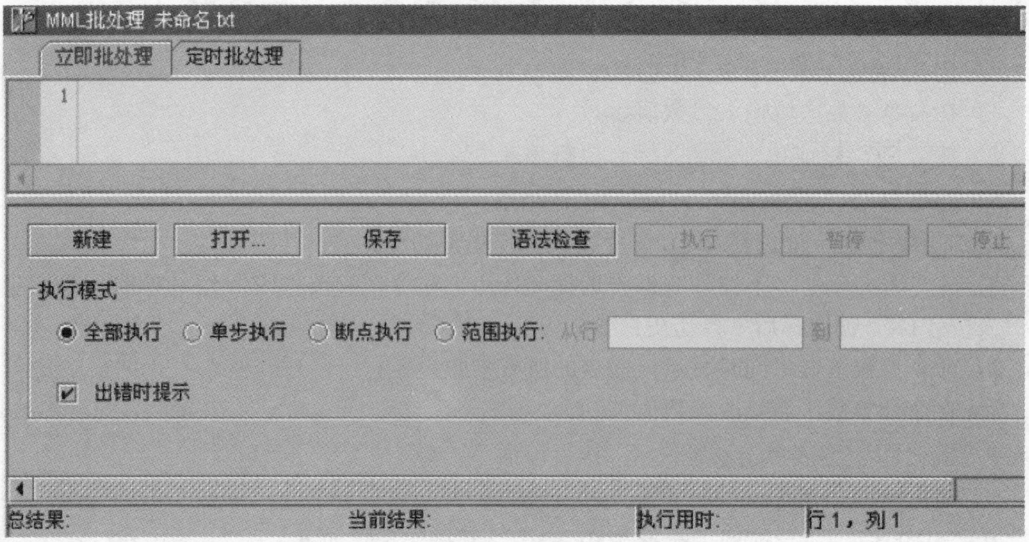

图 6-5 “立即批处理”页签界面

3）选择执行模式。可供选择的模式如下：

“全部执行”：从第一条命令自动执行到最后一条命令。

“单步执行”：每单击一次“执行”按钮，依次往后执行一条命令。

“断点执行”：单击需要暂停执行的命令，然后单击“执行”按钮，系统将从第一条命令执行到此命令（不包括此命令）时停止。当再次单击“执行”按钮时，从该命令开始执行到结束或下一个断点。

“范围执行”：执行一个指定范围内的命令。

4）单击“执行”按钮。

定时执行的操作步骤如下：

1）选择“系统”>“批处理”，或使用快捷键“Ctrl + E”，打开“MML 批处理”对话框，选择“定时批处理”页签，如图 6-6 所示。

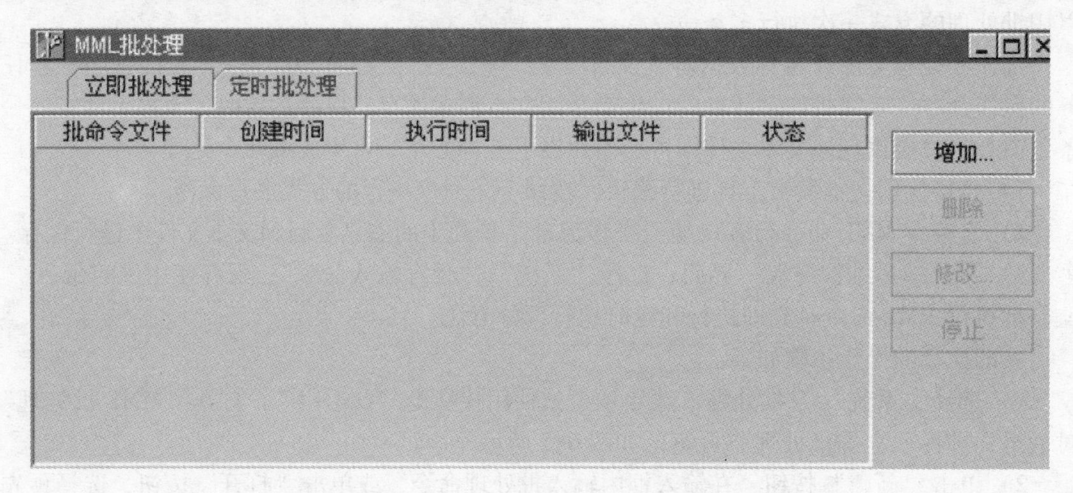

图 6-6 “定时批处理”页签界面

2）单击“增加”按钮，弹出“增加批处理任务”对话框，如图6-7所示 。

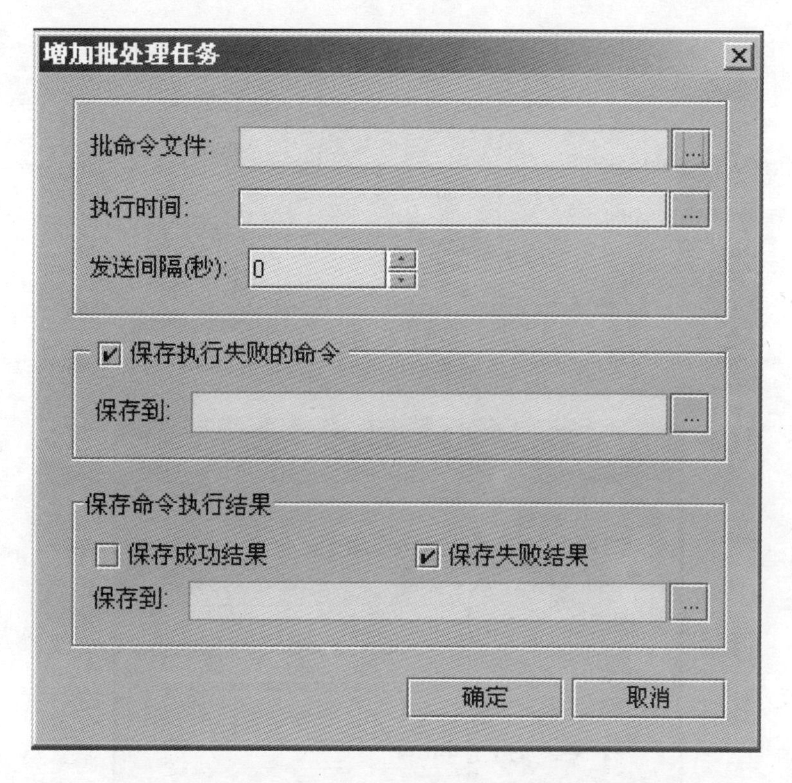

图6-7　“增加批处理任务”对话框

3）单击“批命令文件”右侧的[...]按钮，选择批处理文件。

4）单击“执行时间”右侧的[...]按钮，设定执行时间。

5）单击“确定”按钮。

6.2　LMT的使用

6.2.1　连通RNC LMT和BAM

LMT可以通过LAN或路由器与BAM的外网虚拟IP地址连接，如图6-8所示。

6.2.2　启动RNC LMT

选择“开始”>“所有程序”>“华为本地维护终端”>“本地维护终端”，弹出“用户登录”对话框，如图6-9所示。

1）单击“离线”按钮，可以离线登录本地维护终端。通过离线登录，用户不通过登录BAM也能使用本地维护终端的部分功能，例如浏览联机帮助。

2）单击“退出”按钮，可以直接退出本地维护终端。

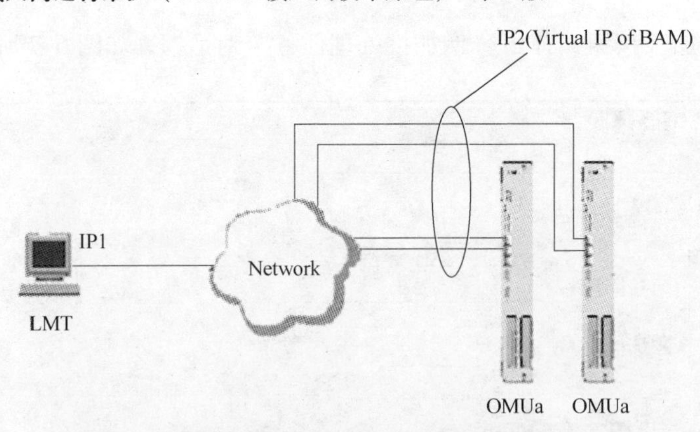

图 6-8 本地维护终端 LMT 连接 BAM

图 6-9 LMT 登录对话框

6.3 RNC 告警管理

6.3.1 配置告警浏览窗口显示属性

1. 告警颜色

在本地维护终端界面，选择菜单“故障管理”>“告警定制”，弹出“告警定制”对话框。为不同种类告警、不同级别告警、不同状态告警设置不同显示颜色。

2. 告警信息显示数目

在本地维护终端界面，选择菜单“故障管理”>“告警定制”，弹出“告警定制”对话框。设置告警的初始显示数目和最大显示数目，如图 6-10 所示。

3. 清除恢复告警

在故障告警浏览窗口中，单击鼠标右键，选择快捷菜单项“清除全部恢复告警”。告警库中的记录就会被清空。

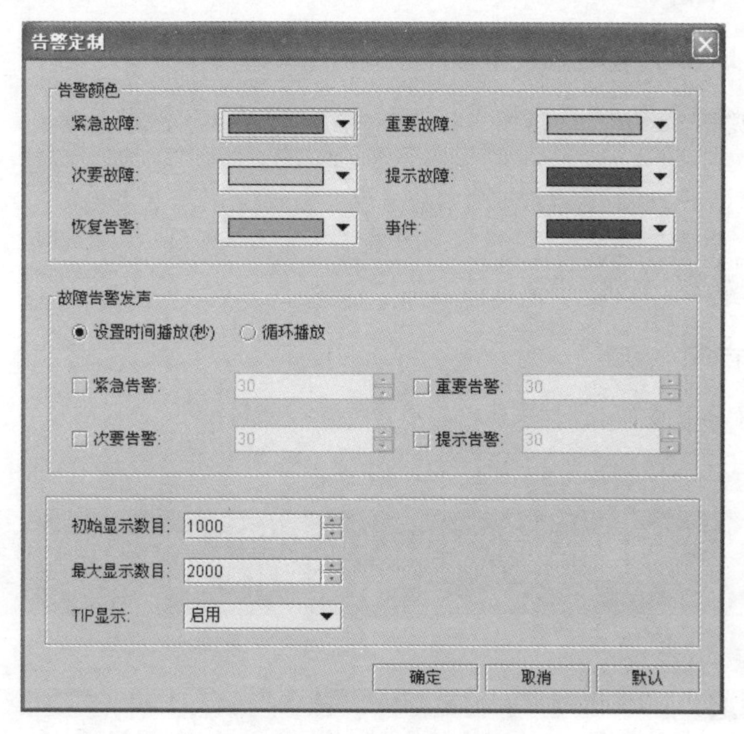

图 6-10　“告警定制”对话框

4. 刷新窗口

在故障告警浏览窗口中，单击鼠标右键，选择快捷菜单项“手动刷新”。刷新故障告警浏览窗口中的告警信息，并清除已恢复的故障告警记录，刷新窗口如图 6-11 所示。

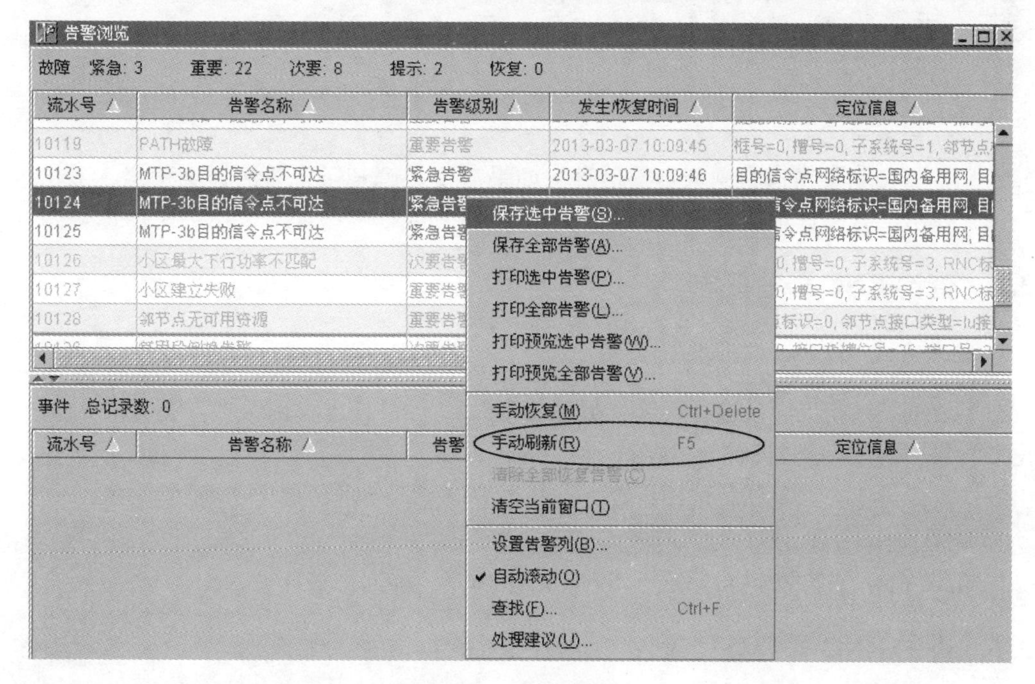

图 6-11　刷新窗口

6.3.2 设置 RNC 告警终端发声提示

1）在本地维护终端界面，选择菜单“故障管理”>“告警定制”，弹出“告警定制”对话框。

2）选择“告警定制”对话框下的“故障告警发声”，设置告警发声的告警级别和发声时长。

3）单击“确定”按钮，完成设置。

6.3.3 浏览告警

在本地维护终端界面，选择菜单“故障管理”>“告警浏览”，启动“告警浏览”窗口，如图 6-12 所示。

告警浏览

故障 紧急: 3 重要: 22 次要: 8 提示: 2 恢复: 0

流水号	告警名称	告警级别	发生/恢复时间	定位信息
10119	PATH故障	重要告警	2013-03-07 10:09:45	框号=0, 槽号=0, 子系统号=1, 邻节
10123	MTP-3b目的信令点不可达	紧急告警	2013-03-07 10:09:46	目的信令点网络标识=国内备用网,
10124	MTP-3b目的信令点不可达	紧急告警	2013-03-07 10:09:46	目的信令点网络标识=国内备用网,
10125	MTP-3b目的信令点不可达	紧急告警	2013-03-07 10:09:46	目的信令点网络标识=国内备用网,
10126	小区最大下行功率不匹配	次要告警	2013-03-07 10:09:48	框号=0, 槽号=0, 子系统号=3, RN

事件 总记录数: 0

流水号	告警名称	告警级别	发生/恢复时间	定位信息

图 6-12 “告警浏览”窗口

在“告警浏览”窗口中浏览告警信息。如果需要了解某条告警的详细信息，双击该告警记录，弹出“告警详细信息”对话框，如图 6-13 所示。

6.3.4 查询 RNC 告警日志

1. 菜单方式

在本地维护终端界面，选择菜单“故障管理”>“告警日志查询”或单击快捷图标，弹出“告警日志查询”对话框，如图 6-14 所示。

根据需要设置查询条件，选择告警类型和告警级别，单击“确定”按钮。

2. MML 命令方式

在 MML 命令行客户端执行命令“LST ALMLOG”，查询告警日志。

6.3.5 查询 RNC 告警处理建议

在“告警浏览”窗口或“告警日志查询”窗口中，双击某告警记录，弹出“告警详细信息”对话框。在“告警详细信息”对话框中，单击“处理建议”按钮，弹出此告警记录的联机帮助，如图6-15所示。

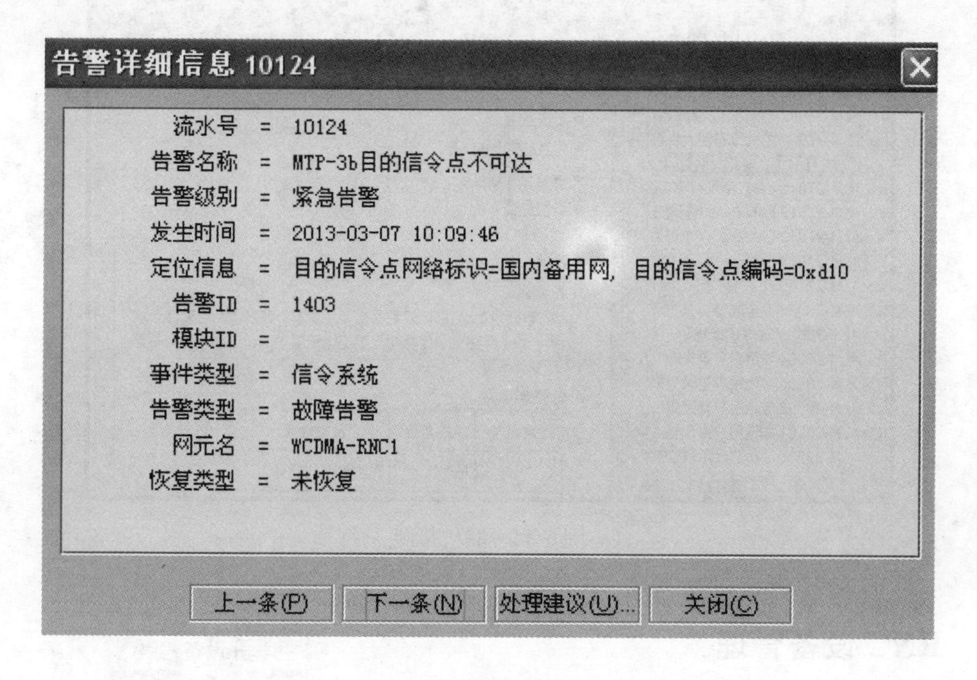

图6-13　“告警详细信息”对话框

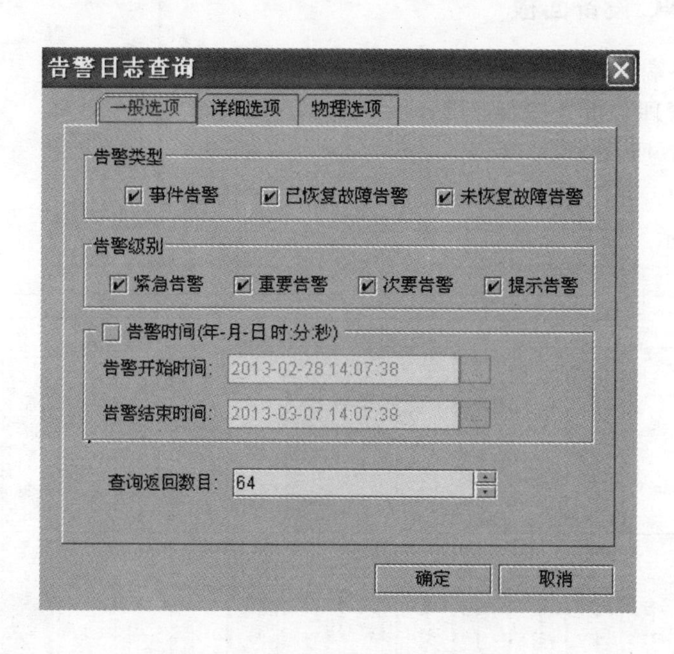

图6-14　“告警日志查询”对话框

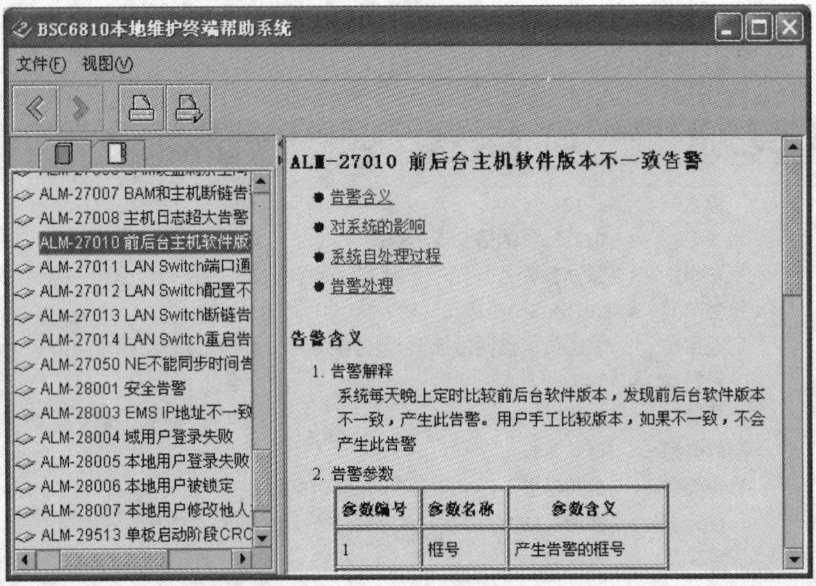

图 6-15 联机帮助

6.4 RNC 设备管理

6.4.1 登录 RNC 设备面板

图 6-16 设备管理选择图

在本地维护终端的导航树窗口，选择“设备面板”页签。单击“设备管理”折叠按钮，选择一个机架，设备管理选择图如图 6-16 所示。

双击所选机架，右侧窗口将显示对应该机架的设备面板，如图 6-17 所示。

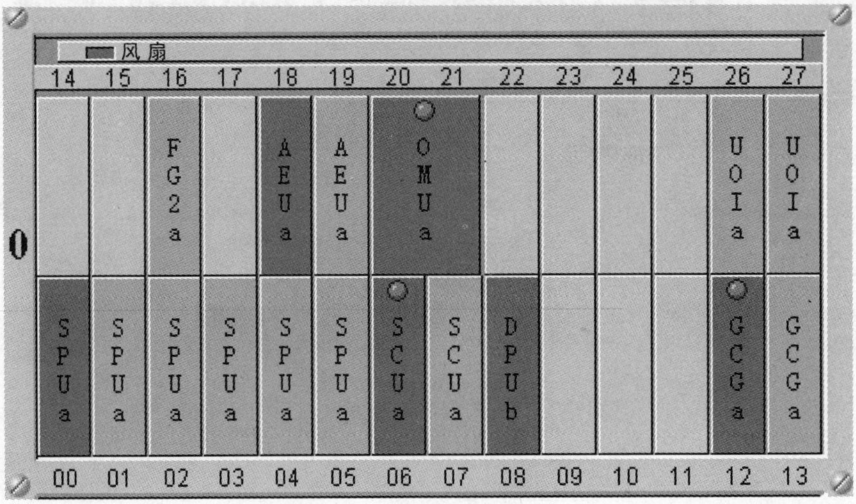

图 6-17 机架设备面板

6.4.2 显示 RNC 设备面板指示色图例

单击设备面板界面右上角的图标。在设备面板界面中，通过设备面板指示色图例结合设备面板中单板的颜色，查看单板当前的状态，如图 6-18 所示。

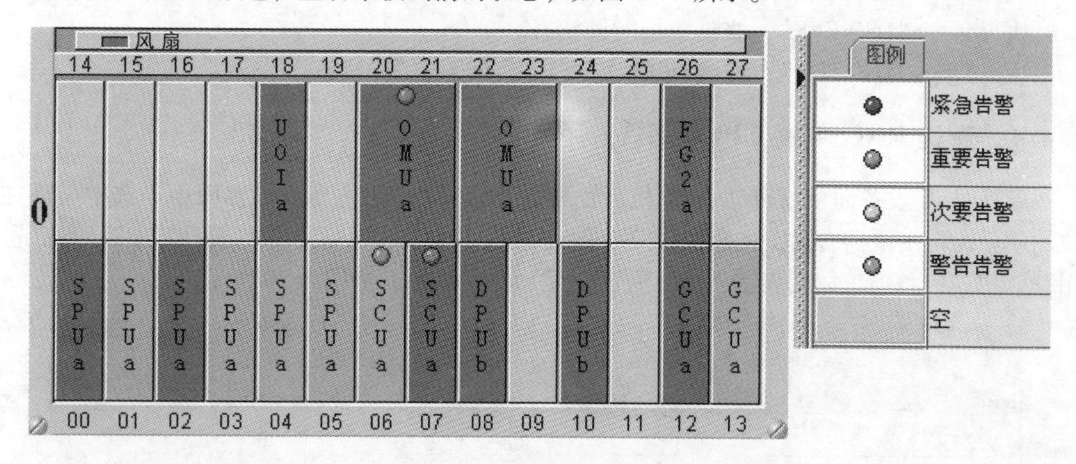

图 6-18 单板当前状态

6.4.3 查询 RNC 单板状态信息

1. 设备面板/仿真面板方式

启动 RNC 设备面板或启动 RNC 仿真面板。在设备面板/仿真面板界面中，选中某块在位的单板，单击鼠标右键，选择快捷菜单项“查询单板状态”。弹出“查询单板状态”对话框，如图 6-19 所示，对话框显示了此单板的相关信息。

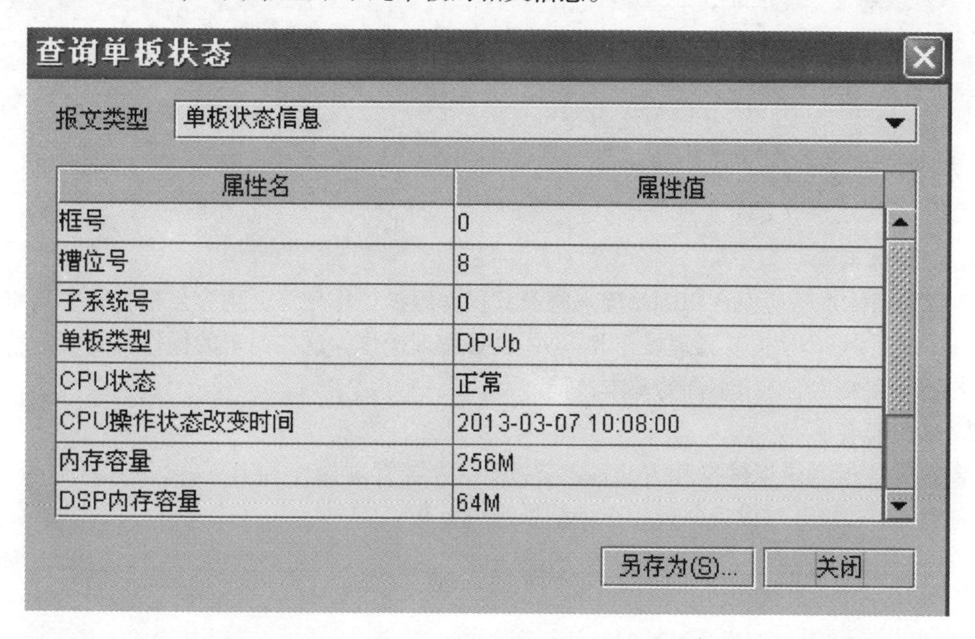

图 6-19 “查询单板状态”对话框

2. MML 命令方式

在 MML 命令行客户端上，通过执行以下命令可以查询单板详细信息。

执行命令“DSP BRD”，查询单板详细信息。

执行命令“DSP CPUUSAGE”，查询单板子系统 CPU 占用率。

执行命令“DSP CLK”，查询单板时钟状态。

执行命令“DSP DSP”，查询 DPUb 板上 DSP 的当前工作状态。

6.4.4 查询 RNC 单板 CPU/DSP 占用率

启动 RNC 设备面板或启动 RNC 仿真面板。在设备面板/仿真面板界面中，选中某块在位的单板，单击鼠标右键，选择快捷菜单项“显示 CPU/DSP 占用率”。弹出“CPU/DSP 占用率”窗口，该窗口以列表和图形方式实时显示监测结果，如图 6-20 所示。

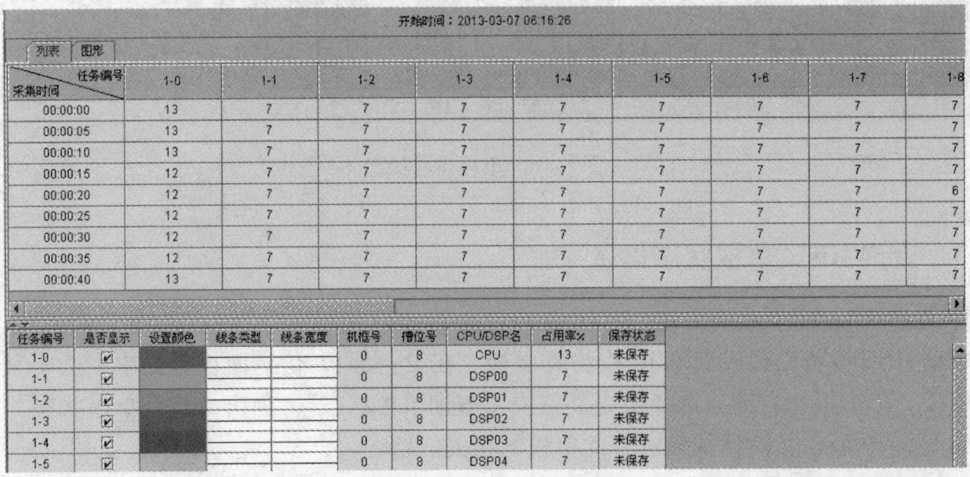

开始时间：2013-03-07 06:16:26

列表 图形

任务编号 / 采集时间	1-0	1-1	1-2	1-3	1-4	1-5	1-6	1-7	1-8
00:00:00	13	7	7	7	7	7	7	7	7
00:00:05	13	7	7	7	7	7	7	7	7
00:00:10	13	7	7	7	7	7	7	7	7
00:00:15	12	7	7	7	7	7	7	7	7
00:00:20	12	7	7	7	7	7	7	7	6
00:00:25	12	7	7	7	7	7	7	7	7
00:00:30	12	7	7	7	7	7	7	7	7
00:00:35	12	7	7	7	7	7	7	7	7
00:00:40	13	7	7	7	7	7	7	7	7

任务编号	是否显示	设置颜色	线条类型	线条宽度	机框号	槽位号	CPU/DSP名	占用率%	保存状态
1-0	☑				0	8	CPU	13	未保存
1-1	☑				0	8	DSP00	7	未保存
1-2	☑				0	8	DSP01	7	未保存
1-3	☑				0	8	DSP02	7	未保存
1-4	☑				0	8	DSP03	7	未保存
1-5	☑				0	8	DSP04	7	未保存

图 6-20 CPU/DSP 占用率窗口

梳理与总结

1. 知识体系

本章知识体系是认识 WCDMA 接入网及其操作维护工作任务，内容包括登录本地维护终端 LMT、进行对 RNC 告警管理操作和 RNC 设备管理操作。这些简单的操作都是实际移动通信网络运行维护工作必须掌握的基本技能。

2. 知识要点

掌握 LMT 的登录连接操作方法，熟悉 RNC 告警管理操作和 RNC 设备管理操作方法，会查询相关的告警并对设备面板的查询结果进行分析。

习 题

1. 画出本地维护终端 LMT 连接到 BAM 的示意图。
2. 在 MML 命令行客户端上，执行以下命令可以查询单板的什么信息？

1）执行命令“LST ALMLOG”。

2）执行命令“DSP BRD”。

3）执行命令“DSP CPUUSAGE”。

4）执行命令“DSP CLK”。

5）执行命令“DSP DSP”。

第 7 章　RNC 数据配置

学习导航

<table>
<tr><td rowspan="2">知识点拨</td><td>重点</td><td>1. RNC 数据配置总体流程
2. RNC 全局设备数据配置流程及命令
3. RNC Iub 接口数据配置流程及命令
4. RNC Iu-CS 接口数据配置流程及命令
5. RNC Iu-PS 接口数据配置流程及命令
6. RNC 侧无线小区配置命令</td><td>学习建议：在学习数据配置时，要理解配置流程及“底层到高层，控制面到用户面”原则，掌握配置命令的使用方法。推荐阅读华为工程师培训资料</td></tr>
<tr><td>难点</td><td>1. Iub 接口协议栈结构
2. Iu-CS 接口协议栈结构
3. Iu-PS 接口协议栈结构
4. 邻区关系的添加</td><td>学习建议：难点学习时，要注重对协议栈结构的理解。推荐阅读华为工程师培训资料</td></tr>
<tr><td>建议学时</td><td colspan="2">20 课时</td><td>教学建议：教学前，熟悉配置环境</td></tr>
</table>

内容解读

RNC 数据配置主要包括全局设备数据配置、接口数据配置以及无线小区配置三大部分。本章按照 RNC 数据配置的总体流程介绍各个环节的配置命令及参数含义；以典型 S1/1/1 站型为例，根据给定的协商数据，给出并分析 MML 配置脚本。

7.1　RNC 配置概述

7.1.1　配置命令

配置命令及含义见表 7-1。

表 7-1　配置命令及含义

命　令	含　义
ADD	增加一个目标
SET	设置一个目标

（续）

命　　令	含　　义
LST	查询 BAM 数据库配置信息
DSP	查询 FAM 中目标的运行状态或 BAM 中的运行状态
MOD	修改一个目标
RMV	删除一个目标
ACT	激活一个目标
DEA	去激活一个目标
RST	重启一个目标

需要注意的是，LST 和 DSP 都是查询命令，LST 是指查询配置信息，而 DSP 是指查询状态信息。

7.1.2　配置流程

RNC 数据配置是指通过数据配置来实现设备的正常运行，包括 RNC 全局数据配置、RNC 设备数据配置、接口数据配置（Iub、Iu-CS、Iu-PS 等接口）和无线层数据配置等内容。RNC 数据配置流程及网络接口如图 7-1 所示。

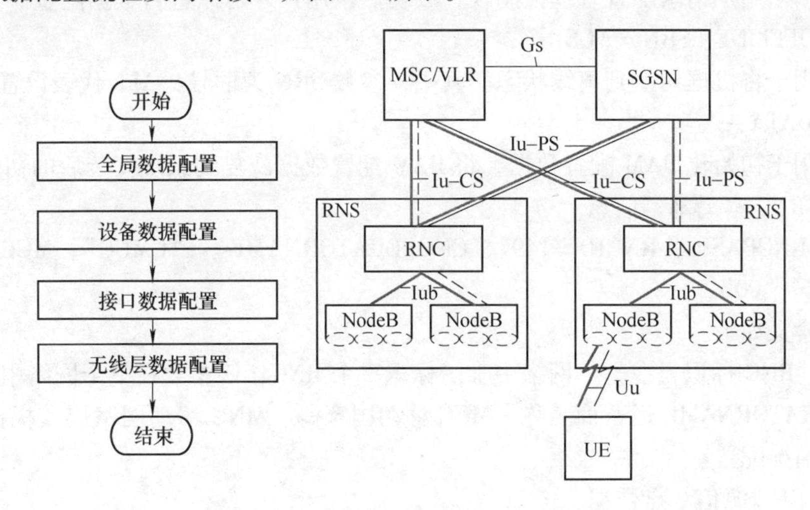

图 7-1　RNC 数据配置流程及网络接口

RNC 硬件安装和软件安装完成后，可根据自身硬件设备、网络规划以及与其他设备协商等准备和配置数据，得到一份 MML 命令脚本（文本格式）。

7.2　RNC 全局数据配置

配置 RNC 全局数据是进行 RNC 初始配置前的必要步骤。只有全局数据配置完毕，才能开始设备数据、接口数据以及小区数据的配置。

RNC 全局数据包括 RNC 本局基本信息、RNC 源信令点数据、RNC 全局位置信息和 M3UA 本地实体信息。其配置流程如图 7-2 所示。

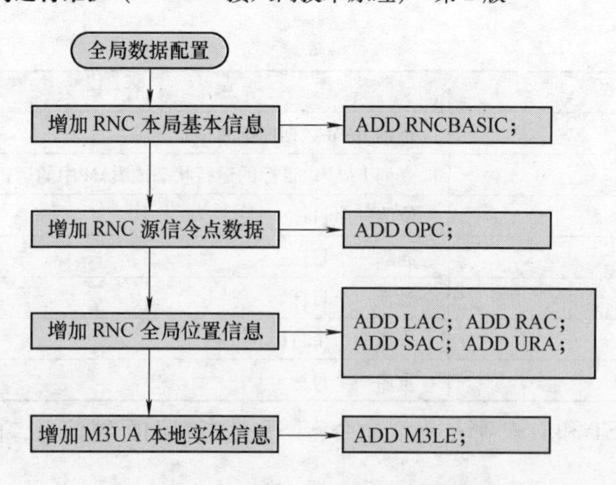

图 7-2 RNC 全局数据配置流程

1. 切换到离线状态

作为 RNC 初始配置的第一个步骤，将 RNC 所有插框的数据配置状态切换到离线状态。

◆ REQ CMCTRL：；

此命令用于用户请求配置管理控制权，成功后该用户才可以进行数据配置。

◆ SET OFFLINE：SRN = ALL；

此命令用于将机框切换到离线状态。其中，参数 SRN 为框号，ALL 代表设置所有机框。

◆ RST DATA：；

此命令用于初始化 BAM 配置数据，将 BAM 配置数据恢复到系统安装后的初始状态。

2. 增加 RNC 本局基本信息

◆ ADD RNCBASIC：RNCID = 1497，CNOPERATORNAME = "CMCC"，MCC = "460"，MNC = "00"；

其参数含义如下：

RNCID：RNC 标识，在整个网络中唯一标识一个 RNC，该参数在整个网络中不得重复。

CNOPERATORNAME 运营商名称、MCC 移动国家码、MNC 移动网络码，根据网络规划数据及实际情况配置。

3. 增加 RNC 源信令点数据

RNC 作为移动网络的一个信令点，存在指定的唯一的信令点编码。

◆ ADD OPC：NI = NATB，SPCBITS = BIT14，SPC = H '1EA0，RSTFUN = OFF，NSAP = "H '4586559000100000000000000000000000000000"，NAME = "RNC1"；

其参数含义如下：

NI：网络标识，RNC 设备一般属于国内备用网。

SPCBITS：源信令点编码位数，RNC 设备一般分配 BIT14 位的信令点编码。

SPC：源信令点编码，源信令点输入形式为十六进制，不能为 0，在 SS7 信令网中统一分配，不能重复，当 SPCBITS 为 BIT14 时参数取值范围为 H '1 ~ H '3FFF（1 ~ 16383）；当 SPCBITS 为 BIT16 时参数取值范围为 H '1 ~ H 'FFFF（1 ~ 65535）；当 SPCBITS 为 BIT24 时参数取值范围为 H '1 ~ H 'FFFFFF（1 ~ 16777215）。根据运营商网络规划分配数据进行设置。

RSTFUN：重启功能开关，当一个信令点与信令网络隔离一段时间以后，不能保证它的

路由相关数据仍然是有效的。MTP 重启动过程的目的在于保护正在重启的 MTP 节点，以及整个网络。通过给定一个重启 MTP 时间，用于在重新传输用户数据之前，激活充足的链路和交换足够的网络路由数据。取值 ON 表示开启此项功能，取值 OFF 表示不开启此项功能。建议值（默认值）为 OFF。

NSAP：源信令点的 ATM 地址，以十六进制的格式输入，长度是 20 个字节（不包括前缀 H '）。根据运营商网络规划分配数据进行设置。

NAME：源信令点名称。

4. 增加 RNC 全局位置信息

◆ ADD LA：LAC = 54688，PLMNVALTAGMIN = 1，PLMNVALTAGMAX = 10；

此命令用于增加 RNC 的位置区域信息参数。

其参数含义如下：

LAC 为位置区码，主要用于确定 UE 的位置，每个 PLMN 的覆盖区都被划分成许多位置区，位置区码（LAC）则用于标识不同的位置区。

PLMNVALTAGMIN 为 PLMN 标签最小值。

PLMNVALTAGMAX 为 PLMN 标签最大值。

PLMN 标签（PLMN Value Tag）作为一个信息单元，包含在 MIB（Master Information Block）和 SIB1 中。每次 SIB1 发生更新时 MIB 中的 PLMN 标签值会随之变化，UE 发现 PLMN 标签值变化后会自动读取更新后的 SIB1。

当 UE 在属于不同位置区（Location Area，LA）或路由区（Routing Area，RA）的相邻小区间移动时，为确保 UE 能主动读取目标小区的 SIB1 从而发起位置更新过程，应保证这两个小区具有不同的 PLMN 标签值。

基于以上事实，应当通过网络规划为地理上相邻（包括地理上的包含关系）的任意两个区域（LA 之间、LA 和 RA 之间、RA 之间）分配不同的 PLMN 标签值域范围，彼此之间没有重叠。

◆ ADD RA：LAC = 54688，RAC = H '01，PLMNVALTAGMIN = 11，PLMNVALTAGMAX = 20；

此命令用于增加 RNC 的路由区域信息参数，其中，RAC 为路由区码，对应于 PS 业务寻呼区域，它的规划和位置区是类似的，路由区隶属于位置区。

◆ ADD SA：LAC = 54688，SAC = H '1F；

此命令用于增加 RNC 的服务区域信息参数，其中，SAC 为服务区码。服务区码唯一标识属于同一位置区的一个或多个小区。

◆ ADD URA：URAID = 512；

此命令用于增加 URA 区，URA 是一组小区的集合，在这个集合里面的处于 URA_PCH 状态的 UE 可以无须进行频繁的小区更新。其中 URAID 为 URA 标识，此参数根据协商数据进行设置。

对于移动通信系统来说，不同位置区域的关系如图 7-3 所示。

5. 增加 M3UA 本地实体信息

当 Iu 接口采用 IP 传输时，必须配置 M3UA 本地实体。

◆ ADD M3LE：LENO = 0，ENTITYT = M3UA_IPSP，RTCONTEXT = 4294967295，NAME = “Iu-PS”；

此命令用于配置 M3UA 本地实体。其参数含义如下：

LENO：本地实体号，M3UA 的本地实体索引，取值范围：0 ~ 1。

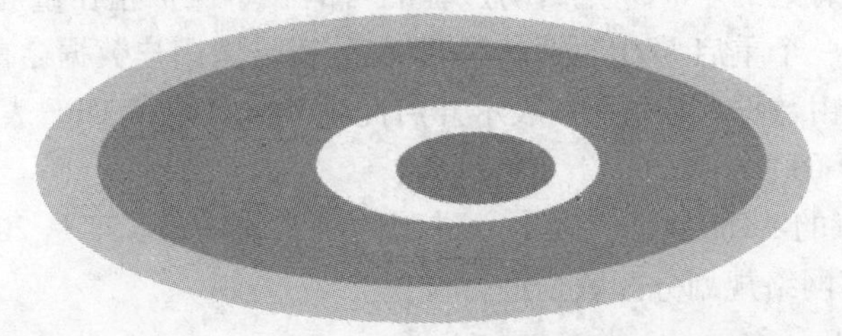

从大到小依次为 PLMN 网、MSC 区、位置区、服务区、小区

图 7-3 不同位置区域的关系

ENTITYT：本地实体类型，M3UA 本地实体的类型，取值有 2 个，分别为 M3UA_ASP 和 M3UA_IPSP。

RTCONTEXT：路由上下文，路由上下文默认值为 4294967295，表示不配置路由上下文；不同的本地实体其路由上下文一定不能相同，M3UA_ASP 和 M3UA_IPSP 各配一个。路由上下文一般配置默认值，如果配置了路由上下文，则需要与对端网元协商，保持一致。

7.3 RNC 设备数据配置

RNC 设备数据设置包括设置 RNC 设备描述信息、增加 RNC RSS/RBS 插框、配置单板、配置 RNC 时钟、设置时区和夏令时信息和增加网管服务器的 IP 地址。具体配置流程如图 7-4所示。

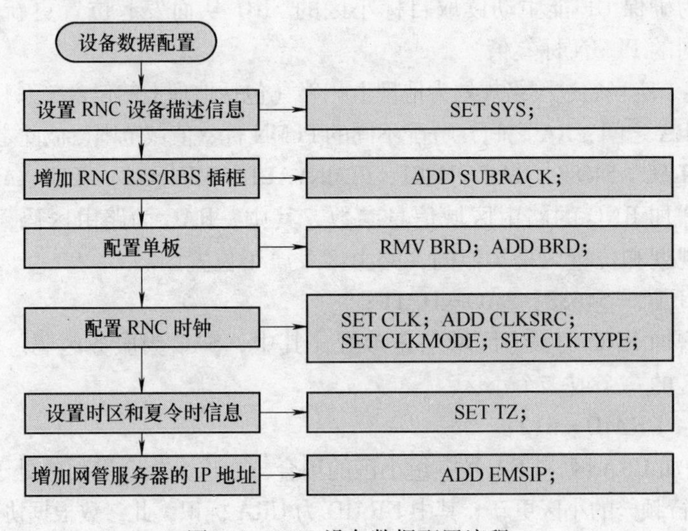

图 7-4 RNC 设备数据配置流程

1. 设置 RNC 设备描述信息

◆ SET SYS;

此命令用于设置 RNC 设备描述信息，RNC 设备描述信息数据只存放在 BAM 数据库内，并不发送到 RNC 主机。

本命令中的每个参数需要根据客户的要求填写。

2. 增加 RNC RSS/RBS 插框

◆ ADD SUBRACK：SRN =0，SRNAME = “RSS”，MPUSN =0；

◆ ADD SUBRACK：SRN =1，SRNAME = “RBS”，MPUSN =0；

以上命令分别用于增加 RNC 的 RSS 和 RBS 插框。其参数含义如下：

SRN：框号。

SRNAME：框名。

MPUSN：MPU 槽位号，即为主控 MPU 槽位号。

增加 RBS 插框包括增加插框信息和增加单板信息。

RBS 框内的 SCU 主备板网口通过网线与 RSS 框内的 SCU 板两个固定空闲网口进行正确的物理连接，选择 RSS 框网口的原则为：n 号 RBS 框的 6 号槽 SCU 的 0 号、1 号网口与 RSS 框 6 号、7 号槽 SCU 的 2n-2 号网口物理连接；n 号 RBS 框的 7 号槽 SCU 的 0 号、1 号网口与 RSS 框 6 号、7 号槽的 SCU 的 2n-1 号网口物理连接。

3. 配置单板

◆ RMV BRD：SRN =0，SN =8；

◆ ADD BRD：SRN =0，SN =26，BRDTYPE = GOU，RED = YES；

以上命令分别表示根据实际情况删除单板和增加单板。其参数含义如下：

SRN：框号。

BRDTYPE：单板类型。

SN：槽位号。

RED：是否备份，在进行 Iu 接口配置时，如果采用负荷分担方式则需要设置为不备份。

图 7-5 所示为 RSS + RBS 的实际配置板位图。

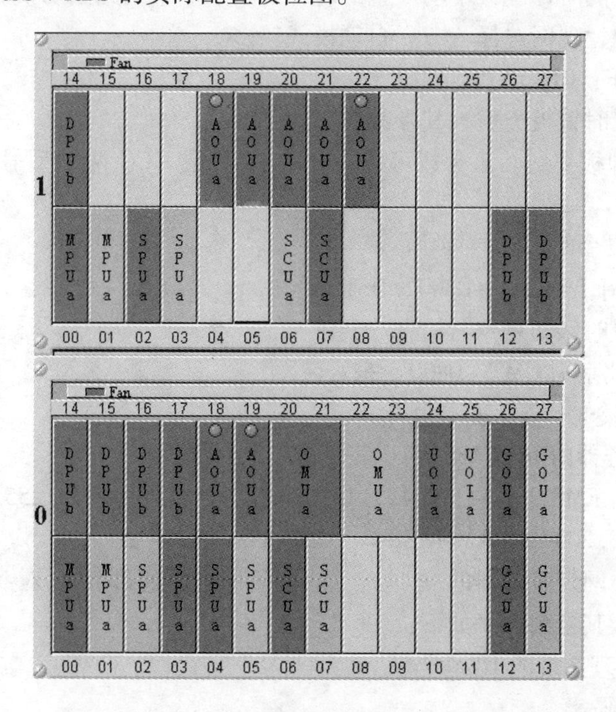

图 7-5　RSS + RBS 的实际配置板位图

4. 配置 RNC 时钟

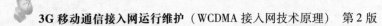

RNC 时钟信息包括接口板时钟、系统时钟和时钟工作模式。

◆ SET CLK：SRT = RSS，SN = 24，BT = UOI_IP，REF2MCLKSRC = 0，REF2MCLKSW1 = ON，REF2MCLKSW2 = ON；

此命令用于设置 RSS 框/RBS 框接口板的时钟源。其参数含义如下：

SRT：框类型。

SN：槽位号，获取时钟源的接口单板所在槽位号。

BT：单板类型，获取时钟源的接口板类型。

REF2MCLKSRC：输出时钟的时钟源。

REF2MCLKSW1：2M 输出时钟 1 输出开关。

REF2MCLKSW2：2M 输出时钟 2 输出开关。

◆ ADD CLKSRC：SRCGRD = 1，SRCT = LINE1_8kHz；

此命令用于增加系统时钟源，时钟源对于通信系统同步十分关键，时钟源是时钟选择、判断和跟踪的依据。其参数含义如下：

SRCGRD：时钟源等级，时钟源优先级。1 为最高级。

SRCT：时钟源类型，选择实际连接的时钟源类型。

◆ SET CLKMODE：CLKWMODE = AUTO；

此命令用于设置时钟工作模式。其参数含义如下：

CLKWMODE：系统时钟工作模式，参数值 MANUAL 代表手动，用户指定时钟源，并且不允许时钟自动向其他时钟源切换；参数值 AUTO 代表自动，不需要用户指定时钟源，系统自动选择最高优先级的时钟源；手动设置的时钟源不可用，则无法切换成功，依然保持原工作时钟源。一般来说，现网选择 AUTO 自动模式较多。

◆ SET CLKTYPE：CLKTYPE = GCU；

此命令用于设置时钟板类型，其参数含义如下：

CLKTYPE：时钟板类型。该参数可以设置为 GCU 或 GCG 两种型号，在使用 GPS 时钟源时必须设置为 GCG 单板。

5. 设置时区和夏令时信息

◆ SET TZ：ZONET = GMT +0800，DST = NO；

此命令用于设置时区和夏令时信息。其中，

ZONET 时区：北京为 GMT +0800，东八区。

DST：是否有夏令时，NO 表示为否。

6. 增加网管服务器的 IP 地址

◆ ADD EMSIP：EMSIP = “172. 121. 139. 56”，MASK = “255. 255. 255. 0”，BAMIP = “172. 121. 139. 200”，BAMMASK = “255. 255. 255. 0”；

此命令用于增加网管服务器的 IP 地址。当网管服务器通过 RNC 对 NodeB 进行操作维护时需要配置该数据。其参数含义如下：

EMSIP：网元管理系统的 IP 地址。

MASK：网段掩码。

BAMIP：BAM 的外网虚拟 IP 地址。

BAMMASK：BAM 外网网段掩码。

图 7-6 为网管服务器与 BAM 的连接方式示意图，图中的 BAM 除了有一个与 OMC 存在连接的外网地址外，还存在一个与 RNC 设备内部各单板进行通信的内部地址；完成本条命令后 OMC 就可以通过 BAM 对 RNC 以及与 RNC 相联系的各 NodeB 进行维护操作。

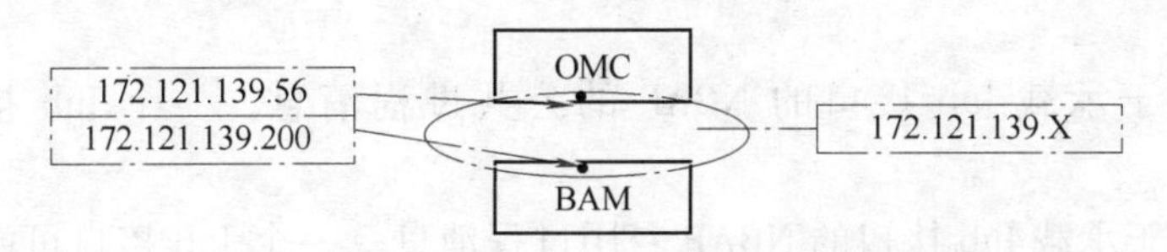

图 7-6　网管服务器与 BAM 的连接方式示意图

7.4　RNC Iub 接口数据配置

7.4.1　Iub 接口协议栈

当 Iub 接口使用 IP 传输时，增加 Iub 接口数据需要遵循的顺序与协议结构一致，即从底层向上层，从控制面到用户面进行数据配置。Iub 接口基于 IP 传输的协议栈如图 7-7 所示。

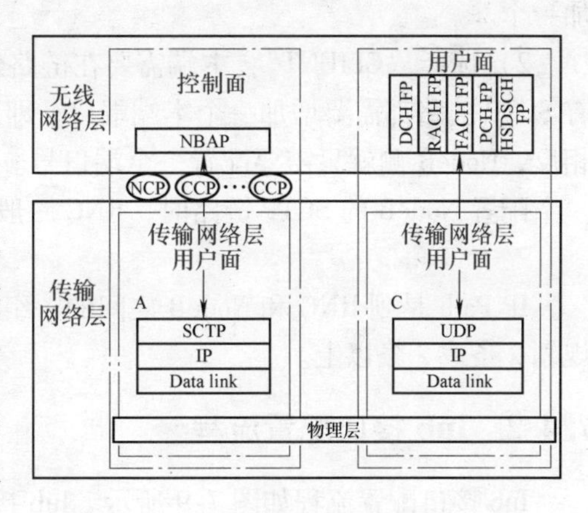

图 7-7　Iub 接口基于 IP 传输的协议栈

无线网络层的控制面 NBAP 用于传输信令。无线网络层的用户面（各种 FP）用于传输用户业务数据。这两种数据分别是通过 Iub 接口的 NCP/CCP（信令）和 IPPATH（业务）传输和承载的。

当 Iub 接口基于 IP 传输时存在两种类型的链路，SCTP 链路和 IP Path。其中 SCTP 链路用于承载 NCP 和 CCP，Iub 接口链路如图 7-8 所示。

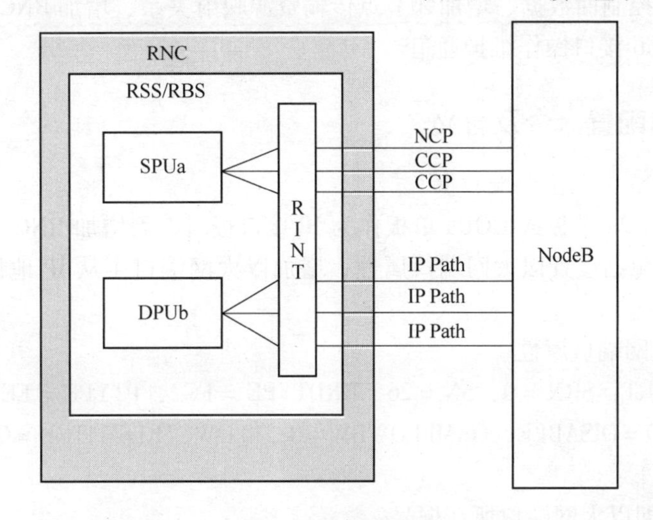

图 7-8　Iub 接口链路

图 7-8 中 RINT 指的是 RNC 中所有 IP 传输接口板，主要有 FG2 和 GOU 板；NodeB 侧主要由 WMPT 板实现相关物理接口及协议处理功能。

1. SCTP 链路

Iub 接口的 SCTP 链路用于承载信令消息。根据其承载的信令消息的不同可以分为 NCP 和 CCP。

1）NCP：用于承载 Iub 接口的 NBAP 的公共过程消息，一个 Iub 接口只能存在一个 NCP。

2）CCP：用于承载 Iub 接口的 NBAP 专用过程消息。一个 Iub 接口可能存在多个 CCP，需要根据网络规划确定 CCP 的数量。

SCTP 链路在 RNC 侧和 NodeB 侧有两种工作模式："SERVER" 和 "CLIENT"。对于 RNC 侧而言，这两种工作模式的区别是：

1）选择"SERVER"：本端只启动侦听端口，由对端发起链路的初始化请求。在此情况下，所有 SCTP 链路的本端端口号都使用侦听端口，即同一个端口。这一个端口也就是控制面 NCP 或 CCP 的本端端口号。而 NodeB 侧增加 NCP 和 CCP 时的端口号需要每条链路都增加一个。

2）选择"CLIENT"：本端需要在链路建立时，首先发起初始化请求。在此情况下，所有 SCTP 链路都需要增加一个本端端口，即对应的 NCP 和 CCP 都需要分别增加本端端口号。相反，NodeB 侧就只需要配置一个端口号。

配置 NodeB 的 SCTP 链路时，RNC 一般选择"SERVER" 工作模式。

2. IP Path

IP Path 是到 RNC 和 NodeB 之间的一组通路。一个 Iub 接口至少存在一条 IP Path，建议规划 2 条或 2 条以上。

7.4.2 Iub 接口配置流程

Iub 接口配置流程如图 7-9 所示。Iub 接口配置主要包括增加物理层和数据链路层数据、增加 RNC Iub 接口控制面数据、增加邻节点传输资源映射关系、增加 RNC Iub 接口用户面数据以及增加 RNC Iub 接口操作维护通道。

7.4.3 Iub 接口配置命令及含义

1. 增加物理层和数据链路层数据

当 RNC 采用 FG2a 单板或 GOUa 单板作为 IP 接口板时，需增加 RNC 对外接口物理层和数据链路层数据，包括设置以太网端口属性、增加以太网端口主从 IP 地址、在三层组网时设置设备 IP 地址。

（1）设置以太网端口属性

◆ SET ETHPORT：SRN = 0，SN = 26，BRDTYPE = FG2，PTYPE = FE，PN = 0，MTU = 1500，AUTO = DISABLE，OAMFLOWBW = 0，FLOWCTRLSWITCH = ON，FCINDEX = 0；

其参数含义如下：

SRN：框号，即以太网端口所在框号。

SN：槽位号，即以太网端口所在接口板的槽位号。

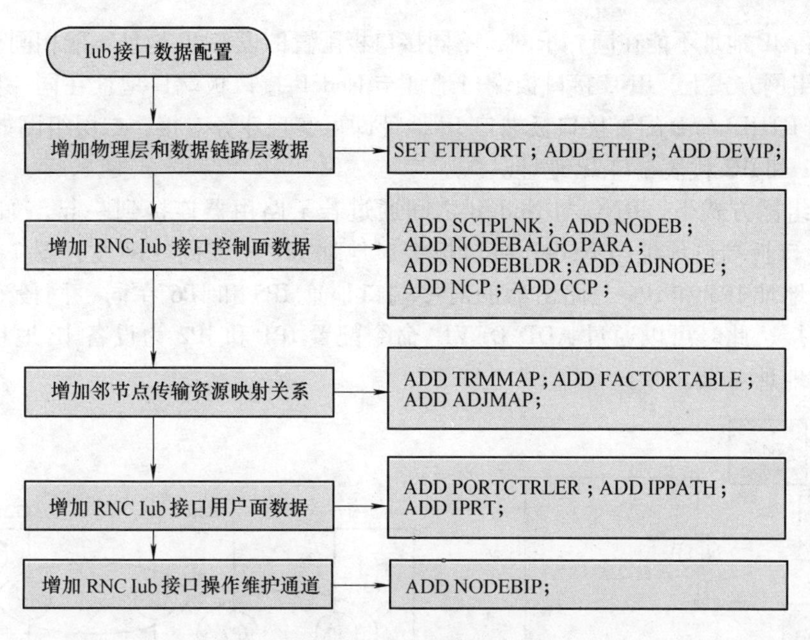

图 7-9　Iub 接口配置流程

BRDTYPE：单板类型，即以太网端口所在接口的单板类型。

PTYPE：端口类型，在［BRDTYPE］中选择 <FG2>时有效。

PN：端口号，即以太网端口号。

MTU：最大传输单元。

AUTO：是否自协商。

OAMFLOWBW：OAM 流最小保证带宽。

FLOWCTRLSWITCH：端口流控开关。

FCINDEX：流控参数索引。

（2）增加以太网端口主从 IP 地址

◆ ADD ETHIP：SRN = 0，SN = 26，PN = 0，IPTYPE = PRIMARY，IPADDR = “10.150.226.102”，MASK = “255.255.255.252”；

其参数含义如下：

SRN：框号。

SN：槽位号。

PN：端口号。

IPTYPE：IP 地址类型。

IPADDR：本端 IP 地址，该 IP 地址为以太网端口的本端 IP 地址。

MASK：子网掩码，即以太网端口所在的子网掩码。

（3）设置单板的设备 IP 地址

◆ ADD DEVIP：SRN = 0，SN = 26，IPADDR =“10.150.226.161”，MASK = “255.255.255.252”；

当采用三层组网时需要设置设备 IP 地址，每块接口板最多可以配置 5 个设备 IP 地址。设备 IP 地址和 BAM 内网地址不能处于同一个网段或者网段之间有包含关系。在同一 RNC

上配置的设备 IP 地址不能在同一子网，不同接口板配置的设备 IP 地址不能相同。

在二层组网方式下，RNC 接口板端口地址与 NodeB 接口板端口地址在同一网段，只需要执行 ADD ETHIP 命令配置接口板端口 IP 地址即可实现业务对接，二层组网如图 7-10 所示，图中 IP1 和 IP2 代表端口 IP 地址。

在三层组网方式下，RNC 与 NodeB 之间通过若干路由器连接到一起，如图 7-11 所示。RNC 接口板端口地址与 NodeB 接口板端口地址 IP8 不在同一网段，图 7-11 中 RNC 接口板端口地址 IP3 和 IP4 与路由器的对接端口地址 IP5 和 IP6 在同一网段专门用来与外部网络连接，此时可以通过 ADD DEVIP 命令配置 IP1 和 IP2 为设备 IP 地址来实现信令及业务的地址对接。

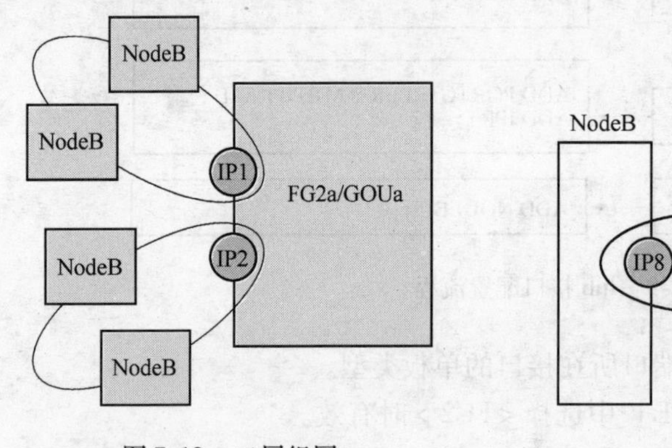

图 7-10 二层组网

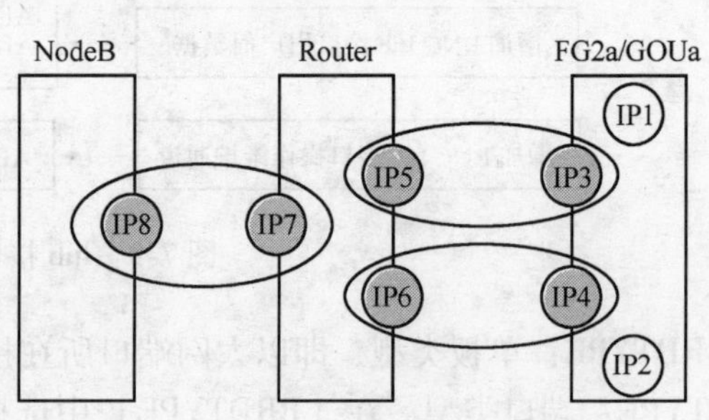

图 7-11 三层组网

2. 增加 RNC Iub 接口控制面数据

当 Iub 接口采用 IP 传输时，需要为该 Iub 接口增加控制面数据。包括增加 SCTP 链路、增加 NodeB 基本信息、增加 NodeB 算法参数、增加传输邻节点、增加 Iub 端口数据（NCP 和 CCP）。

（1）增加 SCTP 链路

SCTP 链路主要用于 IP 传输时信令的承载，增加 SCTP 链路时所选的 SPU 子系统不能为 MPU 所在槽位 0 号子系统。

◆ ADD SCTPLNK：SRN = 0，SN = 0，SSN = 1，SCTPLNKN = 0，MODE = SERVER，APP = NBAP，LOCIPADDR1 = "22.22.22.1"，PEERIPADDR1 = "22.22.22.2"，PEERPORTNO = 58081，LOGPORTFLAG = NO，VLANFLAG = DISABLE，SWITCHBACKFLAG = YES；

其参数含义如下：

SRN：框号，即 SCTP 链路所在框号。

SN：SPU 槽号，即控制该 SCTP 链路的 SPUa 单板所在槽号。

SSN：SPU 子系统号，即控制该 SCTP 链路的 SPUa 子系统号。

SCTPLNKN：SCTP 链路号，即同一 SPU 子系统下 SCTP 链路的序号。

MODE：工作模式，即 SCTP 链路工作模式，分为 Client 和 Server 两种。当该 SCTP 链路用于基于 IP 传输的 Iub 接口时，工作模式为 Server；当该 SCTP 链路用于基于 IP 传输的 Iu-CS和 Iu-PS 接口时，工作模式为 Client。

图 7-12 描述了 SCTP 链路工作模式在网络中不同位置的定义。

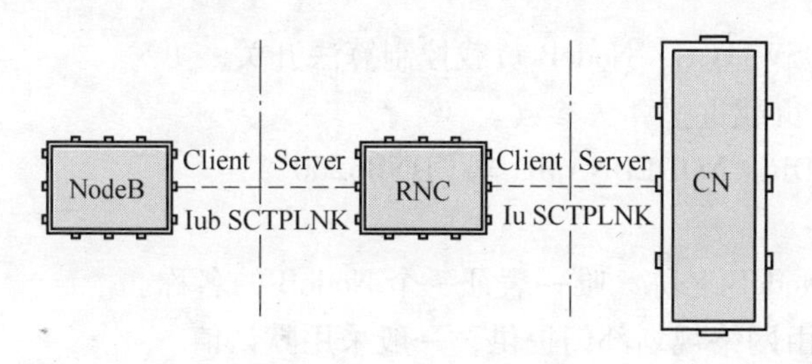

图 7-12　SCTP 链路工作模式

APP：应用类型，即 SCTP 链路的上层应用类型，Iub 接口上层类型为 NBAP，Iur、Iu-PS、Iu-CS 上层应用类型为 M3UA。

LOCIPADDR1：本端第一个 IP 地址，LOCIPADDR2 为本端第二个 IP 地址，两个地址不能相同，当第一个 IP 地址不可用时，SCTP 数据会通过第二个 IP 地址传输。

PEERIPADDR1：对端第一个 IP 地址，PEERIPADDR2 为对端第二个 IP 地址，两个地址不能相同，当 SCTP 链路配置在 Iub 接口时，对端第一个 IP 地址是 NodeB 侧的 FE 口。

PEERPORTNO：对端 SCTP 端口号，标志 SCTP 链路所使用的对端端口；需要与对端协商一致。

LOGPORTFLAG：是否绑定逻辑端口，标识该 SCTP 链路是否属于某个逻辑端口。

VLANFLAG：是否添加 VLANID 标志。

SWITCHBACKFLAG：倒回主路径标志。该字段表明主路径可用时是否倒回。主路径是指本端第一个 IP 地址到对端第一个 IP 地址所组成的路径。

（2）增加 NodeB 基本信息

◆ ADD NODEB：NODEBNAME = “DNB6200”，NODEBID = 0003，SRN = 0，SN = 2，SSN = 1，TNLBEARERTYPE = IP_TRANS，IPTRANSAPARTIND = NOT_SUPPORT；

此命令中的 SPU 子系统与控制该 NodeB 的 SCTPLNK 的 SPU 子系统一致。

其参数含义如下：

NODEBNAME：NodeB 名称。

NODEBID：NodeB 标识。

SRN：框号，即控制 NodeB 的业务框号。

SN：槽位号，即控制 NodeB 的 SPUa 单板所在的槽位号。

SSN：子系统号，即控制 NodeB 的 SPUa 的子系统。

TNLBEARERTYPE：Iub 接口传输类型，标识 Iub 接口使用的传输类型。<ATM_TRANS>代表 ATM 传输，<IP_TRANS>代表 IP 传输，<ATMANDIP_TRANS>代表双栈传输。

IPTRANSAPARTIND：标识 Iub 接口是否支持分路传输，一般设置为不支持。

（3）增加 NodeB 负载控制算法开关参数

◆ ADD NODEBALGOPARA：NODEBNAME = “DNB6200”，NODEBLDCALGOSWITCH = LDCSWITCH-1；

NodeB 负载控制算法开关参数由网络规划部门确定具体设置。

其参数含义如下：

NODEBNAME：NodeB 名称，唯一表征一个 NodeB 的名称。

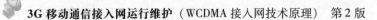

NODEBLDCALGOSWITCH：NodeB 负载控制算法开关。

（4）增加 NodeB 负载重整算法参数

◆ ADD NODEBLDR：NODEBNAME＝“DNB6200”；

其参数含义如下：

NODEBNAME：NodeB 名称，唯一表征一个 NodeB 的名称。

此命令中的参数由网络规划部门提供，一般采用默认值。

（5）增加传输邻节点

◆ ADD ADJNODE：ANI＝0，NAME＝“DNB6200”，NODET＝IUB，NODEBID＝0，TRANST＝IP；

此命令用于增加传输邻节点。

其参数含义如下：

ANI：邻节点标识。

NAME：邻节点名称。

NODET：节点类型，即需要增加的邻节点类型。

NODEBID：NodeB 标识。

TRANST：传输类型。

（6）增加 NCP

◆ ADD NCP：NODEBNAME＝“DNB6200”，CARRYLNKT＝SCTP，SCTPLNKN＝0；

此命令用于增加 RNC 与 NodeB 之间的 NodeB 控制端口（NodeB Control Port，NCP）链路，该链路用于传输 Iub 接口的 NBAP 公共过程消息。

一个 RNC 和一个 NodeB 之间只能配置一条 NCP 链路。

其参数含义如下：

NODEBNAME：NodeB 名称，即所要增加的 NCP 对应的 NodeB 名称。

CARRYLNKT：承载链路类型。当 NCP 是基于 IP 时，设置其承载链路类型为 SCTP；当 NCP 是基于 ATM 时，设置其承载链路类型为 SAAL。

SCTPLNKN：SCTP 链路号，也就是该 NCP 所使用的 SCTP 链路号，承载 NCP 的 SCTP 链路已经配置成功，并且没有被其他链路占用，SCTP 链路号才能在创建 NCP 时被引用。

（7）增加 CCP

◆ ADD CCP：NODEBNAME＝“DNB6200”，PN＝0，CARRYLNKT＝SCTP，SCTPLNKN＝1；

此命令用于增加 RNC 和 NodeB 之间的通信控制端口（Communication Control Port，CCP）链路，用于传输 Iub 接口的 NBAP 专用过程消息。一个 RNC 和一个 NodeB 之间可以配置若干条 CCP 链路；对于同一条 CCP 链路，需要 RNC 与 NodeB 进行协商，端口号在 RNC 和 NodeB 两端必须一致。

其参数含义如下：

NODEBNAME：NodeB 名称，即所要增加的 CCP 对应的 NodeB 名称。

PN：CCP 的端口编号。

CARRYLNKT：承载链路类型。当 NCP 是基于 IP 时，设置其承载链路类型为 SCTP；当 NCP 是基于 ATM 时，设置其承载链路类型为 SAAL。

SCTPLNKN：SCTP 链路号，也就是该 CCP 所使用的 SCTP 链路号，承载 CCP 的 SCTP 链

路已经配置成功，并且没有被其他链路占用，SCTP 链路号才能在创建 CCP 时被引用。

3. 增加邻节点传输资源映射关系

（1）增加传输资源映射关系

◆ ADD TRMMAP：TMI = 0，ITFT = IUB_IUR_IUCS，TRANST = IP；

此命令用于增加传输资源映射关系。RNC 传输资源管理用于对各个接口的传输资源进行管理，提高传输资源的使用效率，保证 QoS。它根据当前业务的业务类型、业务类型和传输资源之间的映射关系和当前传输资源的使用状况，决定当前业务实际建立在哪种承载上。由于不同业务对 QoS 的要求不同，如语音业务要求的 QoS 较高，而 PS 背景业务要求的 QoS 较低，因此将不同 QoS 的业务映射到不同的传输资源上，可以达到有效利用传输资源的目的。

其参数含义如下：

TMI：TRMMAP ID，唯一标识一类传输资源映射关系。

ITFT：接口类型。

TRANST：传输类型。

其他参数一般采用默认设置，如有修改需要参考网络优化参数。

（2）增加激活因子表

◆ ADD FACTORTABLE：FTI = 0，REMARK = "FOR LU-B"；

此命令用于增加激活因子表。由于业务并不总是激活的，传输资源往往不能得到有效利用。为了达到传输资源复用的目的，业务发起时根据业务带宽 × 激活因子预留传输资源。通过调整激活因子，可以控制准入业务的数量。

其参数含义如下：

FTI：激活因子表索引。

REMARK：用途描述。

其他参数一般采用默认设置，如有修改需要参考网络优化参数。

（3）增加邻节点映射关系

◆ ADD ADJMAP：ANI = 0，TMIGLD = 0，TMISLV = 0，TMIBRZ = 0，FTI = 0；

该命令用于为邻节点增加传输资源映射关系，包括各类用户的业务映射关系以及各接口激活因子表。

其参数含义如下：

ANI：需要增加传输资源映射关系的邻节点标识。

TMIGLD：金牌用户 TRMMAP 索引。

TMISLV：银牌用户 TRMMAP 索引。

TMIBRZ：铜牌用户 TRMMAP 索引。

金/银/铜牌用户 TRMMAP 索引表示当前邻节点的不同等级用户使用的业务映射表的索引。

FTI：当前邻节点使用激活因子表索引。

4. 增加 RNC Iub 接口用户面数据

当 Iub 接口采用 IP 传输时，需要为该 Iub 接口增加用户面数据，包括增加端口控制器、增加 IP Path、增加 IP 路由。

（1）增加端口控制器

◆ ADD PORTCTRLER：SRN = 0，SN = 26，PT = ETHER，CARRYEN = 0，CTRLSN = 0
CTRLSSN = 1；

此命令为指定端口添加传输资源管理控制 SPU 子系统。

其参数含义如下：

SRN：待控制端口所在的框号。

SN：待控制接口板端口所在的槽号。

PT：待控制端口的端口类型。ETHER 代表以太网端口，NCOPT 代表光接口。

CARRYEN：待控制的以太网端口号。

CTRLSN：用于控制端口的 SPUa 单板所在的槽位号。

CTRLSSN：控制端口的 SPU 子系统号。

（2）增加 IP Path

◆ ADD IPPATH：ANI = 0，PATHID = 0，PATHT = HQ_RT，IPADDR = "22. 22. 22. 1"
PEERIPADDR = "22. 22. 22. 2"，PEERMASK = "255. 255. 255. 0"，TXBW = 5000C
RXBW = 50000；

其参数含义如下：

ANI：该 IP Path 所连接的邻节点标识。

PATHID：IP Path 标识，用来标识一条 IP Path。

PATHT：Path 类型。根据该业务类型的不同来增加若干条 IP Path。

IPADDR：本端 IP 地址。

PEERIPADDR：对端 IP 地址。

PEERMASK：对端子网掩码。

TXBW：发送带宽。

RXBW：接收带宽。

（3）增加 IP 路由

◆ ADD IPRT：SRN = 0，SN = 26，DESTIP = "10. 150. 200. 145"，MASK
"255. 255. 255. 255"，NEXTHOP = "10. 150. 226. 101"，PRIORITY = HIGH，REMARK
"IUB"；

其参数含义如下：

SRN：框号。

SN：槽位号。

DESTIP：目的 IP 地址。

MASK：子网掩码。

NEXTHOP：下一跳。

PRIORITY：路由优先级。

REMARK：该路由记录的用途说明。

只有当 RNC 与 NodeB 之间采用三层组网时才配置该命令。也就是说，如要与在不同段的目标 NodeB 地址 DESTIP 通信，需要定义单板端口直连的下一跳地址 NEXTHOP。

5. 增加 RNC Iub 接口操作维护通道

◆ ADD NODEBIP：NODEBID = 0003，NBTRANTP = IPTRANS _ IP，NBIPOAMIP = "3. 3. 8. 0"，NBIPOAMMASK = "255. 255. 255. 0"，IPSRN = 0，IPSN = 14，IPGATEWAYIP = "22. 22. 22. 2"，IPLOGPORTFLAG = NO；

此命令用于增加 NodeB IP 地址，用于 NodeB Iub 接口操作维护通道。

具体参数含义如下：

NODEBID：NodeB 标识。

NBTRANTP：NodeB 传输类型。

NBIPOAMIP：NodeB IP 栈 IP 地址。

NBIPOAMMASK：NodeB IP 栈掩码。

IPSRN：NodeB IP 栈框号，NodeB 采用 IP 传输时接口板所在框号。

IPSN：NodeB IP 栈槽位号，NodeB 采用 IP 传输时接口板所在槽号。

IPGATEWAYIP：NodeB IP 栈传输 RNC 网关侧 IP 地址。如果采用二层组网，则网关 IP 地址为 NodeB 侧接口板 IP 地址；如果采用三层组网，则网关 IP 地址为 RNC 侧网关 IP 地址。

IPLOGPORTFLAG：NodeB IP 栈是否绑定逻辑端口。NodeB 基于 IP 传输时，是否承载在逻辑端口上，一般设置为否。

.5　RNC Iu 接口数据配置

Iu 接口是连接 UTRAN 和 CN 的接口，它是一个开放的接口。从结构上来看，一个 CN 可以和几个 RNC 相连，而任何一个 RNC 和 CN 之间的 Iu 接口可以分成三个域：Iu-CS（电路交换域）、Iu-PS（分组交换域）和 Iu-BC（广播域），如图 7-13 所示。

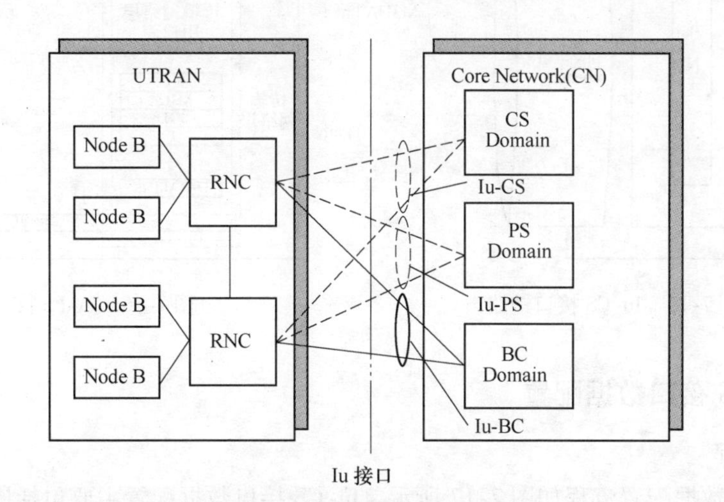

图 7-13　Iu 接口

一个 RNC 最多存在一个 Iu-PS 接口，一个 Iu-CS 接口，但可以有多个 Iu-BC 接口。PS与 Iu-CS 接口使用 RANAP 协议，Iu-BC 接口使用 SABP 协议。Iu 接口主要负责传递非入层的控制消息、用户信息、广播信息及控制 Iu 接口上的数据传递等。

7.5.1 Iu 接口协议栈

1. Iu-CS 接口协议栈

当 Iu-CS 接口使用 IP 传输时，增加 Iu-CS 接口数据需要遵循的顺序与协议结构一致，即从底层向上层，从控制面到用户面进行数据配置。Iu-CS 接口协议栈如图 7-14 所示。

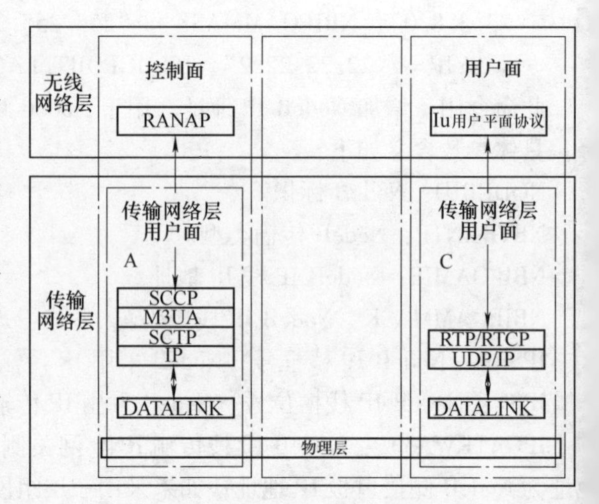

图 7-14 Iu-CS 接口协议栈

从 CN 侧来看，Iu-CS 接口（IP 传输）存在两种类型的链路：M3UA 链路和 IP Path。Iu-CS 接口链路如图 7-15 所示。图中，RINT 指的是 RNC 中所有 IP 传输接口板，主要有 FG2 和 GOU 板。

2. Iu-PS 接口协议栈

当 Iu-PS 接口使用 IP 传输时，增加 Iu-PS 接口数据需要遵循的顺序与协议结构一致，即从底层向上层，控制面到用户面进行数据配置。Iu-PS 接口协议栈如图 7-16所示。

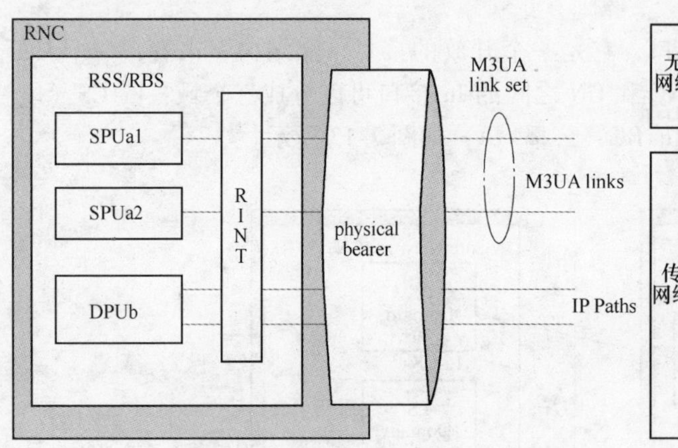

图 7-15 Iu-CS 接口链路

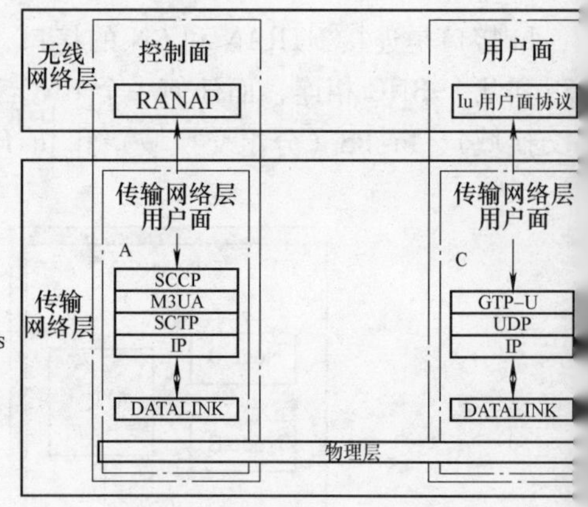

图 7-16 Iu-PS 接口协议栈

7.5.2 Iu-CS 接口数据配置

1. 配置流程

Iu-CS 接口数据配置流程如图 7-17 所示。Iu-CS 接口数据配置主要包括增加物理层和数据链路层数据、增加 RNC Iu-CS 接口控制面数据、增加邻节点传输资源映射关系、增加 RNC Iu-CS 接口用户名数据。

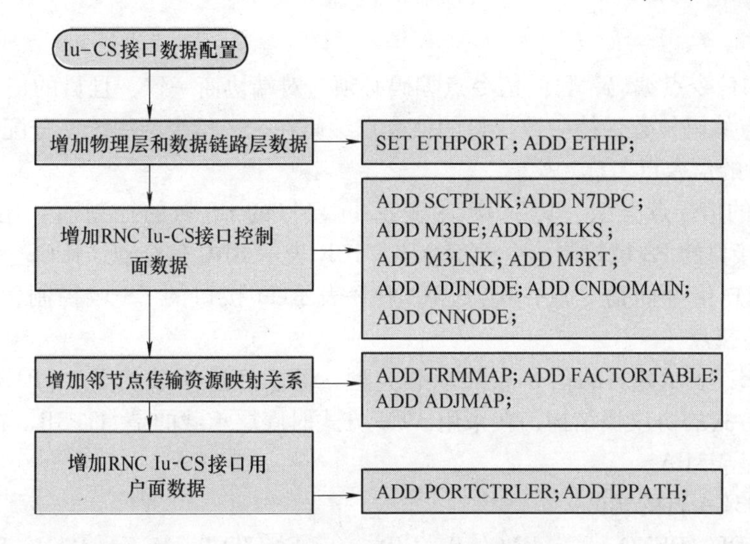

图 7-17　Iu-CS 接口数据配置流程

2. 配置命令及含义

（1）增加物理层和数据链路层数据

Iu-CS 接口物理层及数据链路层数据配置与 Iub 接口配置的数据顺序及含义基本类似，可以参考 Iub 接口数据配置部分的参数说明，本节不再重复介绍。需要注意的是，物理端口尽量选择与 Iub 的物理端口不在同一块接口板上，便于规范管理。

- SET ETHPORT：SRN = 0，SN = 14，BRDTYPE = FG2，PTYPE = FE，PN = 4；
- ADD ETHIP：SRN = 0，SN = 14，PN = 4，IPTYPE = PRIMARY，IPADDR = "10.11.61.151"，MASK = "255.255.255.0"；

（2）增加 RNC Iu-CS 接口控制面数据

1）增加 SCTP 链路。

- ADD SCTPLNK：SRN = 0，SN = 0，SSN = 2，SCTPLNKN = 0，MODE = CLIENT，APP = M3UA，LOCPTNO = 3015，LOCIPADDR1 = "10.11.61.151"，PEERIPADDR1 = "10.11.61.11"，PEERPORTNO = 3000，LOGPORTFLAG = NO，VLANFlAG = DISABLE，SWITCHBACKFLAG = YES；

其参数含义如下：

MODE：工作模式，SCTP 链路工作模式，分为 Client 和 Server 两种。当该 SCTP 链路用于基于 IP 传输的 Iub 接口时，工作模式为 Server；当该 SCTP 链路用于基于 IP 传输的 Iu-CS 和 Iu-PS 接口时，工作模式为 Client。

APP：SCTP 链路的上层应用类型，Iub 接口上层类型可以为 NBAP，Iur、Iu-PS、Iu-CS 上层应用类型为 M3UA。

2）增加目的信令点。

- ADD N7DPC：DPX = 0，DPC = H'A10，NAME = "MSC"，DPCT = IUCS，BEARTYPE = M3UA；

其参数含义如下：

DPX：目的信令点索引，目的信令点在查询表中的一个索引，该索引唯一标识一个目的信令点。

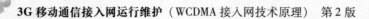

DPC：目的信令点编码，目的信令点编码必须与对端协商一致，且目的信令点编码位数需要与源信令点编码位数保持一致。目的信令点编码在 SS7 信令网中统一分配，不能重复。

NAME：目的信令点名称。

DPCT：目的信令点类型，其中 IUCS 表示 Iu 接口的 CS 域的控制面和用户面信令点，IU-PS 表示 Iu 接口的 PS 域控制信令面信令点，IUR 表示 RNC 信令点，IUCS_ALCAP 表示 Iu 接口的 CS 域用户信令面信令点，IUCS_RANAP 表示 Iu 接口的 CS 域控制信令面信令点，STP 表示信令转接点。

BEARTYPE：表示该目的信令点的承载类型，标识底层承载的是 MTP3B 还是 M3UA。根据不同传送方式的协议栈结构，在采用 ATM 方式时底层承载的是 MTP3B，在采用 IP 方式时底层承载的是 M3UA。

3）增加 M3UA 目的实体。

◆ ADD M3DE：DENO =0，LENO =0，DPX =0，ENTITYT = M3UA_IPSP，RTCONTEXT = 4294967290，NAME = "MSC"；

其参数含义如下：

DENO：目的实体号。M3UA 的目的实体索引与 M3UA 目的实体是一一对应的。

LENO：本地实体号。M3UA 的目的实体所对应的本地实体索引。该本地实体索引在 RNC 全局配置里通过命令 ADD M3LE 已配置。

DPX：目的信令点索引。该目的信令点索引已经通过命令 ADD N7DPC 配置。

ENTITYT：M3UA 的目的实体类型。

RTCONTEXT：M3UA 目的实体的路由上下文，如果配置了路由上下文，则不同的目的实体其路由上下文一定不能相同。

NAME：目的实体名称。

4）增加 M3UA 链路集。

◆ ADD M3LKS：SIGLKSX =0，DENO =0，WKMODE = M3UA_IPSP，NAME = "M3LKS FOR CS"；

对于 R4/R5/R7 的 Iu-CS 接口，如果 RNC 与 MSC Server 通过 MGW 相连，且 MGW 设置为信令转接点，则仅需要配置到 MGW 的 M3UA 信令链路集即可。

其参数含义如下：

SIGLKSX：信令链路集索引。

DENO：目的实体号。

WKMODE：工作模式。

NAME：M3UA 链路集名称。

5）增加 M3UA 链路。

◆ ADD M3LNK：SIGLKSX =0，SIGLNKID =0，SRN =0，SN =0，SSN =2，SCTPLNKN =0，NAME = "M3LIN FOR CS"；

其参数含义如下：

SIGLKSX：该 M3UA 链路所在的 M3UA 的链路集索引。

SIGLNKID：在同一 SPU 子系统下 M3UA 链路的编号。

SRN：控制该M3UA信令链路的SPU所在的框号。

SN：控制该M3UA链路的SPU槽号。

SSN：控制该M3UA链路的SPU子系统号。

SCTPLNKN：承载M3UA链路的SCTP链路号。该SCTP链路通过执行ADD SCTPLNK已配置。

NAME：M3UA链路名称。

6）增加M3UA路由。

◆ ADD M3RT：DENO=0，SIGLKSX=0，NAME="M3RT FOR CS"；

此命令用于增加M3UA路由。M3UA路由指信令消息从M3UA本地实体到目的实体所经过的链路集。增加M3UA路由，即指定目的实体与该链路集间的对应关系。

如果目的实体号域对应的目的实体与M3UA链路集索引域对应的目的实体不一致，则需要确认M3UA链路集索引域对应的目的实体是否有转接功能。

其参数含义如下：

DENO：M3UA的链路集所对应的目的实体索引。

SIGLKSX：M3UA链路集索引。

NAME：M3UA路由名称。

7）增加传输邻节点。

◆ ADD ADJNODE：ANI=1，NAME="MSC"，NODET=IUCS，TRANST=IP；

当CS域为R4/R5/R7组网时，目的信令点索引设置为MGW的目的信令点索引；当CS域为R99组网时，目的信令点索引设置为MSC的目的信令点索引。

此命令用于增加传输邻节点。其参数含义如下：

ANI：邻节点标识。

NAME：邻节点名称。

NODET：节点类型，即为需要增加的邻节点类型。

TRANST：传输类型。

8）增加CN域。

◆ ADD CNDOMAIN：CNDomainId=CS_DOMAIN；

其参数含义如下：

CNDomainId：CN域标识，该参数表示核心网类型。CS_DOMAIN代表电路交换域，PS_DOMAIN代表分组交换域。

9）增加CN节点。

◆ ADD CNNODE：CNID=1，CNDOMAINID=CS_DOMAIN，DPX=0，CNPROTCLVER=R5，SUPPORTCRTYPE=CR529_SUPPORT，CNLOADSTATUS=NORMAL，AVAILCAP=65535，TNLBEARERTYPE=IP_TRANS，RTCPSWITCH=OFF；

此命令用于增加CN节点。其参数含义如下：

CNID：CN节点标识。

CNDOMAINID：CN域标识。

DPX：目的信令点索引。

CNPROTCLVER：CN协议版本。

SUPPORTCRTYPE：CR 支持类型。

CNLOADSTATUS：CN 节点负荷状态。

AVAILCAP：CN 节点容量。

TNLBEARERTYPE：Iu 传输网络层承载类型。

（3）增加邻节点传输资源映射关系

Iu-CS 接口的邻节点传输资源映射关系数据配置与 Iub 接口配置的类似数据顺序及含义基本无区别，可以参考 Iub 接口数据配置部分的参数说明，本节不再重复介绍。

该部分的各 ID 或索引值不能与 Iub 接口相关数据一致，以区别管理。

◆ ADD TRMMAP：TMI = 1，ITFT = IUB_IUR_IUCS，TRANST = IP；

此命令用于增加传输资源映射关系。RNC 传输资源管理用于对各个接口的传输资源进行管理，提高传输资源的使用效率，保证 QoS。它根据当前业务的业务类型、业务类型和传输资源之间的映射关系和当前传输资源的使用状况，决定当前业务实际建立在哪种承载上。由于不同业务对 QoS 的要求不同，如语音业务要求的 QoS 较高，而 PS 背景业务要求的 QoS 较低，因此将不同 QoS 的业务映射到不同的传输资源上，可以达到有效利用传输资源的目的。

其参数含义如下：

TMI：TRMMAP ID，唯一标识一类传输资源映射关系。

ITFT：接口类型。

TRANST：传输类型。

其他参数一般采用默认设置，如有修改需要参考网络优化参数。

◆ ADD FACTORTABLE：FTI = 1，REMARK = “FOR CS”；

此命令用于增加激活因子表。由于业务并不总是激活的，传输资源往往不能得到有效利用。为了达到传输资源复用的目的，业务发起时根据业务带宽 × 激活因子预留传输资源。通过调整激活因子，可以控制准入业务的数量。

其参数含义如下：

FTI：激活因子表索引。

REMARK：用途描述。

其他参数一般采用默认设置，如有修改需要参考网络优化参数。

◆ ADD ADJMAP：ANI = 1，CNMNGMODE = SHARE，TMIGLD = 1，TMISLV = 1，TMIBRZ = 1，FTI = 1；

该命令用于为邻节点增加传输资源映射关系，包括各类用户的业务映射关系以及各接口的激活因子表。

其参数含义如下：

ANI：邻节点标识，需要增加传输资源映射关系的邻节点标识。

TMIGLD：金牌用户 TRMMAP 索引。

TMISLV：银牌用户 TRMMAP 索引。

TMIBRZ：铜牌用户 TRMMAP 索引。

金/银/铜牌用户 TRMMAP 索引表示当前邻节点的不同等级用户使用的业务映射表的索引。

FTI：当前邻节点使用激活因子表索引。

（4）增加 RNC Iu-CS 接口用户面数据

1）增加端口控制器。

◆ ADD PORTCTRLER：SRN = 0，SN = 14，PT = ETHER，CARRYEN = 4，CTRLSN = 0，CTRLSSN = 2；

此命令为指定端口添加传输资源管理控制 SPU 子系统。其参数含义如下：

SRN：待控制端口所在的框号。

SN：待控制接口板端口所在的槽号。

PT：待控制端口的端口类型。ETHER 代表以太网端口，NCOPT 代表光接口。

CARRYEN：待控制的以太网端口号。

CTRLSN：用于控制端口的 SPUa 单板所在的槽位号。

CTRLSSN：控制端口的 SPU 子系统号。

2）增加 IP Path。

◆ ADD IPPATH：ANI = 1，PATHID = 0，PATHT = HQ_RT，IPADDR = "10.11.61.151"，PEERIPADDR = "10.11.61.88"，PEERMASK = "255.255.255.0"，TXBW = 50000，RXBW = 50000；

对 Iu-CS 类型的邻节点，IP Path 类型只能为 0：RT 和 6：QOS。

其参数含义如下：

ANI：该 IP Path 所连接的邻节点标识。

PATHID：IP Path 标识，用来标识一条 IP Path。

PATHT：Path 类型。根据该业务类型的不同来增加若干条 IP Path。

IPADDR：本端 IP 地址。

PEERIPADDR：对端 IP 地址。

PEERMASK：对端子网掩码。

TXBW：发送带宽。

RXBW：接收带宽。

7.5.3 Iu-PS 接口数据配置

1. 配置流程

Iu-PS 接口数据配置流程如图 7-18 所示。Iu-PS 接口数据配置主要包括增加物理层和数据链路层数据、增加 RNC Iu-PS 接口控制面数据、增加邻节点传输资源映射关系、增加 RNC Iu-PS 接口用户名数据。

2. 配置命令及含义

（1）增加物理层和数据链路层数据

1）设置以太网端口属性。

◆ SET ETHPORT：SRN = 0，SN = 14，BRDTYPE = FG2，PTYPE = FE，PN = 5；

其参数含义如下：

SRN：框号，即以太网端口所在框号。

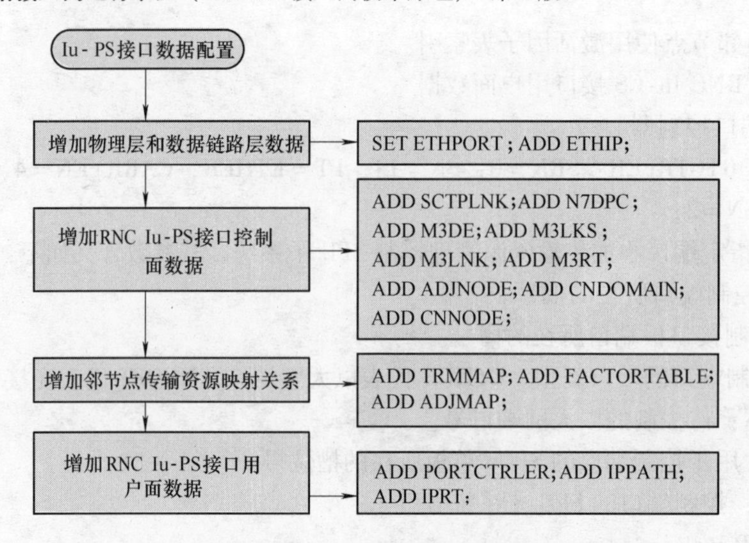

图 7-18 Iu-PS 接口数据配置流程

SN：槽位号，即以太网端口所在接口板的槽位号。

BRDTYPE：单板类型，即以太网端口所在接口的单板类型。

PTYPE：端口类型，当 BRDTYPE 选择 FG2 时有效。

PN：端口号，即以太网端口号。

2）添加以太网端口 IP 地址。

◆ ADD ETHIP：SRN = 0，SN = 14，PN = 5，IPTYPE = PRIMARY，IPADDR = "20.11.61.151"，MASK = "255.255.255.0"；

其参数含义如下：

SRN：框号。

SN：槽位号。

PN：端口号。

IPTYPE：IP 地址类型。

IPADDR：本端 IP 地址，该 IP 地址为以太网端口的本端 IP 地址。

MASK：子网掩码，即以太网端口所在的子网掩码。

（2）增加 RNC Iu-PS 接口控制面数据

1）增加 SCTP 链路。

◆ ADD SCTPLNK：SRN = 0，SN = 0，SSN = 3，SCTPLNKN = 0，MODE = CLIENT，APP = M3UA，LOCPTNO = 4005，LOCIPADDR1 = " 20.11.61.151 "，PEERIPADDR1 = "20.20.61.88"，PEERPORTNO = 4000，LOGPORTFLAG = NO，VLANFlAG = DISABLE，SWITCHBACKFLAG = YES；

其参数含义如下：

MODE：工作模式，SCTP 链路工作模式，分为 Client 和 Server 两种。当该 SCTP 链路用于基于 IP 传输的 Iub 接口时，工作模式为 Server；当该 SCTP 链路用于基于 IP 传输的 Iu-CS 和 Iu-PS 接口时，工作模式为 Client。

APP：应用类型，SCTP 链路的上层应用类型，Iub 接口上层类型可以为 NBAP，Iur、Iu-PS、

Iu-CS上层应用类型为M3UA。

2）增加目的信令点。

◆ ADD N7DPC：DPX = 1，DPC = H'A9，NAME = "SGSN"，DPCT = Iu-PS，BEARTYPE = M3UA；

其参数含义如下：

DPX：目的信令点索引，目的信令点在查询表中的一个索引，该索引唯一标识一个目的信令点。

DPC：目的信令点编码，目的信令点编码必须与对端协商一致，且目的信令点编码位数需要与源信令点编码位数保持一致。目的信令点编码在SS7信令网中统一分配，不能重复。

NAME：目的信令点名称。

DPCT：目的信令点类型，其中IUCS表示Iu接口的CS域的控制面和用户面信令点，Iu-PS表示Iu接口的PS域控制信令面信令点，IUR表示RNC信令点，IUCS_ALCAP表示Iu接口的CS域的用户信令面信令点，IUCS_RANAP表示Iu接口的CS域控制信令面信令点，STP表示信令转接点。

BEARTYPE：表示该目的信令点的承载类型，标识底层承载的是MTP3B还是M3UA。根据不同传送方式的协议栈结构，在采用ATM方式时底层承载的是MTP3B，在采用IP方式时底层承载的是M3UA。

3）增加M3UA目的实体。

◆ ADD M3DE：DENO = 1，LENO = 0，DPX = 1，ENTITYT = M3UA_IPSP，RTCONTEXT = 4294967290，NAME = "SGSN"；

其参数含义如下：

DENO：目的实体号。M3UA的目的实体索引与M3UA目的实体是一一对应的。

LENO：本地实体号。M3UA目的实体所对应的本地实体索引。该本地实体索引在RNC全局配置里通过命令ADD M3LE已配置。

DPX：目的信令点索引。

ENTITYT：M3UA的目的实体类型。

RTCONTEXT：M3UA目的实体的路由上下文，如果配置了路由上下文，则不同的目的实体其路由上下文一定不能相同。

NAME：目的实体名称。

4）增加M3UA链路集。

◆ ADD M3LKS：SIGLKSX = 1，DENO = 1，WKMODE = M3UA_IPSP，NAME = "M3LKS FOR PS"；

对于R4/R5/R7的Iu-PS接口，需要配置到SGSN的M3UA信令链路集即可。

其参数含义如下：

SIGLKSX：信令链路集索引。

DENO：目的实体号。

WKMODE：工作模式。

NAME：M3UA链路集名称。

5）增加M3UA链路。

◆ ADD M3LNK：SIGLKSX = 1，SIGLNKID = 1，SRN = 0，SN = 0，SSN = 3，SCTPLNKN = 0，NAME = “M3LNK FOR PS”；

其参数含义如下：

SIGLKSX：该 M3UA 链路所在的 M3UA 的链路集索引。

SIGLNKID：在同一 SPU 子系统下 M3UA 链路的编号。

SRN：控制该 M3UA 信令链路的 SPU 所在的框号。

SN：控制该 M3UA 链路的 SPU 槽号。

SSN：控制该 M3UA 链路的 SPU 子系统号。

SCTPLNKN：承载 M3UA 链路的 SCTP 链路号。该 SCTP 链路通过执行 ADD SCTPLNK 已配置。

NAME：M3UA 链路名称。

6）增加 M3UA 路由。

◆ ADD M3RT：DENO = 1，SIGLKSX = 1，NAME = “M3RT FOR PS”；

其参数含义如下：

DENO：M3UA 的链路集所对应的目的实体索引。

SIGLKSX：M3UA 链路集索引。

NAME：M3UA 路由名称。

7）增加传输邻节点。

◆ ADD ADJNODE：ANI = 2，NAME = “SGSN”，NODET = Iu-PS，SGSNFLG = YES，DPX = 1，TRANST = IP；

此命令用于增加传输邻节点。其参数含义如下：

ANI：邻节点标识。

NAME：邻节点名称。

NODET：节点类型，即为需要增加的邻节点类型。

TRANST：传输类型。

8）增加 CN 域。

◆ ADD CNDOMAIN：CNDomainId = PS_DOMAIN；

其参数含义如下：

CNDomainId：CN 域标识，该参数表示核心网类型。CS_DOMAIN 代表电路交换域，PS_DOMAIN 代表分组交换域。

9）增加 CN 节点。

◆ ADD CNNODE：CNID = 1，CNDOMAINID = PS_DOMAIN，DPX = 1，CNPROTCLVER = R5，SUPPORTCRTYPE = CR529_SUPPORT，CNLOADSTATUS = NORMAL，AVAILCAP = 65535，TNLBEARERTYPE = IP_TRANS；

此命令用于增加 CN 节点。其参数含义如下：

CNID：CN 节点标识。

CNDOMAINID：CN 域标识。

DPX：目的信令点索引。

CNPROTCLVER：CN 协议版本。

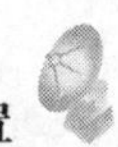

SUPPORTCRTYPE：CR支持类型。

CNLOADSTATUS：CN节点负荷状态。

AVAILCAP：CN节点容量。

TNLBEARERTYPE：Iu传输网络层承载类型。

（3）增加邻节点传输资源映射关系

该部分的各ID或索引值不能与Iub、Iu-CS接口相关数据一致，以区别管理。

◆ ADD TRMMAP：TMI=2，ITFT=Iu-PS；

此命令用于增加传输资源映射关系。其参数含义如下：

TMI：TRMMAP ID，唯一标识一类传输资源映射关系。

ITFT：接口类型。

其他参数一般采用默认设置，如有修改需要参考网络优化参数。

◆ ADD FACTORTABLE：FTI=2，REMARK="FOR PS"；

此命令用于增加激活因子表。其参数含义如下：

FTI：激活因子表索引。

REMARK：用途描述。

其他参数一般采用默认设置，如有修改需要参考网络优化参数。

◆ ADD ADJMAP：ANI=2，CNMNGMODE=SHARE，TMIGLD=2，TMISLV=2，TMIBRZ=2，FTI=2；

该命令用于为邻节点增加传输资源映射关系，包括各类用户的业务映射关系以及各接口的激活因子表。

其参数含义如下：

ANI：邻节点标识，需要增加传输资源映射关系的邻节点标识。

TMIGLD：金牌用户TRMMAP索引。

TMISLV：银牌用户TRMMAP索引。

TMIBRZ：铜牌用户TRMMAP索引。

金/银/铜牌用户TRMMAP索引表示当前邻节点的不同等级用户使用的业务映射表的索引。

FTI：当前邻节点使用激活因子表索引。

（4）增加RNC Iu-PS接口用户面数据

1）增加端口控制器。

◆ ADD PORTCTRLER：SRN=0，SN=14，PT=ETHER，CARRYEN=5，CTRLSN=0，CTRLSSN=3；

此命令为指定端口添加传输资源管理控制SPU子系统。其参数含义如下：

SRN：待控制端口所在的框号。

SN：待控制接口板端口所在的槽号。

PT：待控制端口的端口类型。ETHER代表以太网端口、NCOPT代表光接口。

CARRYEN：待控制的以太网端口号。

CTRLSN：用于控制端口的SPUa单板所在槽位号。

CTRLSSN：控制端口的SPU子系统号。

2）增加 IP Path。

◆ ADD IPPATH：ANI = 2，PATHID = 1，PATHT = HQ_RT，IPADDR = “20. 11. 61. 151”，PEERIPADDR = “216. 164. 95. 61”，PEERMASK = “255. 255. 255. 0”，TXBW = 50000，RXBW = 50000，CARRYFLAG = NULL，FPMUX = NO，VLANFlAG = DISABLE，PATHCHK = DISABLED；

其参数含义如下：

ANI：该 IP Path 所连接的邻节点标识。

PATHID：IP Path 标识，用来标识一条 IP Path。

PATHT：Path 类型。根据该业务类型的不同来增加若干条 IP Path。

IPADDR：本端 IP 地址。

PEERIPADDR：对端 IP 地址。

PEERMASK：对端子网掩码。

TXBW：发送带宽。

RXBW：接收带宽。

3）增加路由。

◆ ADD IPRT：SRN = 0，SN = 14，DESTIP = “216. 164. 95. 0”，MASK = “255. 255. 255. 0”，NEXTHOP = “20. 11. 61. 11”，PRIORITY = HIGH；

需要注意的是，Iu-PS 接口一般都会采用三层组网的方式，需要添加路由信息。

其参数含义如下：

SRN：单板所处的框号。

SN：单板槽位号。

DESTIP：目的 IP 地址。

MASK：子网掩码。

NEXTHOP：下一跳 IP 地址。

PRIORITY：路由的优先级。

7.6 RNC 侧无线小区数据配置

RNC 的设备数据、全局数据、Iub 和 Iu 接口数据都配置完成后，最后一步需要在 RNC 上配置无线层数据，即无线小区数据配置。小区数据配置流程及 MML 命令如图 7-19 所示 。

扇区（Sector）是指覆盖一定地理区域的最小无线覆盖区。每个扇区使用一个或多个无线载频（Radio carrier）完成无线覆盖，每个无线载频使用某一载波频点（Frequency）。扇区和载频组成了提供 UE 接入的最小服务单位，即小区（Cell）。

7.6.1 在 RNC 上快速新建小区

在 RNC 上快速新建一个小区，该小区只有少数参数需要手动配置，其余参数采用默认配置。小区数据和本地小区所在 NodeB 的数据由同一个 SPUa 子系统处理。

快速新建小区的参数关系如图 7-20 所示 。

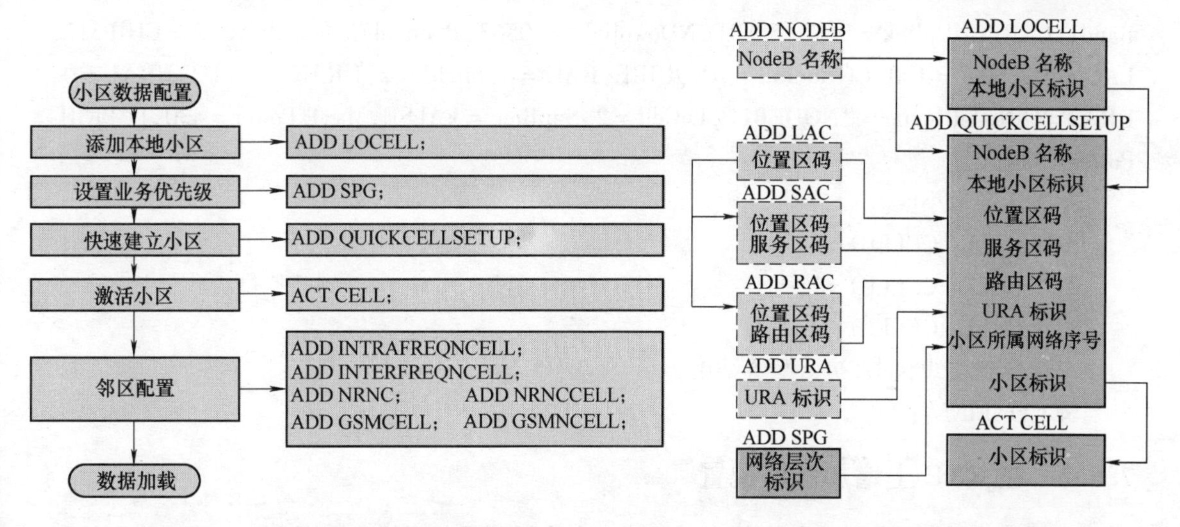

图 7-19 小区数据配置流程及 MML 命令　　　图 7-20 快速新建小区的参数关系

其操作步骤如下：

1）执行 MML 命令 ADD LOCELL，增加本地小区基本信息。

2）执行 MML 命令 ADD SPG，设置不同类型业务在小区中的优先级。

3）执行 MML 命令 ADD QUICKCELLSETUP，快速建立小区。

4）执行 MML 命令 ACT CELL，激活小区。

RNC 小区数据脚本包括：本地小区基本信息、逻辑小区信息、同频相邻小区信息、异频相邻小区信息、GSM 相邻小区信息。典型站型 S1/1/1 的 RNC 侧无线小区配置脚本如下：

//快速新建小区。

//增加本地小区基本信息。

ADD LOCELL：NODEBNAME =“NodeB1”,LOCELL =0；

ADD LOCELL：NODEBNAME =“NodeB1”,LOCELL =1；

ADD LOCELL：NODEBNAME =“NodeB1”,LOCELL =2；

//设置不同类型业务在小区中的优先级。

ADD SPG：SpgId =2,PriorityServiceForR99RT =1,PriorityServiceForR99NRT =2,PriorityServiceForHSPA =2,PriorityServiceForExtRab =3；

//快速增加逻辑小区信息。

ADD QUICKCELLSETUP：CellId =0,CellName =“CELL 0”,CnOpIndex =0,BandInd =Band1,UARFCNUplink =9613,UARFCNDownlink =10563,PScrambCode =0,TCell =CHIP0,LAC =100,SAC =100,CfgRacInd =REQUIRE,RAC =0,SpgId =2,URANUM =D2,URA1 =0,URA2 =1,NodeBName =“NODEB1”,LoCell =0,SupBmc =FALSE,MaxTxPower =430,PCPICHPower =330；

ADD QUICKCELLSETUP：CellId =1,CellName =“CELL 1”,CnOpIndex =0,BandInd =Band1,UARFCNUplink =9613,UARFCNDownlink =10563,PScrambCode =1,TCell =CHIP256,LAC =100,SAC =100,CfgRacInd =REQUIRE,RAC =0,SpgId =2,URANUM =D2,URA1 =0,URA2 =1,NodeBName =“NODEB1”,LoCell =1,SupBmc =FALSE,MaxTxPower =430,PCPICHPower =330；

ADD QUICKCELLSETUP：CellId =2,CellName =“CELL 2”,CnOpIndex =0,BandInd =

Band1, UARFCNUplink = 9613, UARFCNDownlink = 10563, PScrambCode = 2, TCell = CHIP512, LAC = 100, SAC = 100, CfgRacInd = REQUIRE, RAC = 0, SpgId = 2, URANUM = D2, URA1 = 0, URA2 = 1, NodeBName = "NODEB1", LoCell = 2, SupBmc = FALSE, MaxTxPower = 430, PCPICH-Power = 330;

//激活逻辑小区。

ACT CELL: CELLID = 0;

ACT CELL: CELLID = 1;

ACT CELL: CELLID = 2;

//切换到在线状态,初始配置结束。

SET ONLINE: ;

7.6.2 在 RNC 上增加邻区配置

为小区配置的相邻小区信息将在系统消息中广播下发。无线小区存在于一个无线网络环境中，RNC 保存每个小区的相邻小区信息并通过系统消息或者测量控制信息下发给 UE，以便进行小区重选与切换。邻区参数应该由网络规划给出。

通常小区之间的邻区关系是相互的，根据小区的工作频点，邻区可以分为同频相邻小区，异频相邻小区和异系统相邻小区（如 GSM 邻近小区），这里只简单介绍同频和异频相邻小区。

1. 增加同频相邻小区

为小区增加一个同频相邻小区，包含两个小区属于相同 RNC 和不同 RNC 两种情况。对于一个小区，它的同频相邻小区之间不能有相同的主扰码。

增加同频相邻小区（相邻小区位于本 RNC 上）的参数关系如图 7-21 所示。

增加同频相邻小区（位于相邻 RNC 上）的参数关系如图 7-22 所示 。

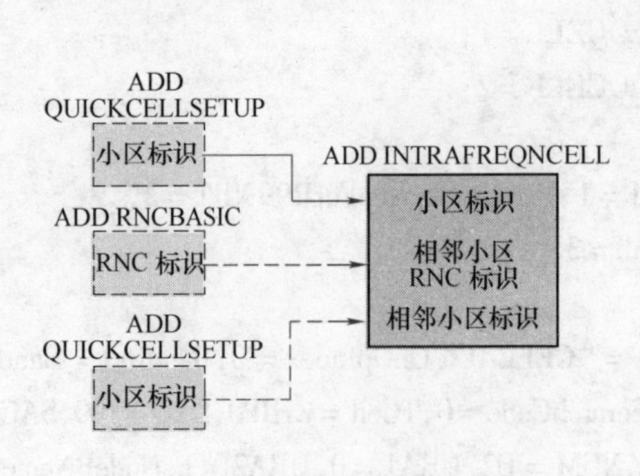

图 7-21 增加本 RNC 同频相邻小区

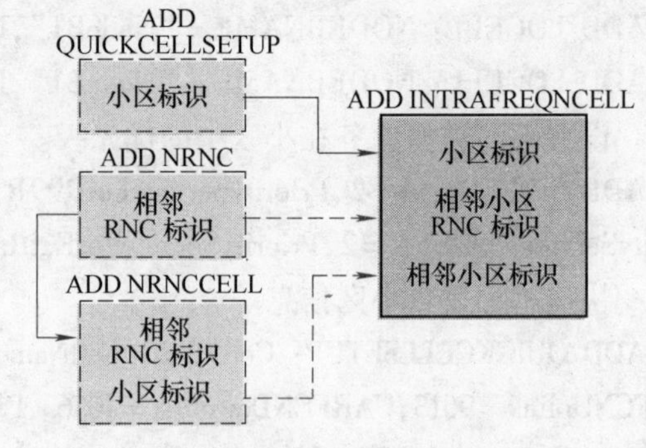

图 7-22 增加相邻 RNC 同频相邻小区

其操作步骤如下：

如果同频相邻小区与本小区位于相同 RNC 上，执行 MML 命令 ADD INTRAFREQN-CELL，配置该小区为本小区的同频相邻小区。

如果同频相邻小区与本小区位于不同 RNC 上，执行 MML 命令 ADD NRNCCELL，增加

该同频相邻小区的基本信息。如果相邻 RNC 没有配置 URA 信息，执行 MML 命令 ADD NRNCURA，设置相邻 RNC 的 URA 信息。执行 MML 命令 ADD INTRAFREQNCELL，配置该小区为本小区的同频相邻小区。

2. 增加异频相邻小区

为小区增加一个异频相邻小区，包含两个小区属于相同 RNC 和不同 RNC 两种情况。某小区异频相邻小区之间的上行频点、下行频点和扰码不能同时相同。

增加异频相邻小区（位于本 RNC）的参数关系如图 7-23 所示 。

增加异频相邻小区（位于邻近 RNC）的参数关系如图 7-24 所示 。

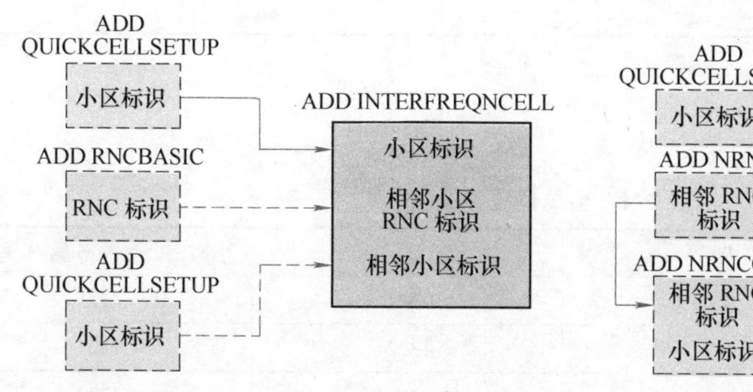

图 7-23 增加本 RNC 异频相邻小区

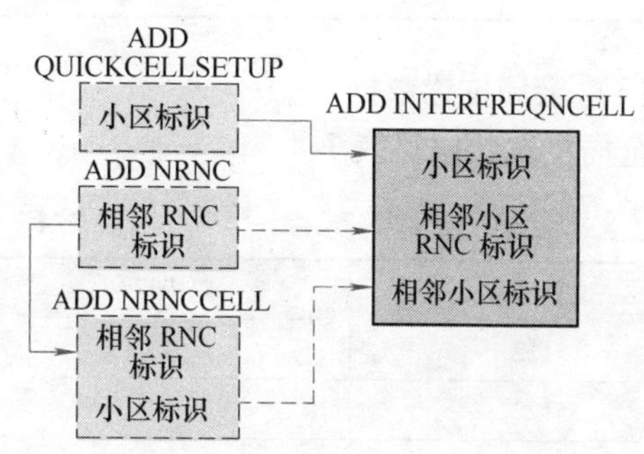

图 7-24 增加邻近 RNC 异频相邻小区

其操作步骤如下：

如果异频相邻小区与本小区位于相同 RNC 上，执行 MML 命令 ADD INTERFREQNCELL，配置该小区为本小区的异频相邻小区。

如果异频相邻小区与本小区位于不同 RNC 上 ，执行 MML 命令 ADD NRNCCELL，增加该异频相邻小区的基本信息。如果异频相邻 RNC 没有配置 URA 信息，执行 MML 命令 ADD NRNCURA，设置异频相邻 RNC 的 URA 信息。执行 MML 命令 ADD INTERFREQNCELL，配置该小区为本小区的异频相邻小区。

7.7 RNC 典型配置案例

本节以 S1/1/1 站型为例，给出了配置脚本。

7.7.1 RNC 开局配置的协商数据

1. 全局部分

（1）CN 全局协商数据

CN 全局协商数据见表 7-2。

表 7-2 CN 全局协商数据

移动国家码	网络码
460	12

（2）RNC 全局协商数据

RNC 全局协商数据见表 7-3。

表 7-3 RNC 全局协商数据

RNC 标识	RAN 是否共享
15	No

（3）全局位置数据

全局位置数据见表 7-4。

表 7-4 全局位置数据

位置区码	路由区码	CS 服务码	PS 服务码
5122	21	1321	1321
5122	21	1322	1322
5122	21	1323	1323

（4）RNC 源信令点数据

RNC 源信令点数据见表 7-5。

表 7-5 RNC 源信令点数据

网络标识	源信令点编码	RNC 信令点标码
NATB	BIT14	H′A12

2. Iu-CS 接口部分

（1）Iu-CS 物理层和数据链路层协商数据

Iu-CS 物理层和数据链路层协商数据见表 7-6。

表 7-6 Iu-CS 物理层链路层协商数据

端口类型	IP 地址/子网掩码	RNC IP 接入下一跳地址
FE	11.24.61.121/24	

（2）Iu-CS 控制面协商数据

Iu-CS 控制面协商数据见表 7-7、表 7-8。

表 7-7 Iu-CS 控制面协商数据（1）

端口类型	本端 IP 地址（SCTP）/子网掩码	目的 IP 地址（SCTP）/子网掩码
FE	11.24.61.121/24	11.24.61.36/24

表 7-8　Iu-CS 控制面协商数据（2）

源信令点	目的信令点	本端 SCTP 端口号/对端 SCTP 端口号	SCTP VLAN or not
H'A12	H'A22	62171/62173	No

（3）Iu-CS 用户面协商数据

Iu-CS 用户面协商数据见表 7-9。

表 7-9　Iu-CS 用户面协商数据

本端 IP 地址（SCTP）/子网掩码	对端 IP 地址（SCTP）/子网掩码	前向带宽	后向带宽	差分服务码	Use VLAN or not	IP 通道检查标志
11.24.61.121/24	11.24.61.48/24	50000	50000	46	No	DISABLED

3. Iu-PS 接口部分

（1）Iu-PS 目的信令点和 CN 节点协商数据

Iu-PS 目的信令点和 CN 节点协商数据见表 7-10。

表 7-10　Iu-PS 目的信令点和 CN 节点协商数据

Iu-Flex Flag	CN 域协议版本
No	R6

（2）Iu-PS 物理层协商数据

Iu-PS 物理层协商数据见表 7-11。

表 7-11　Iu-PS 物理层协商数据

端口类型	IP 地址（SCTP）/子网掩码	RNC 下一跳接入地址/子网掩码
FE	16.224.161.21/24	16.224.161.22/24

（3）Iu-PS 控制面协商数据

Iu-PS 控制面协商数据见表 7-12。

表 7-12　Iu-PS 控制面协商数据

端口类型	本端 IP 地址（SCTP）/子网掩码	目的 IP 地址（SCTP）/子网掩码
FE	16.224.161.21/24	16.224.221.21/24
源信令点	目的信令点	本端 SCTP 端口号/对端 SCTP 端口号
H'A12	H'A36	4906/3000

（4）Iu-PS 用户面协商数据

Iu-PS 用户面协商数据见表 7-13。

表 7-13 Iu-PS 用户面协商数据

本端 IP 地址（SCTP）/子网掩码	对端 IP 地址（SCTP）/子网掩码	前向带宽	后向带宽	差分服务码	Use VLAN or not	IP Path 通道检测标志
16.224.161.21/24	16.124.161.52/24	50000	50000	46	No	DISABLED
16.224.161.21/24	16.124.161.53/24	50000	50000	18	No	DISABLED

4. Iub 接口部分

（1）物理层和数据链路层协商数据

物理层和数据链路层协商数据见表 7-14。

表 7-14 物理层和数据链路层协商数据

接口板类型	以太网端口 IP 地址/子网掩码	以太网端口对端 IP 地址/子网掩码
FE	11.57.95.56/24	11.57.95.79/24

（2）Iub 控制面协商数据

Iub 控制面协商数据见表 7-15。

表 7-15 Iub 控制面协商数据

本端主 IP 地址/子网掩码（SCTP）	对端主 IP 地址/子网掩码（SCTP）	本端 SCTP 端口号/对端 SCTP 端口号
11.57.95.56/24	11.57.95.79/24	38098/39876，46537

（3）Iub 用户面协商数据

Iub 用户面协商数据表 7-16。

表 7-16 Iub 用户面协商数据

本端 IP 地址/子网掩码	对端 IP 地址/子网掩码
11.57.95.56/24	11.57.95.79/24

（4）Iub IP 地址协商数据

Iub IP 地址协商数据见表 7-17。

表 7-17 Iub IP 地址协商数据

RNC FE 端口 IP 地址/子网掩码	NodeB FE 端口 IP 地址/子网掩码	NodeB 操作维护 IP 地址/子网掩码
11.57.95.56/24	11.57.95.79/24	11.37.9.60/24

5. 小区部分协商数据

小区部分协商数据见表 7-18。

表7-18　小区部分协商数据

位置区码	服务区码	路由区码	URA标识	频点	时间偏移参数	最大发射功率/dBm
5122	1321	21	0	上行频点：9637/9662/9687 下行频点：10587/10612/1063	CHIP0	430

7.7.2　MML脚本

//全局设备数据配置

ADD NOPERATOR：

CnOpIndex = 0, CnOperatorName = " CMCC", PrimaryOperatorFlag = YES, MCC = "460", MNC = "12";

ADD RNCBASIC：RncId = 15, SharingSupport = NO, InterPlmnHoAllowed = NO;

ADD OPC：NI = NATB, SPCBITS = BIT14, SPC = H'A12", NAME = "RNC信令点";

ADD LAC：CnOpIndex = 0, LAC = 5122, PlmnValTagMin = 0, PlmnValTagMax = 10;

ADD RAC：CnOpIndex = 0, LAC = 5122, RAC = 21, PlmnValTagMin = 11, PlmnValTagMax = 21;

ADD SAC：CnOpIndex = 0, LAC = 5122, SAC = 1321;

ADD SAC：CnOpIndex = 0, LAC = 5122, SAC = 1322;

ADD SAC：CnOpIndex = 0, LAC = 5122, SAC = 1323;

ADD URA：URAId = 0, CnOpIndex = 0;

ADD M3LE：LENO = 0, ENTITYT = M3UA_IPSP, NAME = "M3UA实体";

MOD SUBRACK：SRN = 0, SRName = "RSS", MPUSN = 0;

SET SYS：SYSDESC = "BSC6810", SYSOBJECTID = "101", SYSLOCATION = "淮安信息学院", SYSSERVICES = "3G业务";

ADD BRD：SRN = 0, BRDTYPE = FG2, SN = 14, RED = YES;

ADD BRD：SRN = 0, BRDTYPE = DPU, SN = 8, RED = YES;

ADD CLKSRC：SRCGRD = 2, SRCT = 8KHZ;

SET CLKMODE：CLKWMODE = AUTO;

SET CLKTYPE：CLKTYPE = GCU;

SET TZ：ZONET = GMT + 08:00, DST = NO;

//Iu-CS接口数据配置

SET ETHPORT：SRN = 0, SN = 14, BRDTYPE = FG2, PTYPE = FE, PN = 0;

ADD ETHIP：SRN = 0, SN = 14, PN = 0, IPTYPE = PRIMARY, IPADDR = "11.24.61.121", MASK = "255.255.255.0";

ADD SCTPLNK：

SRN = 0, SN = 0, SSN = 1, SCTPLNKN = 0, MODE = CLIENT, APP = M3UA, LOCIPADDR1 = "11.24.61.121, LOCPTNO = 62171", PEERIPADDR1 = "11.24.61.36", PEERPORTNO = 62173, LOGPORTFLAG = NO, VLANFlAG = DISABLE, SWITCHBACKFLAG = NO;

ADD N7DPC：DPX = 0, DPC = H'A22, NAME = "msc", DPCT = IUCS, BEARTYPE = M3UA;

ADD M3DE：

DENO =0,LENO =0,DPX =0,ENTITYT = M3UA_IPSP，NAME = "Iu-CS 目的实体"；

ADD M3LKS：

SIGLKSX =0,DENO =0,LNKSLSMASK = B0000,WKMODE = M3UA_IPSP，NAME =" Iu-CS 链路集"；

ADD M3LNK：

SIGLKSX =0,SIGLNKID =0,SRN =0,SN =0,SSN =1,SCTPLNKN =0,NAME =" M3UA 链路"；

ADD M3RT：DENO =0,SIGLKSX =0,NAME = "Iu-CS 路由"；

ADD ADJNODE：ANI =0,NAME = "Iu-CS 邻节点",NODET = IUCS，DPX =0，TRANST = IP；

ADD CNDOMAIN：CNDomainId = CS_DOMAIN；

ADD CNNODE：

CnOpIndex =0，CNId =0，CNDomainId = CS_DOMAIN，Dpx =0，CNProtclVer = R6，CNLoadStatus = NORMAL，AvailCap =65535，TnlBearerType = IP_TRANS，RTCPSwitch = OFF；

ADD TRMMAP：TMI =1，ITFT = IUB_IUR_IUCS，TRANST = IP；

ADD TRMMAP：TMI =2，ITFT = IUB_IUR_IUCS,TRANST = IP；

ADD FACTORTABLE：FTI =0,REMARK = "Iu-CS 激活因子"；

ADD ADJMAP：

ANI =0,CNMNGMODE = SHARE,TMIGLD =1，TMISLV =1，TMIBRZ =1，FTI =0；

ADD PORTCTRLER：

SRN =0,SN =14,PT = ETHER,CARRYEN =0,CTRLSN =0,CTRLSSN =1；

ADD IPPATH：

ANI = 0,PATHID = 0,PATHT = HQ_RT,IPADDR = " 11.24.61.121 ",PEERIPADDR = "11.24.61.48",PEERMASK = "255.255.255.0",TXBW =50000,RXBW =50000,CARRYFLAG = NULL，FPMUX = NO，VLANFlAG = DISABLE，PATHCHK = DISABLED；

//Iu-PS 接口数据配置

SET ETHPORT：SRN =0,SN =14,BRDTYPE = FG2,PTYPE = FE,PN =1；

ADD ETHIP：

SRN = 0,SN = 14,PN = 1,IPTYPE = PRIMARY,IPADDR = " 16.224.161.21 "，MASK = "255.255.255.0"；

ADD SCTPLNK：

SRN = 0, SN = 0, SSN = 2, SCTPLNKN = 1, MODE = CLIENT, APP = M3UA, LOCIPADDR1 = "16.224.161.21, LOCPTNO = 4906", PEERIPADDR1 = "16.224.221.21", PEERPORTNO = 3000, LOGPORTFLAG = NO, VLANFIAG = DISABLE, SWITCHBACKFLAG = NO;

ADD N7DPC：

DPX = 1, DPC = H'A36, NAME = "Iu-PS 目的信令点", DPCT = Iu-PS, BEARTYPE = M3UA;

ADD M3DE：DENO = 1, LENO = 0, DPX = 1, ENTITYT = M3UA_IPSP, NAME = "Iu-PS 目的实体";

ADD M3LKS：

SIGLKSX = 1, DENO = 1, LNKSLSMASK = B0000, WKMODE = M3UA_IPSP, NAME = "Iu-PS 链路集";

ADD M3LNK：SIGLKSX = 1, SIGLNKID = 0, SRN = 0, SN = 0, SSN = 2, SCTPLNKN = 1, NAME = " Iu-PS M3UA 链路";

ADD M3RT：DENO = 1, SIGLKSX = 1, NAME = "Iu-PS M3UA 路由";

ADD ADJNODE：ANI = 1, NAME = "Iu-PS 邻节点", NODET = Iu-PS, DPX = 1, TRANST = IP;

ADD CNDOMAIN：CNDomainId = PS_DOMAIN;

ADD CNNODE：

CnOpIndex = 0, CNId = 1, CNDomainId = PS_DOMAIN, Dpx = 1, CNProtclVer = R6, CNLoad-Status = NORMAL, AvailCap = 65535, TnlBearerType = IP_TRANS, RTCPSwitch = OFF;

ADD TRMMAP：TMI = 3, ITFT = Iu-PS, TRANST = IP;

ADD FACTORTABLE：FTI = 1, REMARK = "Iu-PS 激活因子";

ADD ADJMAP：

ANI = 1, CNMNGMODE = SHARE, TMIGLD = 3, TMISLV = 3, TMIBRZ = 3, FTI = 1;

ADD PORTCTRLER：

SRN = 0, SN = 14, PT = ETHER, CARRYEN = 1, CTRLSN = 0, CTRLSSN = 2;

ADD IPPATH：

ANI = 1, PATHID = 1, PATHT = HQ_RT, IPADDR = "16.224.161.21", PEERIPADDR = "16.124.161.52", PEERMASK = "255.255.255.0", TXBW = 50000, RXBW = 50000, CARRYFLAG = NULL, FPMUX = NO, VLANFlAG = DISABLE, PATHCHK = DISABLED;

ADD IPPATH：

ANI = 1, PATHID = 2, PATHT = HQ_NRT, IPADDR = "16.224.161.21", PEERIPADDR = "16.124.161.53", PEERMASK = "255.255.255.0", TXBW = 50000, RXBW = 50000, CARRY-FLAG = NULL, FPMUX = NO, VLANFIAG = DISABLE, PATHCHK = DISABLED;

ADD IPRT：

SRN = 0, SN = 14, DESTIP = "16.224.221.0", MASK = "255.255.255.0", NEXTHOP =

"16.224.161.22",PRIORITY = HIGH,REMARK = "用于控制面的路由";

ADD IPRT:

SRN = 0, SN = 14, DESTIP = "16.124.161.0", MASK = "255.255.255.0", NEXTHOP = "16.224.161.22",PRIORITY = HIGH,REMARK = "用于用户面的路由";

//Iub 接口数据配置

SET ETHPORT: SRN = 0,SN = 14,BRDTYPE = FG2,PTYPE = FE,PN = 2;

ADD ETHIP: SRN = 0,SN = 14,PN = 2,IPTYPE = PRIMARY,IPADDR = "11.57.95.56", MASK = "255.255.255.0";

ADD SCTPLNK:

SRN = 0,SN = 0,SSN = 3,SCTPLNKN = 2,MODE = SERVER,APP = NBAP,LOCIPADDR1 = "11.57.95.56,LOCPTNO = 38098", PEERIPADDR1 = "11.57.95.79", PEERPORTNO = 46537, LOGPORTFLAG = NO,VLANFlAG = DISABLE,SWITCHBACKFLAG = NO;

ADD SCTPLNK:

SRN = 0,SN = 0,SSN = 3,SCTPLNKN = 3,MODE = SERVER,APP = NBAP,LOCIPADDR1 = "11.57.95.56,LOCPTNO = 39876", PEERIPADDR1 = "11.57.95.79", PEERPORTNO = 46537, LOGPORTFLAG = NO,VLANFlAG = DISABLE,SWITCHBACKFLAG = NO;

ADD NODEB:

NodeBName = "DBS3900",NodeBId = 0,SRN = 0,SN = 0,SSN = 3,TnlBearerType = IP_TRANS, IPTRANSAPARTIND = NOT_SUPPORT,SharingSupport = NON_SHARED,CnOpIndex = 0;

ADD NODEBALGOPARA: NodeBName = "DBS3900";

ADD NODEBLDR: NodeBName = "DBS3900";

ADD NCP: NODEBNAME = "DBS3900",CARRYLNKT = SCTP,SCTPLNKN = 2;

ADD CCP: NODEBNAME = "DBS3900",PN = 0,CARRYLNKT = SCTP,SCTPLNKN = 3;

ADD ADJNODE: ANI = 2,NAME = "Iub 邻节点",NODET = IUB,NODEBID = 0, TRANST = IP;

ADD FACTORTABLE: FTI = 2,REMARK = "Iub 激活因子";

ADD ADJMAP: ANI = 2,CNMNGMODE = SHARE,TMIGLD = 2, TMISLV = 2, TMIBRZ = 2, FTI = 2;

ADD PORTCTRLER:

SRN = 0,SN = 14,PT = ETHER,CARRYEN = 2,CTRLSN = 0,CTRLSSN = 3;

ADD IPPATH:

ANI = 2, PATHID = 0, PATHT = HQ_RT, IPADDR = "11.57.95.56", PEERIPADDR = "11.57.95.79",PEERMASK = "255.255.255.0,TXBW = 50000,RXBW = 50000,CARRYFLAG = NULL, FPMUX = NO, VLANFlAG = DISABLE, PATHCHK = DISABLED;

ADD IPPATH:

ANI = 2, PATHID = 1, PATHT = HQ_NRT, IPADDR = "11.57.95.56", PEERIPADDR = "11.57.95.79",PEERMASK = "255.255.255.0,TXBW = 50000,RXBW = 50000,CARRYFLAG = NULL, FPMUX = NO, VLANFlAG = DISABLE, PATHCHK = DISABLED;

ADD NODEBIP:

NODEBID = 0, NBTRANTP = IPTRANS_IP, NBIPOAMIP = "11.37.9.60", NBIPOAMMASK = "255.255.255.0", IPSRN = 0, IPSN = 14, IPGATEWAYIP = "11.57.95.56", IPLOGPORTFLAG = NO;

//RNC侧无线小区配置

ADD LOCELL: NodeBName = "DBS3900", LoCell = 0;

ADD LOCELL: NodeBName = "DBS3900", LoCell = 1;

ADD LOCELL: NodeBName = "DBS3900", LoCell = 2;

ADD SPG: SpgId = 1;

ADD QUICKCELLSETUP:

CellId = 0, CellName = "cell0", CnOpIndex = 0, BandInd = Band1, UARFCNUplink = 9637, UARFCNDownlink = 10587, PScrambCode = 0, TCell = CHIP0, LAC = 5122, SAC = 1321, CfgRacInd = NOT_REQUIRE, RAC = 21, SpgId = 1, URANUM = D1, URA1 = 0, NodeBName = "DBS3900", LoCell = 0, PCPICHPower = 430;

ADD QUICKCELLSETUP:

CellId = 1, CellName = "cell1", CnOpIndex = 0, BandInd = Band1, UARFCNUplink = 9637, UARFCNDownlink = 10587, PScrambCode = 16, TCell = CHIP0, LAC = 5122, SAC = 1321, CfgRacInd = NOT_REQUIRE, RAC = 21, SpgId = 1, URANUM = D1, URA1 = 0, NodeBName = "DBS3900", LoCell = 1, PCPICHPower = 430;

ADD QUICKCELLSETUP:

CellId = 2, CellName = "cell2", CnOpIndex = 0, BandInd = Band1, UARFCNUplink = 9637, UARFCNDownlink = 10587, PScrambCode = 32, TCell = CHIP0, LAC = 5122, SAC = 1321, CfgRacInd = NOT_REQUIRE, RAC = 21, SpgId = 1, URANUM = D1, URA1 = 0, NodeBName = "DBS3900", LoCell = 2, PCPICHPower = 430;

ACT CELL: CellId = 0;

ACT CELL: CellId = 1;

ACT CELL: CellId = 2;

梳理与总结

1. 知识体系

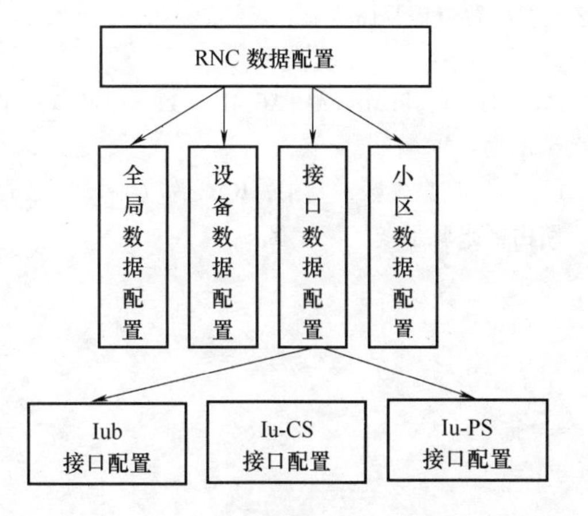

2. 知识要点

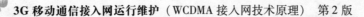

（1）UTRAN地面接口　Iub/Iur/Iu/Uu都为标准的接口，可以连接不同设备供应商提供的设备。一般将Iub/Iur/Iu接口统称为UTRAN地面接口。根据RNC连接的CN设备的不同，Iu接口又可以分为Iu-CS接口、Iu-PS接口和Iu-BC接口，其中Iu-CS接口为RNC和MSC之间的接口，Iu-PS接口为RNC和SGSN之间的接口，Iu-BC接口为RNC和CBC之间的接口。

（2）RNC数据配置　RNC数据配置是指通过数据配置实现设备的正常运行，包括RNC全局数据配置、RNC设备数据配置、接口数据配置（Iub、Iu-CS、Iu-PS接口等）和无线层数据配置等内容。

（3）RNC全局数据配置　RNC全局数据配置是进行RNC初始配置前的必要步骤，只有全局数据配置完毕，才能开始设备数据、接口数据以及小区数据的配置。RNC全局数据包括RNC本局基本信息、RNC源信令点数据、RNC全局位置信息和增加M3UA本地实体信息。

（4）RNC设备数据　RNC设备数据包括设置RNC设备描述信息、增加RNC RSS/RBS插框、配置单板、配置RNC时钟、设置时区和夏令时信息、增加网管服务器的IP地址。

（5）接口数据配置　当Iub接口使用IP传输时，增加Iub接口数据需要遵循的顺序与协议结构一致，即从底层向上层，从控制面到用户面进行数据配置。当Iu-CS接口使用IP传输时，增加Iu-CS接口数据需要遵循的顺序与协议结构一致，即从底层向上层，从控制面到用户面进行数据配置。当Iu-PS接口使用IP传输时，增加Iu-PS接口数据需要遵循的顺序与协议结构一致，即从底层向上层，从控制面到用户面进行数据配置。

（6）无线小区数据配置　RNC的设备数据、全局数据、Iub和Iu接口数据都配置完成后，最后一步需要在RNC上配置无线小区数据，包括添加本地小区、设置业务优先级、快速建立小区、激活小区和邻区配置。

习　题

1. RNC数据配置的总体流程是什么？
2. 简述RNC Iu-CS接口数据配置流程及命令。
3. 简述RNC Iu-PS接口数据配置流程及命令。
4. 简述RNC Iub接口数据配置流程及命令。
5. 简述RNC侧无线小区数据配置流程及命令。
6. 解释如下配置命令：

ADD RA：LAC = 54688，RAC = H '01，PLMNVALTAGMIN = 11，PLMNVALTAGMAX = 20；

回答问题，填写括弧中关键术语：

此命令用于增加RNC的（　　）信息参数，其中，RAC为（　　）区码，对应于PS业务寻呼区域，它的规划和位置区是类似的，路由区隶属于（　　）区。

第 8 章　NodeB 数据配置

学习导航

<table>
<tr><td rowspan="2">知识点拨</td><td>重点</td><td>1. NodeB 数据配置的总体流程
2. NodeB 设备数据配置流程及命令
3. NodeB 传输层数据配置流程及命令
4. NodeB 无线层数据配置流程及命令</td><td>学习建议：在学习数据配置时，要理解配置流程，掌握配置命令的使用方法。推荐阅读华为工程师培训资料</td></tr>
<tr><td>难点</td><td>1. NodeB 传输层数据配置流程及命令
2. NodeB 无线层数据配置流程及命令</td><td>学习建议：难点学习时，要注意传输层、无线层的参数设置与 RNC Iub 接口配置参数的一致性。推荐阅读华为工程师培训资料</td></tr>
<tr><td>建议学时</td><td colspan="2">8 课时</td><td>教学建议：教学前，熟悉配置环境</td></tr>
</table>

内容解读

NodeB 硬件组成包括 BBU3900 和 RRU 两大部分。本章首先介绍 NodeB 初始配置的总体流程及注意事项；接着从 NodeB 设备数据配置、NodeB 传输层数据配置和 NodeB 无线层数据配置三个方面介绍配置命令及参数含义；最后给出典型 S1/1/1 站型的 MML 配置脚本。

8.1　NodeB 初始配置概述

NodeB 初始配置是指在 NodeB 硬件设备安装完成后，根据自身硬件设备、网络规划以及和其他设备进行数据协商等准备和配置数据，从而得到一份数据配置文件。一份完整的初始配置数据脚本一般由传输数据、设备数据和小区数据三部分组成。调试时，使用便携式计算机连接到 NodeB 的本地调试口 ETH，并设置与设备本地调试 IP 地址在同一网段的 IP 地址，启动 LMT 进行数据配置。

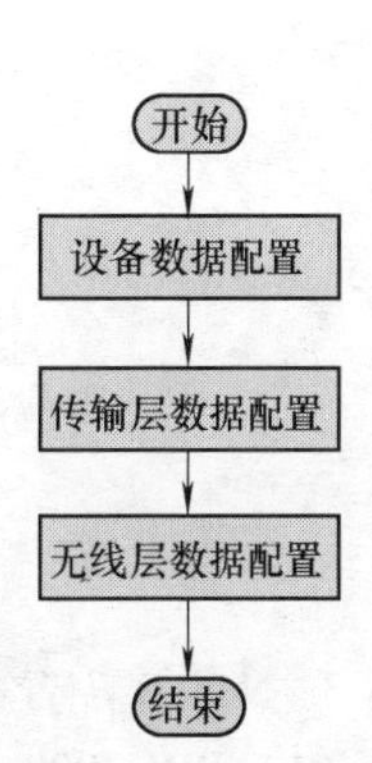

图 8-1　NodeB 数据配置总体流程

NodeB 数据配置总体流程如图 8-1 所示，主要包括配置 DBS3900 设备层数据、配置 NodeB 传输层数据和配置 NodeB 无线层数据。

8.2 NodeB 设备数据配置

NodeB 设备数据配置主要包括 BBU3900 单板的增加、RRU 链的增加以及 RRU 的增加。

1. NodeB 单板配置

NodeB 单板的具体配置方法见表 8-1。

表 8-1 NodeB 单板的具体配置方法

框号	框 类 型	配 置 方 法	说 明
0	BBU3900	固定配置	主控基带传输部分
6	EXT	用户配置	虚拟扩展框
7	NPSU	随电源配置	附属于 BBU 的备电系统
8	NCMU	随电源配置	附属于 BBU 的热交换系统（仅配置 APM30 时存在）
20～254	RRU	用户配置	虚拟 RRU 框（含 RRU 附属备电系统）

NodeB 单板配置见表 8-2 。

表 8-2 NodeB 单板配置

框号	框类型	槽位号	单 板 类 型	MML 命令
0	BBU3900	0～3	WBBPx/UTRP	ADD BRD
		4～5	UTRP	ADD BRD
		6～7	WMPT	ADD BRD
		16	UBF	ADD BRD
		18～19	UPEA/UPEB/UEIU	ADD BRD
6	EXT	0	NEMU	ADD BRD
7	NPSU	0	NPMU	SET PWRSYSCFG
8	NCMU	0	NCMU	SET PWRSYSCFG
20～254	RRU	0	MRRU/PRRU/RHUB	ADD RRU

2. BBU3900 设备面板

BBU3900 设备面板示意图如图 8-2 所示。

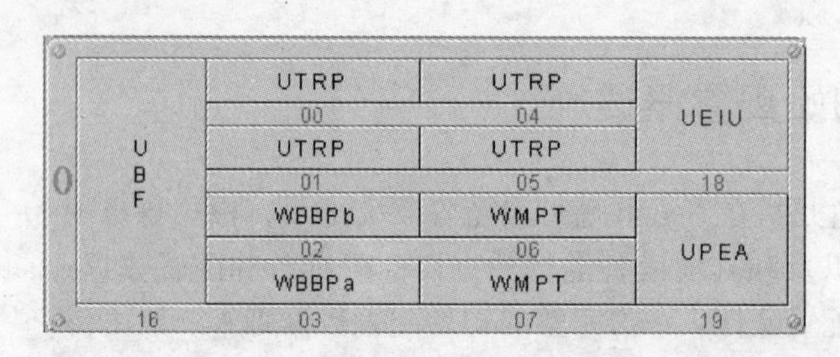

图 8-2 BBU3900 设备面板示意图

3. NodeB 配置命令及含义

（1）BBU3900 单板的增加

◆ ADD BRD：SRN=0，SN=7，BT=WMPT；

◆ ADD BRD：SRN =0，SN =3，BT = WBBPb；

◆ ADD BRD：SRN =0，SN =16，BT = UBF；

◆ ADD BRD：SRN =0，SN =19，BT = UPEA；

以上命令用于增加 BBU3900 的各单板，包括 3 槽的基带处理板 WBBPb 单板、7 槽的主控板 WMPT 单板、16 槽的风扇板 UBF 单板以及 19 槽的 UPEA 单板。

其参数含义如下：

SRN：单板所在的框号。

SN：单板槽位号。

BT：单板类型。

（2）RRU 链的增加

◆ ADD RRUCHAIN：RCN =0，TT = CHAIN，HSN =3，HPN =0；

可以使用该命令增加一个 RRU 链或者环，目的是为了在链或者环上增加 RRU，RRU 链和环在一个 NodeB 内部统一编号，通过组网方式区分。

链或环的备份模式表示此链或环上的设备是否进行 CPRI 链路热备份，目前只有 MRRU 单板支持 CPRI 链路热备份。只有将链或环的备份模式设置为热备份才有实际意义。

其参数含义如下：

RCN：RRU 链或环编号，取值范围为 0 ~ 249。

TT：组网方式，包括：CHAIN（链形）、RING（环形），具体配置哪种依据实际物理组网来定。

HSN：链或环头接口板槽位，即为连接此条链或环的基带板所在槽位。

HPN：链或环头接口板光口号。

（3）RRU 的增加

◆ ADD RRU：SRN =20，TP = TRUNK，RCN =0，PS =0，RT = MRRU，RN ="Sector 0"；

可以使用该命令增加一个 RRU，增加 RRU 之前必须首先增加 RRU 链或环。对于链来说，如果在主干上增加 RRU，则该 RRU 必须位于链尾或者是断点之后的任意位置。对于环来说，在主干上增加 RRU，如果设置的断点不重合，则可以在两个断点之间的任意位置增加 RRU；如果设置的断点重合，则只能在该断点位置增加 RRU。对于链或环来说，如果在分支上增加 RRU，则不需要设置断点。对于环来说，当在主干上增加一个 RRU 之后，第二个断点的取值和 RRU 的级数会自动加 1。当链或环备份模式为热备份时，其上只能增加 MRRU。

如果在分支上要求增加 RRU，RRU 类型必须是 PRRU，并且增加位置必须已经配置了 RHUB。其参数含义如下：

SRN：RRU 所在机柜编号。

TP：RRU 槽位编号。

RCN：RRU 所在的链或环。

PS：RRU 在链中的插入位置。RRU 拓扑位置为 TRUNK 时，表示该 RRU 在主链环上的级联位置；RRU 拓扑位置为 BRANCH 时，表示该 RRU 所在父节点的级联位置，父节点统指 RHUB。

RT：RRU 类型，分为 MRRU、RHUB、PRRU。

RN：RRU 名称，最大长度为 31，名称中不能全是空格，也不能包含“ > ”、“ < ”、“!”、“?”、“;”“"”、“'”、“,”、“\”。

8.3 NodeB 传输层数据配置

NodeB 传输层数据配置主要包括设置以太网端口属性、增加 SCTP 链路、增加 NCP/CCP 链路、增加 IP Path 链路、增加 NodeB 操作维护通道以及增加 IP 路由等。

1. 设置以太网端口属性

◆ SET ETHPORT：SRN = 0，SN = 7，SBT = BASE_BOARD，PN = 0，SPEED = AUTO；

可以使用该命令配置以太网端口参数，修改的内容包括最大传输单元、接口速率、双工模式等。其参数含义如下：

SRN：机框编号，取值范围：0。

SN：WMPT 的槽位编号。

SBT：子板类型，此处为 BASE_BOARD（基板）。

PN：端口编号，取值范围：0 ~ 1。当 SBT 为 BASE_BOARD 时，默认值为 0。

SPEED：速率模式，该参数需要和对接的 IP 接口保持一致。没有输入此参数时，表示不修改速率。取值范围为 10M（强制 10Mbit/s）、100M（强制 100Mbit/s）、AUTO（自协商）。

◆ ADD DEVIP：SRN = 0，SN = 7，SBT = BASE_BOARD，PT = ETH，PN = 0，IP = "30. 30. 30. 40 "，MASK = "255. 255. 255. 0 "；

可以使用该命令动态增加 IP 端口的设备 IP 地址，IP 端口可以是 PPP 链路、MLPPP 组或以太网口。配置时，需要注意以下几点：

◆ IP 地址在配置后能够立即生效。
◆ 一个不变口最多能够增加 4 个 IP 地址。不同不变口上的 IP 地址不能处于同一网段，同一个不变口上的 IP 地址可以处于同一个网段。
◆ 各个不变口上的 IP 地址、近端维护通道 IP 地址、远端维护通道 IP 地址不能处于同一网段。
◆ FE 不变口 IP 地址可以与远端维护通道 IP 地址在同一网段。
◆ 本命令中的 IP 地址不得与内部保留 IP 地址冲突。内部保留 IP 地址为 10. 22. 1. x 网段的 IP 地址。

其参数含义如下：

SRN：机框编号，取值为 MASTER（主柜），默认值为 MASTER。

SN：WMPT/UTRP 的槽位编号，取值范围为 0 ~ 7。

SBT：子板类型，取值范围：如果槽位号为 0 ~ 5，取 E1_COVERBOARD，即 E1 扣板；如果槽位号为 6 ~ 7，取 BASE_BOARD，即基板。

PT：端口类型，取值范围：当 SBT 为 BASE_BOARD 时，可选 PPP、MPGRP、ETH；当 SBT 为 E1_COVERBOARD 时，可选 PPP（PPP）、MPGRP（MLPPP 组）。

PN：端口编号。

IP：IP 地址，取值范围：合法的 A 类、B 类、C 类地址，且不能为保留地址 0. x. x. x 或

者 127. x. x. x。

MASK：IP 地址掩码。

2. 增加 SCTP 链路

◆ ADD SCTPLNK：SCTPNO = 0，SRN = 0，SN = 7，LOCIP = "30. 30. 30. 40"，LOCPORT = 1024，PEERIP = "30. 30. 30. 30"，PEERPORT = 58080；

◆ ADD SCTPLNK：SCTPNO = 1，SRN = 0，SN = 7，LOCIP = "30. 30. 30. 40"，LOCPORT = 1025，PEERIP = "30. 30. 30. 30"，PEERPORT = 58080；

可以使用该命令增加 SCTP 链路，这里配置的两条 SCTP 链路分别用于承载 NCP 和 CCP。

其参数含义如下：

SCTPNO：SCTP 链路号，取值范围为 0 ~ 19。

SRN：机框编号，取值为 0。

SN：WMPT/UTRP 的槽位编号，取值范围为 0 ~ 7。

LOCIP：SCTP 偶联的本端 IP 地址。该地址是 NodeB 与 RNC 的对接参数之一。取值范围：合法的 A 类、B 类、C 类地址，且不能为保留地址 0. x. x. x 或者 127. x. x. x。该参数不能等于任何 SCTP 链路 IP 地址，该参数必须是本板生效的接口地址。

LOCPORT：SCTP 偶联的本端 SCTP 端口号。该端口号是 NodeB 与 RNC 的对接参数之一，取值范围为 1024 ~ 65535。

PEERIP：SCTP 偶联的对端 IP 地址。该地址是 NodeB 与 RNC 的对接参数之一。取值范围：合法的 A 类、B 类、C 类地址，且不能为保留地址 0. x. x. x 或者 127. x. x. x。该参数不能等于任何 SCTP 链路 IP 地址。

PEERPORT：SCTP 偶联的对端 SCTP 端口号。该端口号是 NodeB 与 RNC 的对接参数之一，取值范围为 1024 ~ 65535。

3. 增加 NCP/CCP

◆ ADD IUBCP：CPPT = NCP，BEAR = IPV4；

◆ ADD IUBCP：CPPT = CCP，BEAR = IPV4，LN = 1；

可以使用该命令增加主/备 NCP（NodeB Control Port）或主/备 CCP（Communication Control Port）。NCP 或 CCP 可以采用 IP 承载方式或 ATM 承载方式。如果采用 IP 承载方式，NCP 或 CCP 承载在 SCTP 链路上；如果采用 ATM 承载方式，NCP 或 CCP 承载在 SAAL 链路上。

增加备用 NCP 或 CCP 后，主 NCP 或 CCP 异常时，在备用 NCP 或 CCP 正常的情况下如果打开了通道切换使能开关，其承载将自动切换到备用 NCP 或 CCP，如果没有打开通道切换使能开关则不做切换处理。同样，如果当前工作在备用 NCP 或 CCP，且 NCP 或 CCP 异常，在主用 NCP 或 CCP 正常的情况下如果打开了通道切换使能开关，其承载将自动切换到主用 NCP 或 CCP，如果没有打开通道切换使能开关则不做切换处理。

配置时，需要注意以下几点：

◆ 在增加 CCP 或 NCP 之前，必须保证承载该 CCP 或 NCP 的 SAAL 链路或 SCTP 链路已配置。

◆ 主/备通道必须配置在同一块 WMPT/UTRP 上。

◆ 要让备用 CCP 或 NCP 生效，必须在 RNC 侧做同样设置。建议将主 CCP 或 NCP 配置在 SAAL 链路上。

◆ 主/备 NCP 或 CCP 必须一个承载在 SAAL 上，一个承载在 SCTP 上，否则配置不能通过。

其参数含义如下：

CPPT：NCP 或 CCP 端口类型。取值范围：NCP（NCP 端口）、CCP（CCP 端口）。

BEAR：NCP 或 CCP 承载类型，选择 NCP 或 CCP 承载在 IP 上还是 ATM 上。取值范围为 IPV4、ATM。

LN：SCTP 链路编号，仅当承载类型选择 IPV4 时，本参数才有效。取值范围为 0 ~ 19。

4. 增加 IP Path 链路

◆ ADD IPPATH：PATHID = 1，SRN = 0，SN = 7，SBT = BASE_BOARD，PT = ETH，JNRSCGRP = DISABLE，NODEBIP = "30. 30. 30. 40 "，RNCIP = "30. 30. 30. 30 "，TFT = RT，DSCP = 46，RXBW = 10000，TXBW = 10000，TXCBS = 1000000，TXEBS = 1000000，FPMUXSWITCH = DISABLE；

可以使用该命令动态增加 Iub 口的 IP Path。IP Path 可以配置在传输接口板的 IP 链路上，IP 链路可以是 PPP 链路、MLPPP 组或 ETH。

IP Path 的配置需要满足如下限制：

◆ 一个传输接口板上最多可以配置 16 条 IP Path。

◆ 一个 NodeB 最多可以配置 32 条 IP Path。

◆ 一个 NodeB 配置的 HSPA 类型的 IP Path 和 HSPA 类型的 AAL2PATH 总和不能超过 16 条。

◆ IP Path 的 NodeB 端地址必须已经配置，可以是增加链路时配置的本端地址，也可以是通过命令 ADD DEVIP 为链路增加的本端地址。

◆ 如果 2 条 IP Path 所在的 NodeB 端 IP 地址相同，则这 2 条 IP Path 的 RNC 端 IP 地址必须相同。

◆ 如果 2 条 IP Path 的 RNC 端 IP 地址相同，则这 2 条 IP Path 所在的 NodeB 端 IP 地址必须相同。

◆ 如果 2 条 IP Path 的 NodeB 端 IP 地址和 RNC 端 IP 地址都相同，则这 2 条 IP Path 的 DSCP 值不能相同。

◆ 如果 2 条 IP Path 的 NodeB 端 IP 地址和 RNC 端 IP 地址都相同，则这 2 条 IP Path 的业务类型不能相同。

◆ 如果 IP Path 加入资源组，则属于不同资源组的 IP Path 的 NodeB 端 IP 地址不能相同。

◆ 如果一个 IP 链路上已经配置了传输资源组，则在该链路上配置的 IP Path 都必须加入该链路下的某个资源组。

◆ 如果一个 IP Path 要加入传输资源组，则该资源组必须已经配置。

其参数含义如下：

PATHID：IP Path 编号，取值范围为 0 ~ 65535。

SRN：机框编号，取值为 0。

SN：WMPT/UTRP 的槽位编号，取值范围为 0 ~ 7。

SBT：子板类型。取值范围：BASE_BOARD（基板）、E1_COVERBOARD（E1 扣板）。如果槽位号为 0 ~5，可选 E1_COVERBOARD；如果槽位号为 6 ~7，可选 BASE_BOARD。

PT：端口类型。取值范围：如果 SBT 为 BASE_BOARD，可选 PPP（PPP）、MPGRP（MLPPP 组）、ETH（ETH）；如果 SBT 为 E1_COVERBOARD，可选 PPP（PPP）、MPGRP（MLPPP 组）。

JNRSCGRP：加入资源组。取值范围：DISABLE（不加入传输资源组）、ENABLE（加入传输资源组）。

NODEBIP：NodeB 端承载业务的 IP 地址。

RNCIP：RNC 端承载业务的 IP 地址。取值范围：合法的 A 类、B 类、C 类地址，且不能为保留地址 0. x. x. x 或者 127. x. x. x。

TFT：业务类型，取值范围：RT、NRT、HSPA_RT、HSPA_NRT。

DSCP：DSCP 优先级，取值范围为 0 ~63。

RXBW：接收带宽。此参数为 IPPATH 上的接收带宽，并作为流控的重要参数，必须和 RNC 端的发送带宽一致，否则影响流控效果。

TXBW：发送带宽。

TXCBS：发送承诺突发尺寸。建议取值为发送带宽的 1/2。

TXEBS：发送过度突发尺寸。

FPMUXSWITCH：FPMUX 使能标识。只在端口类型为 FE 时该字段有效，为 FP 帧复用的开关，ENABLE 为使能 FP 帧的复用，DISABLE 为去使能 FP 帧的复用。取值范围：DISABLE（不使能，表示不进行 FP 帧复用）、ENABLE（使能，表示进行 FP 帧复用）。

5. 增加 NodeB 操作维护通道

◆ ADD OMCH：

FLAG = SLAVE，IP ="30. 30. 30. 40"，MASK ="255. 255. 255. 0"，PEERIP ="30. 30. 30. 30"，PEERMASK =" 255. 255. 255. 0"，BEAR = IPV4，SRN = 0，SN = 7，SBT = BASE_BOARD，BRT = NO；

可以使用该命令动态增加一条远端维护通道。当正在使用的维护通道中断时，NodeB 会根据 M2000 的要求切换到另一条远端维护通道上，使一条线路的中断不影响对 NodeB 的远端维护。

其参数含义如下：

FLAG：远端维护通道主备标志。取值范围为 MASTER（主通道）、SLAVE（备通道）。

IP：本端 IP 地址不能和对端 IP 地址相同。取值范围为合法的 A 类、B 类、C 类地址，且不能为保留地址 0. x. x. x 或者 127. x. x. x。

MASK：本端 IP 掩码。

PEERIP：对端 IP 地址。

PEERMASK：对端 IP 掩码。

BEAR：确定维护通道承载在 IP 方式还是 ATM 方式上。取值范围为 ATM（ATM）、IPV4（IPV4）。

SRN：机框编号，取值为 0。

SN：BBU 上 WMPT 或 UTRP 单板的槽位编号。

SBT：子板类型。取值范围为 BASE_BOARD（基板）、E1_COVERBOARD（E1 扣板）。

BRT：绑定路由。仅当承载类型为 IP 时，本参数有效。当对端 IP 地址和本端 IP 地址不在同一网段时，需要绑定路由。取值范围：NO（不绑定路由），YES（绑定路由）。

6. 增加 IP 路由

◆ ADD IPRT：SRN = 0，SN = 7，SBT = BASE_BOARD，DSTIP ="000.000.000.000"，DSTMASK ="000.000.000.00"，RTTYPE = NEXTHOP，NEXTHOP ="30.30.30.30"；

可以使用该命令在指定槽位的单板上配置静态路由，即配置传输接口 O&M、用户面、控制面传输网络层的路由。该命令中指定的单板表示出接口所在单板。在 NG-BBU 情况下，支持跨板路由。在配置静态路由时，可指定出接口，也可指定下一跳 IP 地址，是指定出接口还是指定下一跳 IP 地址要视具体情况而定。

一般而言，所有的路由项都必须明确下一跳 IP 地址。在发送报文时，首先根据报文的目的地址寻找路由表中与之匹配的路由。只有指定了下一跳 IP 地址，链路层才能找到对应的链路层地址，并转发报文。

对于点到点接口，指定发送接口即隐含指定了下一跳 IP 地址，这时认为与该接口相连的对端接口地址就是路由的下一跳 IP 地址。如 PPP 协议通过 PPP 协商获取对端的 IP 地址，这时可以不指定下一跳 IP 地址，只需指定发送接口即可。

配置到达相同目的地址的多条路由（下一跳 IP 地址或出接口不同），则可以实现负荷分担。在不同的 Iub 板上，添加负荷分担路由（添加两个目的网段相同、路由优先级也相同的路由），添加的两个路由是不能形成跨板路由的。通过本命令添加的路由目的网段不能与 OMCH 所绑定的路由目的网段相同，OMCH 所用路由可用 LST OMCH 查看。

其参数含义如下：

SRN：机框编号。

SN：WMPT/UTRP 的槽位编号，取值范围为 0 ~ 7。

SBT：子板类型。取值范围：如果槽位号为 0 ~ 5，取 E1_COVERBOARD，即 E1 扣板；如果槽位号为 6 ~ 7，取 BASE_BOARD，即基板。

DSTIP：目的 IP 地址。该参数取值时必须保证满足以下条件：允许为 0.0.0.0；当不为 0.0.0.0 时必须为合法的 A 类、B 类、C 类地址，且不能为保留地址 0.x.x.x 或者 127.x.x.x。IP & mask 必须等于该 IP 地址。取值范围为目的网络地址。

DSTMASK：目的 IP 地址掩码。

RTTYPE：路由类型。取值范围为 NEXTHOP（下一跳 IP 地址）、IF（出接口）。

NEXTHOP：下一跳 IP 地址。当 RTTYPE = NEXTHOP 时，本参数有效。取值范围为合法的 A 类、B 类、C 类地址，且不能为保留地址 0.x.x.x 或者 127.x.x.x，不能为 255.255.255.255。

8.4 NodeB 无线层数据配置

1. 增加 NodeB 站点

◆ ADD SITE：STN = 2，STNAME ="DBS3900-IP"；

可以使用该条命令增加一个站点。站点表明了设备所处的地理位置，其编号由网规人员

统一确定。宏基站可以作为一个站点存在，同一地理位置的多个 RRU 也可以构成一个站点。站点划分由网络规划决定，一个 NodeB 内的站点号必须唯一。

其参数含义如下：

STN：站点的编号，取值范围为 0 ~ 4294967295。

STNAME：站点名称，为最长 31 个字符的字符串，不应是全空白的字符串或者含有如下字符：“<”、“>”、“!”、“?”、“'”、“"”；另外，字符串末尾如果为“\”，可以增加成功，但是该字符将被忽略掉。

2. 增加扇区信息

◆ ADD SEC：STN = 2，SECN = 0，SECT = REMOTE_SECTOR，ANTM = 1，DIVM = NO_TX_DIVERSITY，ANT1SRN = 20，ANT1N = R0A；

可以使用该命令增加扇区。一个 NodeB 下的扇区号必须唯一。

其参数含义如下：

STN：站点编号，取值范围为 0 ~ 4294967295。

SECN：扇区编号。在每个站点内统一编号，每个站点下最多可配置 6 个扇区，取值范围为 0 ~ 5。

SECT：说明扇区类型，取值范围为 REMOTE_SECTOR（拉远扇区）、DIST_SECTOR（分布式扇区）。

ANTM：扇区的接收天线数目，当扇区类型为分布式扇区时，不使用，否则必填。取值范围为 1、2、4。

DIVM：发分集模式。当扇区类型为分布式扇区时，不使用；当扇区类型为拉远扇区时，HALFFREQ 才有效。取值范围为 NO_TX_DIVERSITY（发不分集）、TX_DIVERSITY（发分集）、HALFFREQ（0.5/0.5 载频模式）。

ANT1SRN：机顶天线口 1 机框编号，当扇区类型为分布式扇区时，不使用。

ANT1N：机顶天线口 1 编号，当扇区类型为分布式扇区时，不使用。取值范围为 R0A（RRU 0A 号天线）、R0B（RRU 0B 号天线）。

3. 增加小区信息

◆ ADD LOCELL：LOCELL = 0，STN = 2，SECN = 0，SECT = REMOTE_SECTOR，SRN1 = 20，ULFREQ = 9612，DLFREQ = 10562，MXPWR = 430，HISPM = FALSE，RMTCM = FALSE；

可以使用该命令增加本地小区。同一 NodeB 的本地小区 ID 必须唯一。

其参数含义如下：

LOCELL：本地小区标识，取值范围为 0 ~ 268435455。

STN：站点编号，取值范围为 0 ~ 4294967295。

SECN：扇区编号。在每个站点内统一编号，取值范围为 0 ~ 5。

SECT：说明扇区类型，取值范围为 REMOTE_SECTOR（拉远扇区）、DIST_SECTOR（分布式扇区）。

SRN1：功率放大器 1 机框编号，指 RRU 上功放单元所在的机框编号，当扇区类型为分布式扇区时，不使用。

ULFREQ：上行频点号。

DLFREQ：下行频点号。

MXPWR：本地小区最大发射功率（0.1dBm）。本地小区最大发射功率是指在机顶口的最大输出功率，它必须在功率放大器支持范围内，否则本地小区不可用。在扇区发不分集情况下，本地小区的最大发射功率范围为：[功率放大器机顶最大输出功率 - 10dB，功率放大器机顶最大输出功率]；如果扇区是发分集或 0.5/0.5 载频模式，则本地小区的最大发射功率范围为：[功率放大器 1 机顶最大输出功率 - 7dB，功率放大器 1 机顶最大输出功率 + 3dB]与[功率放大器 2 机顶最大输出功率 - 7dB，功率放大器 2 机顶最大输出功率 + 3dB]的交集。当扇区类型为分布式扇区时，不使用。

HISPM：是否高速移动模式。当扇区类型为分布式扇区时，不使用。取值范围为 FALSE（非高速模式）、TRUE（高速模式）。

RMTCM：超远小区模式。取值范围：FALSE（非超远小区）、TRUE（超远小区），默认值为 FALSE。

8.5 NodeB 典型配置案例

在完成 7.7 节 RNC 数据配置的基础上，下面给出相应的 NodeB MML 配置脚本。

```
//设备数据配置
ADD BRD:SRN=0,SN=7,BT=WMPT;
ADD BRD:SRN=0,SN=3,BT=WBBPb;
ADD BRD:SRN=0,SN=16,BT=UBF;
ADD BRD:SRN=0,SN=19,BT=UPEA;
ADD RRUCHAIN:RCN=0,TT=CHAIN,HSN=3,HPN=0;
ADD RRUCHAIN:RCN=1,TT=CHAIN,HSN=3,HPN=1;
ADD RRUCHAIN:RCN=2,TT=CHAIN,HSN=3,HPN=2;
ADD RRU:SRN=20,TP=TRUNK,RCN=0,PS=0,RT=MRRU,RN="Sector 0";
ADD RRU:SRN=21,TP=TRUNK,RCN=1,PS=0,RT=MRRU,RN="Sector 1";
ADD RRU:SRN=22,TP=TRUNK,RCN=2,PS=0,RT=MRRU,RN="Sector 2";
//传输层数据配置
SET ETHPORT:SRN=0,SN=7,SBT=BASE_BOARD,PN=0,SPEED=AUTO;
ADD DEVIP:SRN=0,SN=7,SBT=BASE_BOARD,PT=ETH,PN=0,IP="11.57.95.79",
MASK="255.255.255.0";
ADD OMCH:FLAG=SLAVE,IP="11.37.9.60",MASK="255.255.255.0",PEERIP=
"11.57.95.56",PEERMASK="255.255.255.0",BEAR=IPV4,SRN=0,SN=7,SBT=BASE_
BOARD,BRT=NO;
ADD SCTPLNK:SCTPNO=2,SRN=0,SN=7,LOCIP="11.57.95.79",LOCPORT=1024,
PEERIP="11.57.95.56",PEERPORT=58080;
ADD SCTPLNK:SCTPNO=3,SRN=0,SN=7,LOCIP="11.57.95.79",LOCPORT=1025,
PEERIP="11.57.95.56",PEERPORT=58080;
ADD IUBCP:CPPT=NCP,BEAR=IPV4;
```

ADD IUBCP:CPPT = CCP,BEAR = IPV4,LN = 1;

ADD IPPATH:PATHID = 1,SRN = 0,SN = 7,SBT = BASE_BOARD,PT = ETH,JNRSCGRP = DISABLE,NODEBIP = "11.57.95.79",RNCIP = "11.57.95.56",TFT = RT,DSCP = 46,RXBW = 50000,TXBW = 50000,TXCBS = 50000,TXEBS = 50000,FPMUXSWITCH = DISABLE;

ADD IPPATH:PATHID = 2,SRN = 0,SN = 7,SBT = BASE_BOARD,PT = ETH,JNRSCGRP = DISABLE, NODEBIP = "11.57.95.79", RNCIP = "11.57.95.56", TFT = NRT, DSCP = 18, RXBW = 50000,TXBW = 50000,TXCBS = 50000,TXEBS = 50000,FPMUXSWITCH = DISABLE;

//无线层数据配置

ADD SITE:STN = 0,STNAME = "DBS3900";

ADD SEC:STN = 0,SECN = 0,SECT = REMOTE_SECTOR,ANTM = 1,DIVM = NO_TX_DIVERSITY,ANT1SRN = 20,ANT1N = R0A;

ADD SEC:STN = 0,SECN = 1,SECT = REMOTE_SECTOR,ANTM = 1,DIVM = NO_TX_DIVERSITY,ANT1SRN = 21,ANT1N = R0A;

ADD SEC:STN = 0,SECN = 2,SECT = REMOTE_SECTOR,ANTM = 1,DIVM = NO_TX_DIVERSITY,ANT1SRN = 22,ANT1N = R0A;

ADD LOCELL:LOCELL = 0,STN = 0,SECN = 0,SECT = REMOTE_SECTOR,SRN1 = 20,ULFREQ = 9637,DLFREQ = 10587,MXPWR = 430,HISPM = FALSE,RMTCM = FALSE;

ADD LOCELL:LOCELL = 1,STN = 0,SECN = 1,SECT = REMOTE_SECTOR,SRN1 = 21,ULFREQ = 9637,DLFREQ = 10587,MXPWR = 430,HISPM = FALSE,RMTCM = FALSE;

ADD LOCELL:LOCELL = 2,STN = 0,SECN = 2,SECT = REMOTE_SECTOR,SRN1 = 22,ULFREQ = 9637,DLFREQ = 10587,MXPWR = 430,HISPM = FALSE,RMTCM = FALSE;

梳理与总结

1. 知识体系

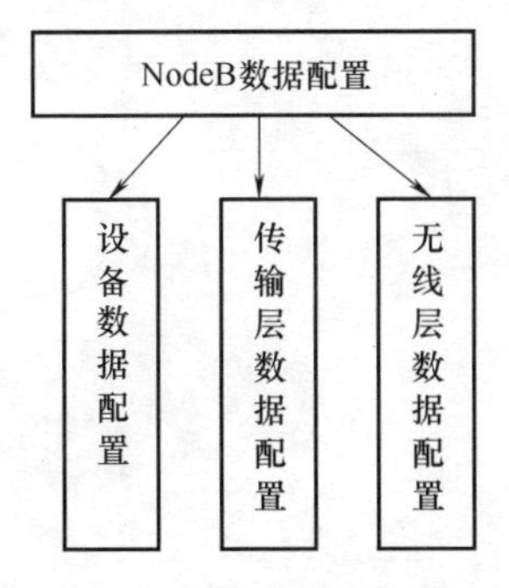

2. 知识要点

（1）NodeB 数据配置总体流程内容　主要包括配置 DBS3900 设备层数据、配置 NodeB 传输层数据和配置 NodeB 无线层数据。

（2）NodeB 设备数据配置　包括 BBU3900 单板增加、RRU 链增加以及 RRU 增加。

（3）NodeB 传输层数据配置　包括设置以太网端口属性、增加 SCTP 链路、增加 NCP/

CCP、增加 IP Path 链路、增加 NodeB 操作维护通道以及增加 IP 路由等。

（4）NodeB 无线层数据配置　包括增加 NodeB 站点、增加扇区信息、增加小区信息。

（5）NodeB 初始配置数据脚本组成　通过 NodeB LMT 本地维护终端的 MML 命令配置数据，并生成初始配置数据脚本。一份完整的初始配置数据脚本一般由三部分数据组成，包括传输数据脚本、设备数据脚本和小区数据脚本。

（6）启动 LMT 进行数据配置　调试时，使用便携式计算机连接到 NodeB 的本地调试口 ETH，并设置与设备本地调试 IP 地址在同一网段的 IP 地址，启动 LMT 进行数据配置。

习　题

1. NodeB 数据配置内容是什么？
2. NodeB 数据配置命令是什么？
3. NodeB 设备数据配置应注意哪些事项？
4. NodeB 传输层数据配置应注意哪些事项？
5. NodeB 无线层数据配置应注意哪些事项？

附录　通信相关缩略语中英文对照

缩略语	英文全称	中文解释
2G	2nd Generation mobile communication system	第二代移动通信系统
3G，3GMS	3rd Generation mobile communication system	第三代移动通信系统
3GPP	3rd Generation Partnership Project	第三代合作伙伴计划
A		
AAA	Authentication，Authorization，Accounting	鉴权、授权、计费
AAL1	ATM Adaptation Layer type 1	ATM 适配层类型 1
AAL2	ATM Adaptation Layer type 2	ATM 适配层类型 2
AAL5	ATM Adaptation Layer type 5	ATM 适配层类型 5
ABR	Available Bit Rate	可用比特率
ACL	Access Control List	访问控制列表
ACS	Add，Compare，Select	加、比、选
ADMF	ADMinistration Function at the LIAN	LIAN 中的管理功能实体
ADT	Adaptive Dynamic Threshold	自适应动态阈值
AG	Access Gateway	接入网关
AI	Acquisition Indicatior	捕获指示
AICH	Acquisition Indication Channel	捕获指示信道
ALIM	ATM Line Interface Module subrack	ATM 线路接口插框
AM	Account Management	计费管理
AM	Acknowledged Mode	确认模式
AMR	Adaptive MultiRate	自适应多速率
ANSI	American National Standard Institute	美国国家标准组织
AoCC	Advice of Charge Charging	计费费用通知
AoCI	Advice of Charge Information	计费信息通知
AP	Access Point	接入点
AP	Access Preamble	接入前导
APN	Access Point Name	接入点名称
ARP	Address Resolution Protocol	地址解析协议
ARQ	Automatic Repeat-reQuest	自动重发请求

AS	Application Server	应用服务器
AS	Access Stratum	接入层
ASC	Access Service Class	接入服务类
ASCII	American Standard Code for Information Interchange	美国信息交换标准码
ASF	Application Server Function	应用服务器功能
ASIC	Application Specific Integrated Circuit	专用集成电路
ASN. 1	Abstract Syntax Notation One	抽象语法编码 1
ASP	Application Server Process	应用服务器进程
ASP	Access Service Provider	接入服务提供商
ATM	Asynchronous Transfer Mode	异步传输模式
AuC	Authentication Center	鉴权中心
B		
BAIC	Barring of All Incoming Calls	限制所有入呼叫
BAIC-Roam	Barring of All Incoming Calls when Roaming outside the home PLMN country	当漫游出归属 PLMN 国家后，限制入呼叫
BAM	Back Administration Module	后管理模块
BAOC	Barring of All Outgoing Calls	限制所有出局呼叫
BAS	Broadband Access Server	宽带接入服务器
BBU	Base Band Unit	基带处理模块
BC	Billing Center	计费中心
BCCH	Broadcast Control CHannel	广播控制信道
BCH	Broadcast CHannel	广播信道
BCFE	Broadcast Control Functional Entity	广播控制功能实体
BER	Bit Error Rate	误比特率
BGP	Border Gateway Protocol	边界网关协议
BHCA	Busy Hour Calling Attempt	忙时试呼次数
BICC	Bearer Independent Call Control	承载无关呼叫控制
BIOS	Basic Input Output System	基本输入输出系统
BITS	Building Integrated Timing Supply system	通信楼综合定时供给系统
BLER	BLock Error Rate	误块率
BMC	Broadcast/Multicast Control	广播/组播控制
BNET	Broadband NETwork subrack	宽带交换网插框

BOIC	Barring of Outgoing International Calls supplementary service	禁止国际出局呼叫补充业务
BOIC-exHC	Barring of Outgoing International Calls except those directed to the Home PLMN Country	限制所有除归属国外的国际出局呼叫
BoM	Bill of Material	物料清单
BS	Billing System	计费系统
BSC	Base Station Controller	基站控制器
BSP	Board Support Packet	板级支持软件包
BSS	Base Station Subsystem	基站子系统
BSSAP	Base Station Subsystem Application Part	基站子系统应用部分
BTS	Base Transceiver Station	基站收发信台
C		
CA	Capacity Allocation	容量分配
CAA	Capacity Allocation Acknowledgement	容量分配确认
CAMEL	Customized Applications for Mobile network Enhanced Logic	移动网络增强逻辑的客户化应用
CAP	CAMEL Application Part	CAMEL应用部分
CAR	Committed Access Rate	约定访问速度
CBR	Constant Bit Rate	恒定比特率
CC	Call Control	呼叫控制
CCCH	Common Control CHannel	公共控制信道
CCF	Conditional Call Forwarding	条件呼叫前转
CCF	Call Control Function	呼叫控制功能
CCH	Control CHannel	控制信道
CCPCH	Common Control Physical CHannel	公共控制物理信道
CCTrCH	Coded Composite Transport CHannel	编码合成传输信道
CD	Collision Detection	碰撞检测
CD	Capacity Deallocation	容量释放
CDA	Capacity Deallocation Acknowledgement	容量释放确认
CDMA	Code Division Multiple Access	码分多址接入
CDR	Call Detail Record	呼叫详细记录
CDV	Cell Delay Variation	信元时延抖动
CDVT	Cell Delay Variation Tolerance	信元时延抖动容限

CFB	Call Forwarding on mobile subscriber Busy	遇忙前转
CFNRc	Call Forwarding on mobile subscriber Not Reachable	不可及前转
CFNRy	Call Forwarding on No Reply	无应答呼叫前转
CFU	Call Forwarding Unconditional	无条件呼叫前转
CG	Charging Gateway	计费网关
CGF	Charging Gateway Functionality	计费网关实体
CLR	Cell Loss Rate	信元丢失率
CLIP	Calling Line Identification Presentation supplementary service	主叫识别提供补充业务
CLIR	Calling Line Identification Restriction supplementary service	主叫识别限制补充业务
CM	Configuration Management	配置管理
CM	Connection Management	连接管理
CMM	Capability Mature Model	能力成熟度模型
CN	Core Network	核心网络
CoLI	Connected Line Identity	被叫识别
CoLP	Connected Line identification Presentation supplementary service	被叫识别提供补充业务
CoLR	Connected Line identification Restriction supplementary service	被叫识别限制补充业务
CORBA	Common Object Request Broker Architecture	公用对象请求代理程序体系结构
CPCH	Common Packet CHannel	公共分组信道
CPICH	Common PIlot CHannel	公共导频信道
CPLD	Complex Programmable Logical Device	可编程逻辑器件
CPRI	Common Pubilc Radio Interface	通用公共无线电接口
CPU	Central Processing Unit	中央处理器
CRC	Cyclic Redundancy Code	循环冗余码
CRC	Cyclic Redundancy Check	循环冗余校验
CS	Circuit Switch	电路交换域
CSE	CAMEL Service Environment	CAMEL 服务环境
CSI	CAMEL Subscription Information	CAMEL 用户签约信息
CTCH	Common Traffic CHannel	公共业务信道
CUG	Closed User Group	闭合用户群
CW	Call Waiting	呼叫等待（补充业务）

D

DC	Dedicated Control (SAP)	专用控制（SAP）
DCA	Dynamic Channel Allocation	动态信道分配
DCFE	Dedicated Control Functional Entity	专用控制功能实体
DCCH	Dedicated Control CHannel	专用控制信道
DCH	Dedicated CHannel	专用信道
DDN	Defense Data Service	防卫数据网
DL	Down Link (Forward Link)	下行链路（前向链路）
DNS	Domain Name Server	域名服务器
DPC	Destination Point Code	目的地信令点编码
DPCCH	Dedicated Physical Control CHannel	专用物理控制信道
DPCH	Dedicated Physical CHannel	专用物理信道
DPDCH	Dedicated Physical Data CHannel	专用物理数据信道
DoS	Denial of Service	拒绝服务
DRAC	Dynamic Resource Allocation Control	动态资源分配控制
DRNC	Drift Radio Network Controller	漂移无线网络控制器
DRNS	Drift RNS	漂移 RNS
DRX	Discontinuous Reception	非连续接收
DSCH	Downlink Shared CHannel	下行共享信道
DS-CDMA	Direct-Sequence Code Division Multiple Access	直接序列码分多址
DSP	Data Signal Processor	数字信号处理器
DSS1	Digital Subscriber Signaling No. 1	1 号数字用户信令（协议）
DTCH	Dedicated Traffic Channel	专用业务信道
DTMF	Dual Tone Multiple Frequency	双音多频
DTX	Discontinuous Transmission	非连续发送

E

EACL	Expand ACL	扩展 ACL
EC	Echo Cancellation	回声消除
EIR	Equipment Identity Register	设备识别寄存器
EMC	Electro Magnetic Compatibility	电磁兼容性
EMS	Element Management System	网元管理系统
ETSI	European Telecommunication Standards Institute	欧洲电信标准组织

F

FA	Foreign Agent	外部代理
FACH	Forward Access CHannel	前向接入信道
FAUSCH	FAst Uplink Signalling CHannel	快速上行信令信道
FBI	FeedBack Information	反馈信息
FCS	Fame Check Sequence	帧检测序列
FDD	Frequency Division Duplex	频分双工
FDDI	Fiber Distributed Digital Interface	光纤分布式数字接口
FDMA	Frequency Division Multiple Access	频分多址
FE	Fast Ethernet	快速以太网
FEC	Forward Error Correction	前向纠错
FER	Frame Error Rate	误帧率
FFS	For Further Study	有待下一步研究
FM	Fault Management	故障管理
FPGA	Field Programmable Gate Array	现场可编程门阵列
FPLMTS	Future Public Land Mobile Telephone System	未来公众陆地移动电话系统
FR	Frame Relay	帧中继
FTAM	File Transfer，Access and Management	文件传输、存取（访问）与管理
FTP	File Transfer Protocol	文件传输协议

G

GC	General Control（SAP）	通用控制（SAP）
G-CDR	GGSN-Charging Data Recording	GGSN 产生的计费数据记录
GE	Gigabit Ethernet	千兆以太网
GF	Galois Field	伽罗华域
GGSN	Gateway GPRS Support Node	网关 GPRS 支持节点
GMLC	Gateway Mobile Location Center	网关移动位置中心
GMM	GPRS Mobility Management	GPRS 移动性管理
GMSC	Gateway Mobile-services Switching Center	网关移动业务交换中心
GMT	Greenwich Mean Time	格林尼治标准时间
GP	Guard Period	保护周期
GPRS	General Packet Radio Service	通用分组无线业务
GPS	Global Position System	全球定位系统

GRE	Generic Routing Encapsulation	通用路由封装
GSM	Global System for Mobile communication	全球移动通信系统
GSN	GPRS Support Node	GPRS 支持节点
GSPU	GGSN Signalling Process Unit	GGSN 信令处理单元
GT	Global Title	全局码
GTP	GPRS Tunneling Protocol	GPRS 隧道协议
GTP-C	GPRS Tunneling Protocol for Control plane	GPRS 隧道协议控制面
GTP-U	User plane of GPRS Tunneling Protocol	GPRS 隧道协议用户面
GUI	Graphic User Interface	图形用户界面
GW	GateWay	网关
H		
H. 248	H. 248 Megaco protocol	H. 248 媒体网关控制协议
HCS	Hierarchical Cell Structure	层次蜂窝结构
HDLC	High Data Link Control	高速数据链路规程
HLR	Home Location Register	归属位置寄存器
HO	HandOver	切换
HPLMN	Home PLMN	归属 PLMN
HSC	Hot Swap Controller	热倒换控制板
HSDPA	High Speed Downlink Packet Access	高速下行分组接入
HSPA	High-Speed Packet Access	高速分组接入
HTTP	Hyper Text Transfer Protocol	超文本传输协议
HW	High Way	高速信号线
I		
ICMP	Internet Control Message Protocol	互联网控制报文协议（互联网控制消息协议）
ICP	Internet Content Provider	互联网内容提供商
IDE	Integrated Device Electronics	集成设备电路
IDP	Intercept Data Product	监听数据包
IEC	International Electrotechnical Commission	国际电工委员会
IETF	Internet Engineering Task Force	互联网工程任务组
iGWB	iGateWay Bill	计费网关
IMA	Inverse Multiplexing on ATM	ATM 反向复用
IMEI	International Mobile station Equipment Identity	国际移动终端设备标识

IMSI	International Mobile Subscriber Identity	国际移动用户标识
IMT-2000	International Mobile Telecommunication 2000	国际移动通信系统 2000
IN	Intelligent Network	智能网
IP	Internet Protocol	互联网协议
IPBCP	IP Bearer Control Protocol	IP 承载控制协议
IPCP	IP Control Plane	IP 控制面
IPOA	IP Over ATM	ATM 承载 IP
IRI	Intercept Related Information	监听相关信息
ISCP	Interference Signal Code Power	干扰信号码功率
ISDN	Integrated Services Digital Network	综合业务数字网
IS-IS	Intermediate System-to-Intermediate System	中间系统到中间系统协议
ISP	Internet Service Provider	互联网业务提供商
ISUP	ISDN User Part（of signalling system No. 7）	（七号信令之）ISDN 用户部分
ITU	International Telecommunication Union	国际电信联盟（国际电联）
ITU-T	ITU Telecommunication standardization sector	ITU 电信标准化组（部）
J		
JD	Joint Detection	联合检测
JTAG	Joint Test Action Group	联合测试行动小组
K		
kbit/s	kilo-bit per second	千比特/秒
L		
L1	Layer 1（physical layer）	第一层（物理层）
L2	Layer 2（data link layer）	第二层（数据链路层）
L3	Layer 3（network layer）	第三层（网络层）
LAC	Link Access Control	链路接入控制
LAI	Location Area Identity	位置区域识别
LAN	Local Area Network	局域网
LCD	Liquid Crystal Display	液晶显示器
LCS	LoCation Services	位置业务
LDAP	Lightweight Directory Access Protocol	轻量级目录访问协议
LEA	Law Enforcement Agency	执法代理
LED	Light Emitting Diode	发光二极管

LI	Lawful Intercept	合法监听
LIAN	Lawful Intercept Administration Node	合法监听管理节点
LLC	Logic Link Control	逻辑链路控制
LMS	Local OMC Subsystem	本地 OMC 子系统
LMT	Local Maintenance Terminal	本地维护终端
LPU	Line interface Processing Unit	线路接口处理单元
LTE	Long Term Evolution	长期演进
M		
M2UA	SS7 MTP2-User Adaptation layer	SS7 MTP2 用户适配层
M3UA	SS7 MTP3-User Adaptation layer	SS7 MTP3 用户适配层
MA	Multiple Access	多址接入
MAC	Media Access Control	媒体接入控制
MAHO	Mobile Assisted HandOver	移动台辅助切换
MAP	Mobile Application Part	移动应用部分
MBS	Maximum Burst Size	最大突发尺寸
Mcps	Mega chip per second	兆码片/秒
MCR	Minimum Cell Rate	最小信元速率
M-CDR	Mobility management-Charging Data Record	有关移动性管理的计费数据记录
MGC	Media Gateway Controller	媒体网关控制器
MGCP	Media Gateway Control Protocol	媒体网关控制协议
MGW	Media Gate-Way	媒体网关
MIP	Mobile IP	移动 IP
MM	Mobility Management	移动性管理
MML	Man Machine Language	人机语言
MNC	Mobile Network Code	移动网络码
MOHO	Mobile Originated HandOver	移动台发起的切换
MPLS	MultiProtocol Label Switching	多协议标签交换
MPTY	Multi ParTY service	多方通话补充业务
MPU	Main Processing Unit	主控单元
MQAM	Multiple Quadrature Amplitude Modulation	多进制正交调幅调制
MRRU	Maximum Received Reconstructe Unit	最大接收重组模块
MRS	Media Resource Server	媒体资源服务器

MS	Mobile Station	移动台（手机）
MSC	Mobile services Switching Center，Mobile Switching Center	移动交换中心
MSC Server	Mobile Switch Center Server	移动交换中心服务器
MSF	Multiservice Switching Forum	多业务交换论坛
MSISDN	Mobile Station International ISDN number	移动台国际 ISDN 号码
MSRN	Mobile Station Roaming Number	移动用户漫游号码
MT	Mobile Terminal	移动终端
MTBF	Mean Time Between Failures	平均故障间隔时间
MTP	Message Transfer Part	消息传输部分
MTTR	Mean Time To Repair	平均故障修复时间
MUI	Mobile User Identifier	移动用户识别
MVPN	Mobile Virtual Private Network	移动虚拟专用网
N		
NAS	Non Access Stratum	非接入层
NAT	Net Address Translation	网络地址转换
NBAP	NodeB Application Protocol	节点 B 应用协议
NE	Network Element	网元
NFS	Network File System	网络文件系统
NI	Network Interface	网络接口
NLP	No-Linear Processor	非线性处理
NM	Network Management	网络管理
NMC	Network Management Center	网管中心
NMS	Network Management System	网管系统
NNI	Network Node Interface	网络节点接口
NP	Network Processor	网络处理器
NPC	Network Parameter Control	网络参数控制
NRT	Non-Real Time	非实时
NS	Network Sublayer	网络子层
NSAP	Network Service Access Point	网络业务接入点
NSAPI	Network Service Access Point Identifier	网络业务接入点标识
Nt	Notification（SAP）	通知（服务接入点）
NTP	Network Time Protocol	网络时间协议
NW	Network	网络

O

ODB	Operator Determined Barring	运营者决定的闭锁
OCCCH	ODMA Common Control CHannel	ODMA 公共控制信道
ODCCH	ODMA Dedicated Control CHannel	ODMA 专用控制信道
ODCH	ODMA Dedicated CHannel	ODMA 专用信道
ODMA	Opportunity Driven Multiple Access	机会驱动多址接入
ODTCH	ODMA Dedicated Traffic CHannel	ODMA 专用业务信道
OEM	Original Equipment Manufacturer	原设备制造商
O&M，OM	Operations & Maintenance	操作与维护
OMC	Operations & Maintenance Center	操作与维护中心
OPC	Originating Point Code	源信令点编码
ORACH	ODMA Random Access CHannel	ODMA 随机接入信道
OSI	Open System Interconnection	开放系统互连
OSPF	Open Shortest Path First	开放最短路径优先路由协议
OVSF	Orthogonal Variable Spreading Factor（codes）	正交可变扩频因子（码）

P

PBX	Private Branch exchange	用户级交换机
PC	Power Control	功率控制
PCCC	Parallel Concatenated Convolutional Code	并行级联卷积码
P-CCPCH	Primary Common Control Physical CHannel	主公共控制物理信道
PCCH	Paging Control CHannel	寻呼控制信道
PCH	Paging CHannel	寻呼信道
PCI	Protocol Control Information	协议控制信息
PCI	Peripheral Component Interconnect	外部部件互连
PCM	Pulse Code Modulate	脉冲编码调制
PCPCH	Physical Common Packet CHannel	物理公共包信道
PCR	Peak Cell Rate	峰值信元速率
PCS	Personal Communication System	个人通信系统
PCU	Packet Control Unit	分组控制单元
PDCP	Packet Data Convergence Protocol	包数据集中协议
PDH	Plesiochronous Digital Hierarchy	准同步数字序列
PDN	Packet Data Network	分组数据网
PDP	Packet Data Protocol	分组数据协议

PDSCH	Physical Dedicated Shared CHannel	物理专用共享信道
PDSCH	Physical Downlink Shared CHannel	物理下行共享信道
PDU	Protocol Data Unit	协议数据单元
PhCH	Physical CHannel	物理信道
PHS	Personal Handyphone System	个人便携电话系统
PhyCH	Physical Channels	物理信道
PHY	PHYsical layer	物理层
PI	Page Indicatior	寻呼指示
PICH	Page Indication CHannel	寻呼指示信道
PID	Process IDentification	进程标识
PIM	Personal Information Management	个人信息管理
PLD	Programmable Logic Device	可编程逻辑器件
PLMN	Public Land Mobile Network	公用陆地移动网络
PM	Performance Management	性能管理
PNFE	Paging and Notification control Functional Entity	寻呼和通知控制功能实体
PPP	Point- to- Point Protocol	点到点协议
PRRU	Pico Remote Radio Unit	微远端射频模块
PPS	PrePaid Service	预付费业务
PQ	Priority Queueing	优先队列
PRACH	Physical Random Access CHannel	物理随机接入信道
PRI	Primary Rate Interface	基群速率接口
PS	Packet- Switched domain	分组交换域
PSAP	Presentation layer Service Access Point	表示层服务访问接点
PSC	Primary Synchronisation Code	主同步码
PSCH	Physical Shared CHannel	物理共享信道
PSCH	Physical Synchronisation CHannel	物理同步信道
PSM	UMSC Packet Service Module service subrack	UMSC PSM 业务插框
PSPDN	Packet Switched Public Data Network	分组交换公用数据网
PSS	Packet Service Subsystem	分组业务子系统
PSTN	Public Switched Telephone Network	公用交换电话网
P- TMSI	Packet Temporary Mobile Subscriber Identity	分组临时移动用户身份
PU	Payload Unit	有效载荷单元
PUSCH	Physical Uplink Shared CHannel	物理上行共享信道

PVC	Permanent Virtual Channel	永久虚通道
PVC	Permanent Virtual Connection	永久虚连接
PVP	Permanent Virtual Path	永久虚通路
Q		
QAM	Quadrature Amplitude Modulation	正交幅度调制
QOS	Quality Of Service	服务质量
QPSK	Quaternary Phase Shift Keying	四相移相键控
R		
RAB	Radio Access Bearer	无线接入承载
RADIUS	Remote Authentication Dial In User Service	远程认证拨号用户服务
RAI	Routing Area Identity	路由域标识
RAID	Redundant Arrays of Inexpensive Disks	廉价冗余磁盘阵列
RAM	Random Access Memory	随机访问内存
RAN	Radio Access Network	无线接入网
RANAP	Radio Access Network Application Part	无线接入网络应用部分
RAS	Remote Access Server	远程接入服务器
RB	Radio Bearer	无线承载
RF	Radio Frame	无线帧
RFE	Routing Functional Entity	路由选择功能实体
RL	Radio Link	无线链路
RLC	Radio Link Control	无线链路控制
RIP	Routing Information Protocol	路由信息协议
RNC	Radio Network Controller	无线网络控制器
RNS	Radio Network Subsystem	无线网络子系统
RNTI	Radio Network Temporary Identity	无线网络临时身份
RNSAP	Radio Network Subsystem Application Part	无线网络子系统应用部分
RRC	Radio Resource Control	无线资源控制
RRM	Radio Resource Management	无线资源管理
RRU	Radio Remote Unit	射频拉远模块
RSCP	Received Signal Code Power	接收信号码功率
RSSI	Received Signal Strength Indicator	接收信号强度指示
RT	Real Time	实时
RTP	Real-time Transport Protocol	实时传输协议

RTCP	Real-time Transport Control Protocol	实时传输控制协议
RX	Receive	接收器
RU	Resource Unit	资源单元
S		
SAAL	Signalling ATM Adaptation Layer	信令 ATM 适配层
SACCH	Slow Associated Control CHannel	慢速联合控制信道
SAP	Service Access Point	服务接入点
SAR	Segmentation And Reassembly	分段与重组
SCCC	Serial Concatenated Convolutional Code	串行级联卷积码
SCCH	Synchronization Control CHannel	同步控制信道
SCCP	Signalling Connection Control Part	信令连接控制部分
S-CCPCH	Secondary Common Control Physical CHannel	第二公共控制物理信道
S-CDR	SGSN-Charging Data Recording	SGSN 产生的计费数据记录
SCF	Service Control Function	业务控制功能
SCH	Synchronisation CHannel	同步信道
SCN	Switched Circuit Network	电路交换网络
SCP	Service Control Point	业务控制点
SCR	Sustainable Cell Rate	可持续信元速率
SCSI	Small Computer Systems Interface	小型计算机系统接口
SCTP	Stream Control Transmission Protocol	流控制传输协议
SDF	Service Data Function	业务数据功能
SDCCH	Stand-alone Dedicated Control CHannel	单机专用控制信道
SDH	Synchronous Digital Hierarchy	同步数字体系
SDU	Service Data Unit	服务数据单元
SEPP	Software Engineering Production Plan	软件工程产品计划
SF	Spreading Factor	扩频因子
SFN	System Frame Number	系统帧号
SG/SGW	Signaling Gateway	信令网关
SGSN	Service GPRS Supporting Node	服务 GPRS 支持节点
SIM	GSM Subscriber Identity Module	GSM 用户标识模块
SIR	Signal to Interference Ratio	信干比
SM	Security Management	安全管理
SM	Session Management	会话管理

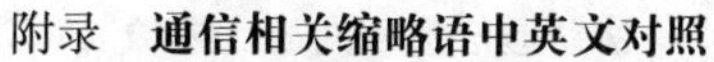

SMC	Short Message Center	短消息中心
SMPP	Short Message Peer to Peer	短消息点对点协议
SMU	System Management Unit	系统管理板
SNDCP	Sub-Network Dependent Convergence Protocol	子网相关会聚协议
SNMP	Simple Network Management Protocol	简单网管协议
SNR	Signal to Noise Ratio	信噪比
SP	Switching Point	交换点
SPU	Service Processing Unit	业务处理单元
SRF	Specialized Resource Function	专用资源功能
SRNC	Serving Radio Network Controller	服务无线网络控制器
SRNS	Serving Radio Network Subsystem	服务无线网络子系统
SRU	Switching and Routing Unit	交换和路由单元
SS7	Signaling System number 7	7 号信令系统
SSC	Secondary Synchronisation Code	第二同步信道
SSDT	Site Selection Diversity TPC	基站选择分集 TPC
SSAP	Session layer Service Access Point	会话层服务访问接点
SSCF	Service Specific Co-ordination Function	特定业务协调功能
SSCOP	Service Specific Connection Oriented Protocol	特定服务的面向连接协议
SSCF	Service Specific Co-ordination Function	特定业务协调功能
SSF	Service Switching Function	业务交换功能
SSM	Synchronization Status Marker	同步状态标志
S-SMO-CDR	SGSN delivered Short message Mobile Originated-CDR	SGSN 产生的移动台发起的短消息计费数据记录
S-SMT-CDR	SGSN delivered Short message Mobile Terminated-CDR	SGSN 产生的移动台终止的短消息计费数据记录
STC	Signalling Transport Convert	信令传输转换
STD	Selective Transmit Diversity	选择性发射分集
STM-1	Synchronous Transfer Mode 1	同步传输模式 1
SSP	Service Switching Point	业务交换点
STP	Signalling Transfer Point	信令转接点
STTD	Space Time Transmit Diversity	空时发射分集
SVC	Switched Virtual Channel	交换虚通道

T

TA	Timing Advance	定时提前
Tbd	To be decided	待定
TC	TransCoder	码变换
TCAP	Transaction Capability Application Part	事务处理能力应用部分
TCH	Traffic CHannel	业务信道
TCP	Transmission Control Protocol	传输控制协议
TDD	Time Division Duplex	时分双工
TDM	Time Division Multiplex	时分复用
TDMA	Time Division Multiple Access	时分多址接入
TEID	Tunnel Endpoint IDentifier	隧道端点标识
TF	Transport Format	传输格式
TFC	Transport Format Combination	传输格式合并
TFCI	Transport Format Combination Indicator	传输格式合并指示
TFS	Transport Format Set	传输格式集
TFT	Traffic Flow Template	业务流模板
TG	Tandem Gateway	中继网关
TID	Tunnel IDentifier	隧道标识
TM	Topology Management	拓扑管理
TME	Transfer Mode Enitity	传输模式实体
TMSI	Temporary Mobile Subscriber Identity	临时移动用户识别码
TOS	Type Of Service	服务类型
TPC	Transmit Power Control	发送功率控制
TrBk	Transport Block	传输块
TrCH	Transport CHannel	传输信道
TS	Time Slot	时隙
TSAP	Transport layer Service Access Point	传输层服务访问接入点
TSTD	Time Switched Transmit Diversity	时间交换发射分集
TTI	Transmission Time Interval	传输时间间隔
TU	Tributary Unit	支路单元
TUG	Tributary Unit Group	支路单元组
TUP	Telephone User Part（No. 7）	电话用户部分
TX	Transmit	发送

TxAA	Transmit Adaptive Antennas	发射自适应天线
U		
UAT	Unavailable Time	不可用时间
UAS	Unavailable Second	不可用秒
UACU	UMSC PSM Auxiliary Control Unit	PSM 框辅助控制单元
UBIU	UMSC PSM Back Interface Unit	PSM 框后插接口板
UBR	Unspecified Bit Rate	非限定比特率
UDP	User Datagram Protocol	用户数据报协议
UE	User Equipment	用户设备
UER	User Equipment with ODMA Relay operation enabled	有 ODMA 中继操作功能的用户设备
UEPI	UMSC E1 Processing Interface unit	E1 接口处理后插板
UFEU	UMSC Fiber and Ethernet interface Unit	光/以太网接口单元
UFIU	UMSC Fiber Interface Unit	光接口单元
UGBI	UMSC GB Interface unit	GB 接口处理板
UGTP	UMSC GTP processing unit	GTP 处理板
UI	User Interface	用户界面/接口
UICP	UMSC Iu-PS Control Processing unit	Iu-PS 接口控制面处理板
UL	UpLink (Reverse Link)	上行链路（反向链路）
ULPC	UMSC BNET 2-port Line Processing Unit	BNET 线路处理板（2 路业务引擎）
ULPD	UMSC BNET 1-prot Line Processing Unit	BNET 线路处理板（1 路业务引擎）
ULPU	UMSC BNET 4-port Line Processing Unit	BNET 线路处理板（4 路业务引擎）
UM	Unacknowledged Mode	非确认模式
UMPU	UMSC BNET Main Processing Unit	BNET 主控板
UMSC	UMTS Mobile-service Switching Centre	UMTS 移动业务交换中心
UMTS	Universal Mobile Telecommunication System	通用移动通信系统
UNET	UMSC BNET Network Transfer and switching unit	BNET 交换网络/时钟板
UNI	User Network Interface	用户网络接口
UNACK	UNACKnowledgement	非确认
UOMU	UMSC packet service O&M Unit	分组业务操作维护单元

UP	User Plane	用户面
UPC	Usage Parameter Control	使用参数控制
UPMU	UMSC PSM Power Monitoring Unit	PSM 框电源监控板
UPSB	UMSC PSM Backplane board	PSM 框背板
UPTB	UMSC PSM Power Transfer Board	PSM 框电源转接板
URA	UTRAN Registration Area	UTRAN 注册区
URCU	UMSC PSM subRack Control Unit	PSM 框控制单元
URFM	UMSC BNET Route Forward Module	BNET 路由转发模块
USCH	Uplink Shared CHannel	上行链路共享信道
USIM	UMTS Subscriber Identity Module	UMTS 用户身份模块
USPU	UMSC packet service Signal Processing Unit	分组业务信令处理板
USR	Universal Switching Router	通用交换路由器
USSD	Unstructured Supplementary Service Data	非结构化补充业务数据
UTOPIA	Universal Test&Operations PHY Interface for ATM	ATM 的通用测试和操作物理接口
UTRAN	Universal Terrestrial Radio Access Network	通用地面无线接入网
V		
VAD	Voice Activity Detection	语音激活检测
VAS	Value-Added Service	增值服务
VBR	Variable Bit Rate	可变比特率
VC	Virtual Channel	虚通道
VCC	Virtual Channel Connection	虚通道连接
VCI	Virtual Channel Identifier	虚通道标识
NRT-VBR	Non-Real Time Variable Bit Rate	非实时 VBR
RT-VBR	Real Time Variable Bit Rate	实时 VBR
VLR	Visitor Location Register	访问位置寄存器
VMGW	Virtual Media GateWay	虚拟媒体网关
VMSC	Visited MSC	访问 MSC
VOIP	Voice Over IP	IP 语音
VP	Virtual Path	虚通路
VPLMN	Visited PLMN	访问 PLMN
VPI	Virtual Path Identifier	虚通路标识
VPN	Virtual Private Network	虚拟专用网

VPU	Virtual Process Unit	虚拟处理单元
VRP	Versatile Routing Platform	通用路由平台
VRP	Virtual Routing Protocol	虚拟路由协议
VToA	Voice and Telephony over ATM	ATM 语音电话
W		
WAD	Wireless ADvertisement	无线广告业务
WAN	Wide Area Network	广域网
WAP	Wireless Application Protocol	无线应用协议
WCDMA	Wideband Code Division Multiple Access	宽带码分多址接入
WFQ	Weighted Fair Queueing	加权公平队列
WIN	Wireless Intelligent Network	无线智能网（移动智能网）
WRED	Weighted Random Early Detection	加权随机早期检测
WWW	World Wide Web	万维网

参考文献

[1] 张平，王卫东，等. WCDMA 移动通信系统［M］. 2 版. 北京：人民邮电出版社，2005.
[2] 刘宝玲，付长东，张铁凡. 3G 移动通信系统概述［M］. 北京：人民邮电出版社，2008.
[3] 张长钢，等. WCDMA 无线网络规划原理与实践［M］. 北京：人民邮电出版社，2005.
[4] 郭东亮，等. WCDMA 规划设计手册［M］. 北京：人民邮电出版社，2005.